# 동물산업환경학

윤 창 저

yh 도서출판 유한문화사

# 머리말

최근에 들어와서 우리나라에서도 과거에 비해 자연에 관한 관심이 보다 많아지고 있다. 이는 우리들의 삶이 예전보다 많이 나아진 탓도 있겠지만, 한편으로는 우리들의 삶이 기계화된 현대사회에서 소외됨에 따라 자연을 동경하는 데서 비롯된 것이 아닌가 한다.

저자는 축산학을 처음 공부한 이래 수십 년이 지난 지금까지도 선배 학자들이 발표한 연구결과를 학생들에게 전달하는데 급급해 온 것이 솔직한 고백이다. 그런데 특히 저자가 지금까지 학생들에게 '동물산업환경학'을 강의해 오면서 본 분야의 체계화된 전문서적을 기술하고픈 욕심이 생겨 용감하게도 시도하였다. 따라서 체계와 내용적인 면에서 개선할 점이 많이 나타날 것으로 생각되지만, 앞으로 본 저서를 접한 모든 분들의 많은 지도편달을 기대한다.

'동물산업환경학'이라는 책의 제목에서 알 수 있는 것과 같이 동물들이 처해있는 곳에서 이들의 생활과 생존에 영향을 주는 중요한 몇 가지 요소들과 이 요소들이 어떻게 동물에 영향을 미치며 또한 동물은 이에 대해 어떻게 대응하는가에 대해서 기술하였으며, 또한 가축생산 관련 산업에서 필연적으로 배출되는 폐기물의 관리에 대해 기술하였다. 이는 지속 가능한 환경보전형 농업을 위해 노력하여 반드시 극복하여야 할 문제이다.

인간은 그저 환경을 구성하는 하나의 구성요소로서 역할을 할 뿐이고, 환경을 지배하는 생태계의 법칙에 순응하는 것이 가장 현명한 환경보전이다. 본 저서는 이 분야에 연구를 해온 많은 연구자들의 연구내용을 중심으로 저술한 도서와 연구논문에서 우리가 흔히 볼 수 있는 동물의 세계를 나름대로 정리하여 가축생산 관련 환경에 관심이 있는 분들에게 좀 더 쉽고 친근하게 접할 수 있도록 시도하였다. 구성은 크게 제1장부터 제4장까지는 환경과 동물, 그리고 제5장은 가축분뇨, 유우착유실 폐수, 폐기된 조사료, 사일로 침출수, 동물사체 처리 등 축산 폐기물 관리에 관하여 구성되어 있다.

본 저서는 동물을 대상으로 하는 분야에 종사하는 사람들과 앞으로 동물산업 분야를 공부하고자 하는 사람들, 그리고 환경보전 분야에서 일하는 사람들에게는 동물산업과 관련된 환경을 이해하는 기초적인 안내서로서의 역할을 충실히 해낼 것으로 믿는다.

마지막으로 이 책을 쓰는데 인용한 모든 자료는 가급적 우리들이 쉽게 이해할 수 있는 내용들을 발췌하여 정리하였다. 자료의 인용에서 잘못이 있다면 너그러이 양해해 주시기를 부탁드리고, 오기(誤記)가 있으면 성실히 수정할 것을 약속드린다. 아무쪼록 본 저서가 동물생산 및 환경관련 분야의 학생들과 관련분야에 종사하는 사람들에게 필요한 지식과 정보를 제공하는 충실한 길잡이의 역할을 할 수 있게 되기를 바란다.

2013년 2월

저자 씀

# 차 례

## 제1장 환경과 동물 / 15



## 제2장 물리적 환경과 가축의 생산성 / 23

## 제3장 기후변화 / 83

## 제4장 기후변화에 따른 가축관리 / 99

## 제5장 축산폐기물 관리 / 129

# 제 1 장

# 환경과 동물

## 1. 환경과 환경의 구성요소

### 1.1 환경의 개념

일찍이 인류 역사에서 환경에 대한 관심이 오늘날처럼 고조된 적은 없었다. 그 이유는 과학기술의 발달이 물질적 풍요를 가져옴으로 해서 인간의 기본적 욕구를 충족시키는 데에는 성공했지만, 다른 한편 환경파괴라는 무서운 결과를 초래했기 때문이다. 이제 환경파괴는 인류의 질 높은 삶의 영위는 고사하고 미래의 생존마저 위협받게 되었다.

그러면 여기에서 먼저 '환경(environment)'이란 용어의 개념부터 알아보기로 하자. 우리가 생활하고 있는 환경의 개념은 매우 포괄적이다. 어떤 학자는 환경을 "한 개체의 생물 또는 생물의 집단을 둘러싸고 있는 상황(circumstance) 혹은 조건(condition)"이라 하였으며, 또 어떤 학자는 "생물체에 영향을 주는 것들의 총합"이라고 하였다. 이들의 개념을 토대로 해서 종합 정의하면, 환경이란 생물체에 영향을 끼치는 모든 것들의 총합이라고 할 수 있다. 다시 말하면 생물체와 상호작용을 하는 요소들과 생물체들 사이에 상호작용하는 요소들로 구성된 복잡한 실체라고 할 수 있다.

이처럼 환경의 개념을 생물의 상호작용에 중점을 두게 될 때 미래의 환경연구는 생물과 인간의 공생을 목표로 하고 자연생태계를 중시하는 생물 생존환경과 인간 생활환경과의 조화로운 관계를 과학적 방법에 기초하여 추진되어야 한다고 생각한다(이와 황, 2001).

## 1.2 환경의 구성요소들은 어떤 것이 있는가?

외부환경이란 가축을 둘러싸고 있는 수많은 물리적, 화학적, 생물학적 요인들을 총칭한 것으로써 간단히 환경이라고 부른다. 이러한 환경에는 기온과 같은 열적환경, 광선환경 뿐만 아니라 가축의 행동변화를 일으키는 각종 사회적 환경요인들도 포함된다.

환경은 외적환경과 내적환경으로 구분할 수 있으며, 가축은 이 두 가지 환경조건하에서 이 양자를 잘 조화시켜 생체의 항상성을 유지함으로써 생명체를 유지하고, 생산성을 향상시킬 수 있다. 외적환경은 자연환경과 인위적 환경으로 구분되어 이들은 다시 각기 무생물적 환경과 생물적 환경으로 구분할 수 있다.

환경을 구성하고 있는 요소들을 일반적으로 4가지로 분류하고 있다. 하나는 물리적 환경이고, 두 번째는 화학적 환경이며, 세 번째는 생물학적 환경이고, 마지막은 지리학적 환경이다. 물리적 환경은 다시 온도, 광선, 습도, 기압, 기류(바람), 기후, 음파, 진동과 같은 요소들로 되어 있다.

화학적 환경은 공기중의 기체성분과 고체 미립자, 물, 하천이나 호수의 수질, 물밑의 침전물, 무기물 또는 유기물의 화학성분, 토양의 화학성분과 같은 요소들로 되어 있다. 생물학적 환경은 녹색식물, 비 녹색식물, 미생물 기생충, 공생생물, 동물 그리고 사람 등으로 구성되어 있다. 마지막으로 지리학적 환경은 위도, 고도, 방위, 지형과 같은 것이다. 어떤 하나의 환경요소는 독립적으로 변화할 수도 있지만, 대부분의 경우는 상호 연관되어 다른 환경인자의 영향을 받고 영향을 주는 다중의 복잡한 관계를 갖고 있다. 예를 들어, 지리적 환경의 차이는 일사량의 차이를 발생하고, 전체적인 물리적 환경의 변화를 수반한다.

토양의 조성차이는 화학적 토양환경의 차이를 만든다. 물리적, 화학적 환경의 차이에 따라 식생이 완전히 다른 생물적 환경의 차이를 만들게 된다. 한편, 생물적 환경의 변화는 물리적 환경, 화학적 환경에 영향을 미치게 된다. 또한 개체 그 자신도 환경의 한 요소이면서 환경과 상호작용을 하면서 존재한다. 긴 시간을 두고 진행된 환경과 개체의 상호작용의 결과로 개체가 환경에 적응한 변화를 진화라고 한다. 생명체는 환경에 이미 적응되어 있고 생태계의 한 구성요소로서 존재한다.

이상에서 살펴본 바와 같이 환경에는 사료로부터 미생물 심지어 축사에 이르기까지 다양하고 또 복잡한 양상을 띠고 있기 때문에 어떤 가축이 스트레스를 받고 있다고 할 때 그 원인을 규명하기는 그리 쉽지 않다.

인간은 어느 정도 환경을 수식, 보완할 수 있는 능력을 가지고 있어 이를 제어하면서 생활할 수 있으나 동물, 특히 순치된 가축은 그러한 능력을 상실하고 말았다. 따

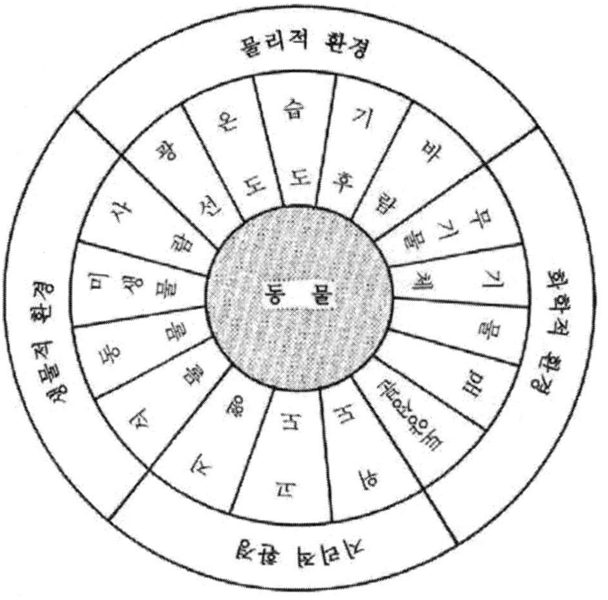


그림 1- 1. 동물에 영향을 주는 환경요소 (이와 황, 2001)

라서 인간이 변화무쌍한 환경조건을 보완하고 제어하여 줌으로써 가축의 생산능력을 충분히 발휘케 할 수 있게 된다.

이와 같이 환경은 어떤 특정의 요소만으로는 설명할 수 없는 복잡계이다. 이들 환경요소들은 단독 또는 복합적으로 생물에 작용함으로써 생물의 생존에 절대적인 영향을 주고 있다. 따라서 환경요소를 올바르게 파악하는 것은 생물이 어떻게 그 환경에서 살아갈 수 있는가 라는 문제를 해결하는 데 필수적인 정보를 얻게 될 것이다(이와 황, 2001).

## 2. 환경에서 동물은 어떻게 살아가는가?

모든 생물은 환경과 끊임없이 상호작용(interacting)을 하면서 살아가고 있다. 식물은 잎을 통해서 대기로부터 이산화탄소를 흡수하고, 뿌리를 통해서 토양속의 물과 무기물을 흡수한다. 그리고 이 식물들은 물과 산소를 다시 대기중으로 돌려보낸다. 반면에 동물은 식물이나 다른 동물을 섭취하고 소화시켜 양분을 흡수하고, 찌꺼기를 배출한다.

한 생물이 살아가기 위해서는 필요한 자원을 찾아야 하고, 지속적인 환경조건을 유지하여야 한다. 만일 한 생명이 주어진 환경조건에서 생존, 성장 및 번식을 지속할 수 있다면 우리는 이것을 적응(adaptation)되었다고 한다. 환경이 생물에게 생존에 필수적인 자원이나 환경조건을 만들어 주지 않는다면 생물은 생존할 수 없을 것이다.

만일 지구의 환경이 공간이나 시간적으로 동일하다면 환경에 적응해야 하는 생물의 문제는 한가지뿐일 것이다. 그러나 지구의 환경은 매우 다양하므로 모든 생물은 생존, 성장 및 번식을 위해서 각각의 주어진 환경의 특성에 맞추어 살아가야 한다(이와 황, 2001).

## 2.1 환경조건은 시간과 공간에 따라 다양하다.

모든 생물은 기온, 습도, 광선 등의 다양한 물리적 조건과 영양조건 하에서 살아가고 있다. 이들 조건은 위도, 지역, 장소 등에 따라 차이가 있으며 년, 계절, 매일 매일의 시간에 따라 변한다. 이를테면 태양광선이 지구 표면에 도달하는 양은 매일 다르기 때문에 기온, 대기습도, 지역에 따른 광선의 양에 직접적으로 영향을 미친다. 넓은 의미로 이들 물리적 환경이 생물의 생존을 결정한다.

지구의 어떤 장소에 도달하는 태양광선의 총량은 그 장소의 시간과 공간의 기온 변화를 결정하는 주요 요인이 된다. 그러므로 생물은 지구상의 어느 곳에 살더라도 기온의 계절적인 변화와 일일 변화에 영향을 받지 않을 수 없다. 이런 기온의 변화가 특히 심한 곳이 온대지방이다.

비록 동일 지역이라 하더라도 다양한 환경의 변이가 존재하므로 생물이 살아가는 장소는 매우 다르다. 예를 들면, 같은 사막지방에서도 여우는 굴속에서 살고, 도마뱀은 땅 표면에서 사는 것과 같은 것이다. 이것은 생물이 주어진 환경에서 자신에 적합한 환경을 선택하고, 그 환경조건에 자신을 적응시킨 오랜 진화의 결과라고 할 수 있다(이와 황, 2001).

## 2.2 동물은 내부 환경의 항상성을 필요로 한다.

생물은 항상 변하는 물리적 환경에서 세포, 기관 효소계통의 내부 환경을 일정하게 유지하지 않으면 안 된다. 예를 들어 사람의 체내온도는 37℃ 전후의 좁은 범위에서 유지되어야 한다. 만일 이 범위에서 몇 도가 내려가거나 올라간다면 생명을 잃을 수도 있다. 마찬가지로 생물도 수분, pH, 염도 등이 적정수준을 유지하여야 살 수 있다.

생물체내의 환경을 일정하게 유지하는 데는 생물과 체외의 물리적 환경 사이에 지속적인 에너지와 물질의 교환이 이루어져야 한다. 이를 위해서 생물은 먹이를 섭취하여 양분을 공급함으로써 대사작용(metabolism)을 계속할 수 있도록 한다. 대사작용의 결과 생긴 부산물과 찌꺼기는 체외로 배출되지 않으면 안 된다. 생물이 체내의 환경을 적정범위로 유지하는 것을 항상성(homeostasis)이라 한다(그림 1-2).

내부 환경의 항상성 유지는 되먹임기구(feedback mechanism)에 의해 조절된다. 이를테면, 기온이 올라가면 온도감각 기관은 이 정보를 뇌로 보내 즉시 체온을 내리는 작용을 하도록 반응기관에 명령하여 체온 상승을 억제한다. 반대로 기온이 내려가면 온도감각 기관이 정보를 뇌로 전달하고, 정보를 입수한 뇌는 체온의 손실을 막고 열의 생산을 촉진하도록 반응기관에 명령함으로써 일정한 체온을 유지한다. 이와 같이 항상성을 유지하기 위한 상반되는 조절작용을 되먹임기구라고 하는데, 작용이 촉진되는 방향을 양성되먹임(positive feedback), 작용이 억제되는 방향을 음성되먹임(negative feedback)이라고 한다(그림 1-3).

동물의 경우 항상성을 유지시키는 조절중추는 대부분 뇌에 위치해 있다. 예를 들어 우리 몸은 체온을 37℃로 유지하기 위해 음성되먹임 기작을 작동시켜 자동온도조절기의 스위치를 끈다. 포유류들은 체열의 대부분을 대사작용을 통해서 얻은 정온동물(내온동물, endotherm)이다(그림 1-4).

이외에도 다른 정온동물로는 조류와 일부 파충류 그리고 일부 어류와 다수의 곤충이 있다. 변온동물(외온동물, ectotherm)에는 대부분의 무척추동물과 어류, 양서류, 도마뱀, 뱀, 거북 등이 포함되며, 이들은 주위의 열을 흡수하여 자신의 몸을 따뜻하게 한다.

동물은 4가지 물리적 과정을 이용해 주위와 열을 교환한다. 전도(conduction)는 직접 접촉한 물체 사이에서 열이 전달되는 것으로 동물이 주변의 물체에 물리적으로 접촉했을 때 일어난다. 대류(convection)는 체 표면을 지나는 공기나 액체의 이동에 의해 열이 전달되는 과정이다. 복사(radiation)는 전자파를 방사하는 것이다. 복사는 동물이 태양열을 흡수하는 것과 같이 직접적인 접촉이 없는 물체 사이에서 일어나는 열전달 방법이다. 증발(evaporation)은 액체 표면에서 액체분자가 기체상태로 전환되면서 열이 소실되는 것이다.

동물은 저마다 서로 다른 환경의 온도에 적응해 왔으며, 적정온도의 범위도 저마다 다르다. 적정온도 범위 내에서 정온동물과 대부분의 변온동물은 외부온도의 변화가 심하더라도 체온을 비교적 일정하게 유지한다. 정온동물과 변온동물은 모두 환경에 반응하여 적절한 행동을 하여 체온을 조절한다. 일부 조류는 계절에 따라 적당한 기후를 찾아 이동하며, 사막의 도마뱀과 같은 동물은 추울 때는 햇볕을 쬐고, 더울 때는 시원하고 습기 찬 곳이나 땅굴을 찾는다(이와 황, 2001).

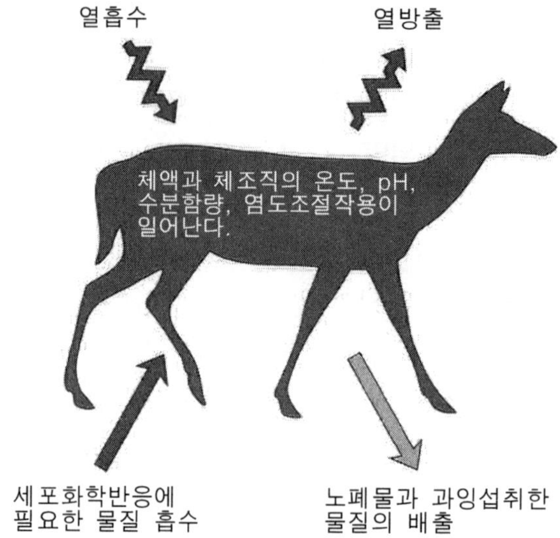


그림 1-2. 동물의 온도조절 경로

항상성은 생물의 내부와 외부 사이의 열에너지와 물질의 교환으로 조절된다. (Smith & Smith. 2000)

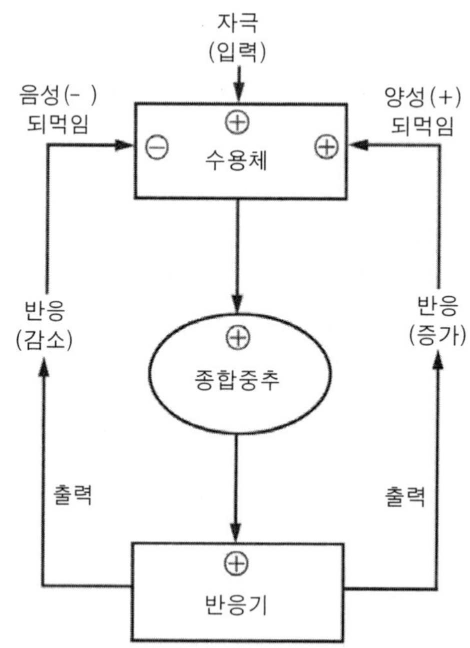


그림 1-3. 음성과 양성 되먹임 기구

음성되먹임은 반응을 억제하고, 양성되먹임은 반응을 촉진한다. 음성되먹임 반응을 통해 안정을 유지할 수 있게 된다. (Smith & Smith. 2000, 이와 황. 2001)

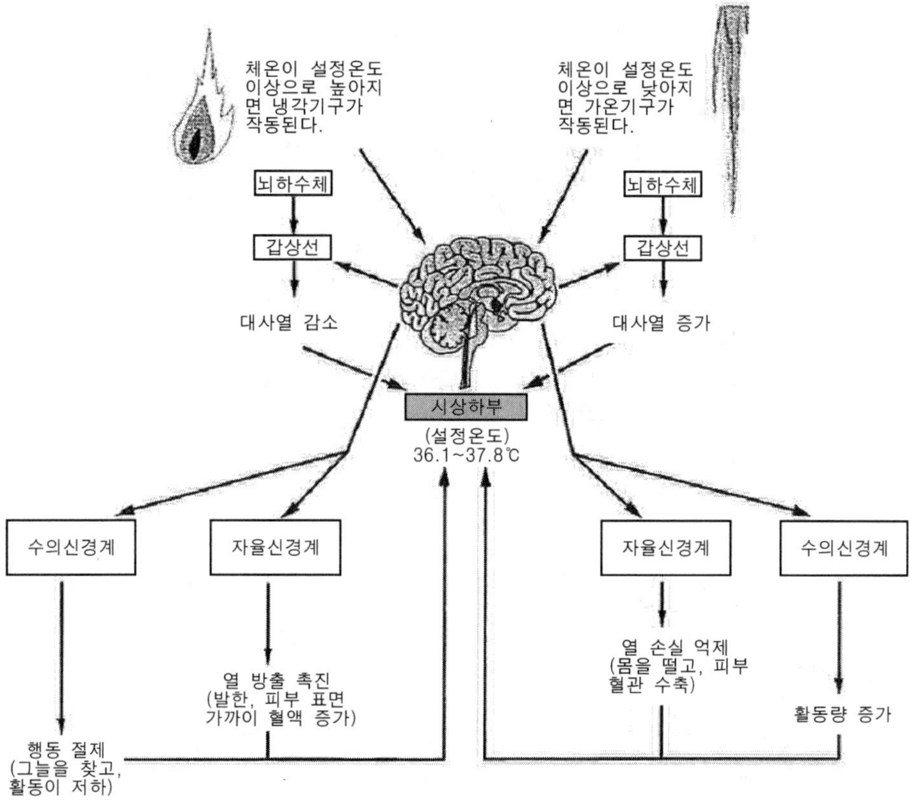


그림 1-4. 체온의 항상성 유지

체온조절은 피부의 온도감각이 대뇌의 시상하부에 전달됨으로써 시작된다. 체온의 조절은 신경계와 내분비계의 작용으로 이루어진다. (Smith & Smith. 2000)

## 2.3 동물의 항상성은 좁은 범위에서만 가능하다.

동물의 체온이 나타내는 것처럼 환경조건이 항상성에 작용하는 것은 제한된 범위에서만 가능하다. 그림 1-5는 물리적 환경조건을 X축에, 환경요인에 따른 생물의 반응을 Y축에 나타낸 그래프인데, 환경조건에 따라 생물의 생존, 성장, 생식 등의 적정 온도범위를 보여주고 있다.

한 생물이 생존할 수 있는 가장 적합한 온도범위를 최적온도(optimal temperature)라고 한다. 환경온도가 이 범위를 벗어나게 되면 생존 가능성은 점점 줄어든다. X축의 두 점, 온도가 가장 낮은 점과 가장 높은 점을 벗어나면 생물은 살 수 없다. 반면에 이 두 점 사이의 온도범위 내에서는 생물의 생존은 가능하지만, 성장과 생식은 불가능한 온도범위, 성장은 할 수 있으나 생식은 불가능한 온도범위, 그리고 생식이 가

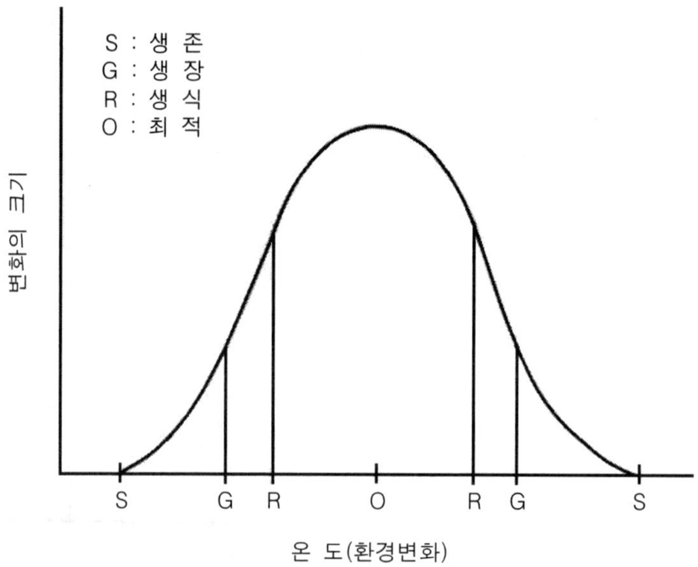


그림 1-5. 환경조건(온도)의 변화에 따른 생물의 반응도
곡선의 양쪽 끝은 생물의 생존을 결정하는 최저 · 최고온도 범위, 최저와 최고온도 사이는 생물의 성장과 생식이 가능한 보다 제한된 온도범위를 나타낸다. (Smith & Smith. 2000, 이와 황. 2001)

능한 온도범위로 구분할 수 있다. 환경조건의 최저와 최고한계 값을 생물의 환경적 내성(environmental tolerance)이라고 한다. 내성의 범위 내에서 최적 환경조건이 생존, 성장 및 생식의 세 가지 과정을 포함하고 있다 할지라도 성장과 생식의 온도범위가 생존온도 범위보다 좁다(이와 황, 2001).

그림 1-5는 온도라는 한 가지 환경조건을 예로 들어 본 것이지만, 실제로 생물은 다양한 환경조건에 의존하기 때문에 각각의 최적조건과 환경적 내성을 가져야 한다. 게다가 각각의 환경조건이 상호작용을 하므로 더욱 복잡한 환경에서 항상성을 유지한다는 것은 대단히 어려운 생존 투쟁이 될 수밖에 없다(이와 황, 2001).

# 제 2 장

# 물리적 환경과 가축의 생산성

## 1. 동물생산에 있어서 스트레스의 요인

스트레스(stress)란 '정상적인 생리적 평형상태를 저해하는 자극에 대한 반응'으로 정의할 수 있다(Khansari et al., 1990). 스트레스의 요인(Stressors)들은 흔히 유해한 결과를 초래한다. 동물산업 현장에서 많은 스트레스 요인들이 동물들의 건강을 해치거나 생산성을 최대로 높이는 데 저해요인이 된다.

동물산업에 있어서 스트레스 요인들은 고온과 혹한, 세균감염, 불충분한 사육 공간, 사회적 혼합, 그리고 영양결핍이나 불균형 등이 있다. 이런 환경요인들에 의한 스트레스는 성장지연, 호르몬 분비의 변화, 질병에 대한 감수성의 증가, 그리고 행동의 변화를 초래한다.

### 1.1 열에 의한 스트레스

동물생산에 있어서 환경온도는 동물의 에너지 소비, 사료섭취, 증체 및 사료효율에 직접적으로 영향을 미치므로 열 환경은 매우 중요하다. 또한 여름의 고온과 겨울의 혹한은 동물의 사망을 초래할 수도 있으므로 가축생산에 있어 영양 및 환경적 요인들과 관련하여 환경온도가 가축의 생산성에 미치는 영향에 대해 많은 연구가들의 큰 관심거리가 되어 왔다.

#### 1) 열적중성역

환경온도는 열 생산, 열 손실 및 체온에 영향을 미친다. 그림 2-1은 환경온도에 의한 열 생산(열 손실)과 체온과의 관계를 나타내고 있다. 열적중성역(熱的中性域, thermoneutral zone)은 사료섭취량이 일정하고, 열 생산량이 최소인 일정한 환경온도의 범위를 나타낸다. 열적중성역에서 최저점과 최고점의 온도를 각각 저온임계온도(低溫臨界溫度, lower critical temperature : LCT) 및 고온임계온도(高溫臨界溫度, upper critical temperature : UCT)라고 한다.

환경온도가 저온임계온도 이하로 낮아져도 체온은 일정한 수준을 유지하지만, 총 열 생산량은 직선적으로 증가한다. 총 열 생산량은 현열성열손실(顯熱性熱損失, sensible heat loss)과 증발열손실(evaporative heat loss)로 구분된다. 환경온도가 저온임계온도 이하로 낮아지면, 총 열 생산량의 증가에 따라 현열성열손실은 증가하는 반면에 증발열손실은 일정하다. 그러나 열적중성역의 비교적 높은 온도에서는 환경온도가 증가함에 따라 증발열손실도 증가한다.

열적중성역은 동물의 종류, 체중, 생리적 상태, 기류의 속도, 습도, 축사바닥의 형태 등에 따라 달라진다. 저온임계온도는 동물의 밀집도, 깔깃의 사용, 기류(air flow rate)의 감소에 따라 낮아진다(NRC, 1998).

## 2) 저 온

돼지가 저온환경(LCT 이하)에 처하면 일반적으로 사료섭취량이 서서히 증가하고 사료효율은 감소한다. Stahly과 Cromwell(1979)에 의하면, 낮은 환경온도(10℃)에

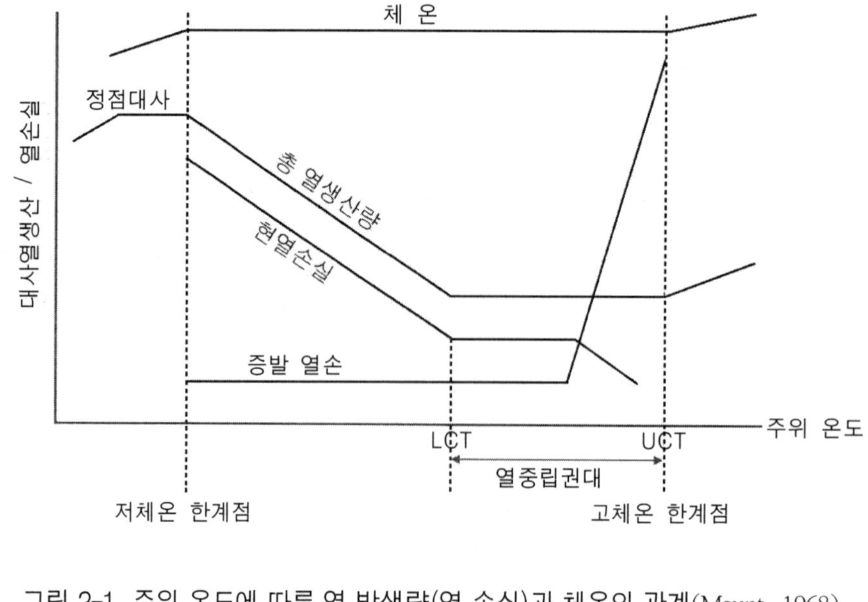


그림 2-1. 주위 온도에 따른 열 발생량(열 손실)과 체온의 관계(Mount, 1968)
LCT 및 UCT는 각각 저온임계온도 및 고온임계온도를 나타낸다.

놓인 육성돈(28~60kg)의 경우 열적중성역에 비해 사료섭취량이 15% 이상 증가하고, 사료효율은 19% 정도 낮아졌다고 보고하였으며, Frank 등 (2003)도 이유자돈(8.6~10.2kg)에 있어서 비슷한 결과를 보고하였다. 증가된 사료섭취량은 신진대사의 활동에 따른 증가된 유지요구량을 보충하는 데 쓰여진다.

따라서 사료섭취량이 증가하는 정도의 저온환경에 있어서 동물의 증체량은 추위 스트레스에 의한 영향을 받지 않는다. 그러나 However과 Le Dividich(1981)에 의하면, 이유한 새끼돼지를 LCT 이하의 저온인 20℃ 환경에서 사육했을 때는 환경온도를 매주 연차적으로 32, 28, 24~20℃로 감소시킨 환경에서 사육한 돼지에 비해 거의 증체되지 않았다고 보고하였다. 더욱이 극단적인 저온환경온도에 처한 동물은 오히려 체중이 감소하고 심지어는 죽음을 초래할 수도 있는데, 이런 극단적인 경우는 저체온증 한계온도(threshold for hypothermia) 이하를 말한다(그림 2-1).

저온환경에서 행한 대부분의 돼지 사육시험 성적은 LCT와 저체온증 한계온도 사이에서 이루어지는데, 추위 스트레스를 받는 환경에서 이루어진 각각 돼지의 성장성적을 표 2-1에 요약하였다. 추운 환경에 처한 돼지는 열적중성역에 있는 돼지에 비해 성장에는 별 차이 없는 대신 사료섭취량이 증가하여 결과적으로 사료효율이 감소하는 것을 알 수 있다.

스트레스 요인들은 시상하부(hypothalamus)를 자극하여 시상하부 뇌하수체 신장에 가까운 축선(hypothalamic-pituitary-adrenal axis)을 작동시켜 부신피질자극호르몬 방출호르몬(corticotrophin-releasing hormone : CRH)을 분비하는 것으로 알려져 있다. 부신피질자극호르몬 방출호르몬(CRH)은 부신피질자극호르몬(adrenocorticotropic hormone : ACTH)의 분비를 자극하여 부신피질로부터 분비되는 글루코코르티코이드(glucocorticoid)의 분비가 증가한다.

스트레스 요인에 의해 돼지 혈액 내 코티졸(cortisol) 농도가 증가하는데, 이들 스트레스 요인은 수송 스트레스, 사회적 혼합, 면역 스트레스 등이 있으며, 추위 스트레스도 역시 순환성 코티졸(circulating cortisol) 농도를 증가시킨다(Frank et al., 2003). 추운 환경(15.6℃)에 있는 어린 돼지(체중 8.6 kg)에 있어 혈청의 부신피질자극 호르몬(ACTH : 85.1 vs. 61.3 pg/mL) 및 코티졸(39.1 vs. 24.1 ng/mL) 농도가 열적중성역(26.7℃)에 있는 것에 비해 높다($P<0.001$).

### 3) 고 온

고온임계온도(UCT) 영역에서는 증발에 의한 열손실을 증가시키기 위해 발한 및 헐떡거림이 나타난다. 저온 환경에 비해 고온 환경에서는 소화와 대사과정에서 발생되는 체열의 생산량을 줄이기 위해 사료섭취량이 감소하는 것이 전형적이다. Stahly and Cromwell(1979)은 고온(35℃) 환경에 있는 육성돈(28～57kg)의 사료섭취량 및 사료효율이 열적중성역에 있는 것에 비해 각각 18% 및 25% 감소하였다고 보고하였다. 열 스트레스에 의한 성장과 사료섭취량에 대한 유사한 다른 연구의 결과는 다음 표 2-2에 요약되어 있다.

고온 환경에서 사료섭취량의 감소는 체중, 품종, 사료, 성 등 몇 가지 요인에 따라 달라지는데, Quiniou 등(2000)은 환경온도와 체중에 따른 자발적인 사료섭취량(voluntary feed intake: VFI)을 예측하는 등식을 다음과 같이 발표하였다.

$$VFI(g/d) = -1264 + 117T - 2.40T2 + 73.6BW - 0.26BW2 - 0.95T \times BW$$

여기에서 VFI : 자발적인 1일 사료섭취량(daily voluntary feed intake)

T : 환경온도(ambient temperature, ℃)

환경온도와 체중에 따른 사료섭취량은 그림 2-2에서 보여주고 있는데, 고온에 따른

표 2-1. 낮은 주위 온도에서 돼지 성장의 변화

| 온도 (℃) | 개시 체중 (kg) | 종료 체중 (kg) | 성장 | | | 저온에서 변화, % | | | 참고 |
|---|---|---|---|---|---|---|---|---|---|
| | | | 일당 증체량(g) | 사료 섭취량 (g) | 사료 효율 | 일당 증체량 | 사료 섭취량 | 사료 효율 | |
| 23 | 27.5 | 60.8 | 794 | 1,895 | 2.39 | -2.8 | 14.2 | 18.7 | 1 |
| 10 | 27.5 | 59.9 | 772 | 2,165 | 2.83 | | | | |
| 20 | 24.3 | 55.2 | 735 | 1,735 | 2.36 | -1.9 | 15.3 | 18.0 | 1 |
| 10 | 24.3 | 54.6 | 721 | 2,000 | 2.79 | | | | |
| 23 | 25.3 | 55.4 | 717 | 1,857 | 2.61 | -0.9 | 12.0 | 13.5 | 2 |
| 10 | 25.3 | 55.1 | 710 | 2,080 | 2.97 | | | | |
| 26.7 | 8.5 | 10.1 | 402 | 477 | 1.22 | 3.1 | 27.0 | 22.5 | 3 |
| 15.6 | 8.6 | 10.2 | 415 | 606 | 1.49 | | | | |

1. Stahly and Cromwell (1979)
2. Stahly et al. (1979)
3. Frank et al. (2003)

사료섭취량 감소는 체중이 무거울수록 더 크다. UCT 이상의 고온 환경은 동물에게 스트레스의 요인 임에도 불구하고 열 스트레스가 혈중 코티졸 농도에 미치는 영향은 아직 결론이 나지 않은 상태이다. 가끔 혈액 내 코티졸 농도가 열 스트레스에 의해 감소한다.

고온 환경에서 돼지는 일반적으로 호흡수 증가와 더불어 사료를 거의 섭취하지 않고 행동이 활발치 못하며 서있는 시간이 거의 없어진다. 임신한 암퇘지가 고온(29℃) 환경에 노출되면 열적중성역(18℃)에 비해 호흡수가 월등히 증가(124 vs. 26 breaths /min)한다(Renaudeau et al., 2001). 종합하면, 저온 스트레스는 사료섭취량을 증가시켜 사료효율을 저하시키고, 코티졸 분비를 향상시킨다. 반면에 고온 스트레스는 사료섭취량과 체중 증가를 감소시킨다.

표 2-2. 높은 주위 온도에서 성장의 변화

| 온도 (℃) | 개시 체중 (kg) | 종료 체중 (kg) | 성장 | | | 고온에서 변화, % | | | 참고 |
|---|---|---|---|---|---|---|---|---|---|
| | | | 일당 증체량 (g) | 사료 섭취량 (g) | 사료 효율 | 일당 증체량 | 사료 섭취량 | 사료 효율 | |
| 23 | 27.5 | 60.8 | 794 | 1,895 | 2.39 | -25.1 | -18.2 | 10.1 | 1 |
| 35 | 27.5 | 52.5 | 595 | 1,550 | 2.63 | | | | |
| 23 | 25.3 | 57.9 | 777 | 1,963 | 2.55 | -17.2 | -16.0 | 1.3 | 2 |
| 35 | 25.3 | 52.3 | 643 | 1,650 | 2.58 | | | | |
| 20 | 14.2 | 26.9 | 607 | 1,228 | 2.06 | -18.5 | -19.4 | 1.5 | 3 |
| 32 | 13.3 | 23.7 | 495 | 989 | 2.09 | | | | |
| 20 | 12.5 | 25.4 | 611 | 1,248 | 2.09 | -28.2 | -22.0 | 13.4 | 4 |
| 30 | 10.7 | 19.9 | 439 | 973 | 2.37 | | | | |
| 23 | 22.5 | 36.7 | 394 | 1,040 | 2.65 | -20.6 | -14.2 | 8.0 | 5 |
| 33 | 24.3 | 35.3 | 313 | 892 | 2.87 | | | | |

1. Stahly and Cromwell (1979), 2. Stahly et al. (1979)
3. Schenck et al. (1992), 4. Schenck et al. (1992)
5. Kerr et al. (2003),

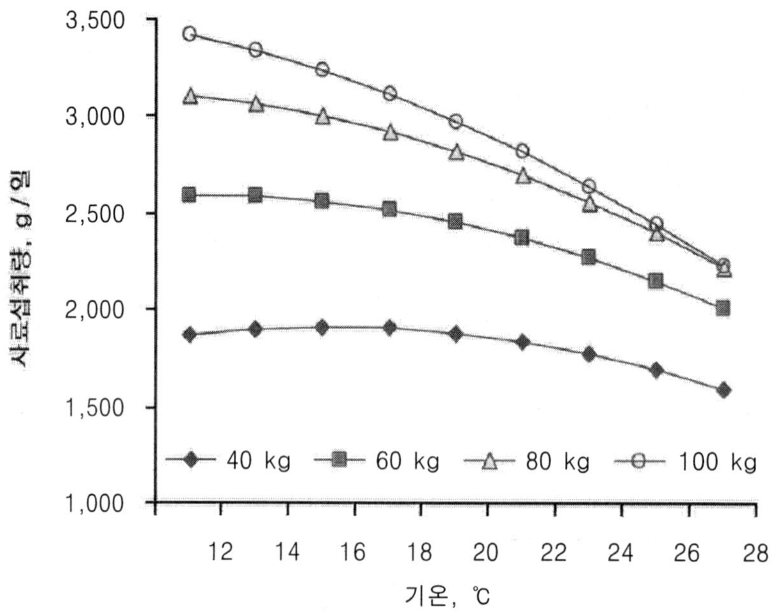


그림 2-2. 주위 온도와 체중이 육성돈의 자율적 사료섭취량에 미치는 영향 (Quiniou et al., 2000)

열 스트레스는 직접적으로 동물의 에너지 소모와 관련되므로 열 스트레스의 해로운 영향을 경감시키기 위해서는 영양적 접근이 대안이 될 수 있다.

### 4) 동물은 어떻게 열을 발산할까?

동물은 다음과 같은 다양한 수단을 통하여 열을 발산시켜 정상체온을 유지할 수 있다.

① 전도(傳導, conduction) : 열은 따뜻한 곳에서 차가운 표면으로 이동한다. 그러려면 소는 직접 차가운 표면에 접촉해야 한다.
② 대류(對流, convection) : 피부와 접한 공기층이 찬 공기와 바뀐다.
③ 복사(輻射, radiation) : 열은 따뜻한 환경에서 보다 차가운 환경으로 방출된다.
④ 증발(蒸發, evaporation) : 땀이나 습기로 호흡기 및 피부에서 증발된다.

대개의 동물은 생리적으로 전도, 대류 및 복사에 의한 현열성 열배출(sensible loss) 기능은 잘 발달되어 있지 못하므로 주로 증발을 통해 열을 제어하거나 조절한다.

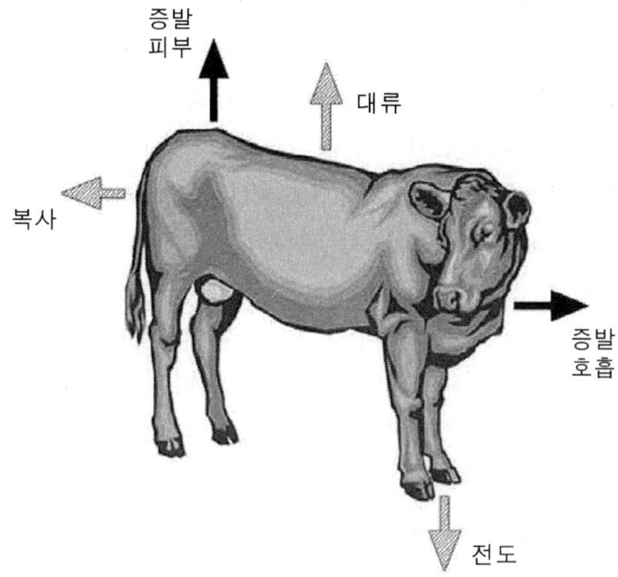


그림 2-3. 열 교환 기작

## 1.2 면역학적 스트레스

### 1) 면역의 일반적 개념

면역(免疫 : immunity)은 감염성 질병의 원인이 되는 물질(항원)이나 외부 유기체로부터의 방어상태를 말한다. 면역은 비특이 및 특이 요소로 구성된다. 비특이 혹은 선천면역(朱天免疫)은 감염성 병원체의 침입이나 감염을 막아서 질병에 저항하는 타고난 기본 저항성이다. 특이적 또는 후천적 면역은 특이한 외래 미생물과 분자를 인지하고 제거하는 능동적 면역계를 요구한다.

처음 침입한 항원에 대해 기억할 수 있고 다시 침입할 때 특이적으로 반응하여 효과적으로 항원을 제거할 수 있는 특징이 있어 선천면역을 보강하는 역할을 한다. 흔히 사용되는 면역의 정의는 이것을 말한다. 이 획득면역은 편의상 체액성 면역(humoral immunity)과 세포성 면역(cell-mediated immunity)으로 나누어 이해한다. 비특이 및 특이면역의 구성요소는 표 2-3에 요약되어 있다.

비특이 면역은 네 가지 방어형이 있는데, ① 해부적, ②생리적, ③ 식세포/식균작용, ④ 염증성 방어이다. 해부적 방어는 감염에 대항하는 첫 번째 방어선이다. 이 방어는 피부와 점막이다. 이는 거의 대부분 미생물의 유입으로부터 유기체를 보호한다. 생리적 방어는 온도, pH, 용해성 요소를 포함한다. 예를 들어, 닭의 체온은 높아서 닭의 체온(41~45℃) 범위에서 성장할 수 없는 병원체는 닭에서 잘 자랄 수 없다.

위액의 산도도 병원체의 활동을 저해한다. 비특이 면역에 공헌하는 용해성 요소는 리소자임(lysozyme : 점막에서 분비되는 가수분해 효소), 인터페론(interferon : 바이러스 감염세포에 의해 생성된 천연 단백질), 그리고 보체(補體, complement : 비활동 상태의 혈청 단백질)이다. 식균작용(phagocytosis)과 엔도시토시스(endocytosis)는 소분자군과 대분자군을 세포가 내재하거나 분해하는 과정이다.

혈관확장을 포함한 염증반응은 모세관의 투과력을 증가시키고, 모세관에서 식세포의 유입을 증가시키는 등의 방어계이다. 비특이 면역과 대조적으로 특이 면역은 항원(외부 분자)에 적응시킨다. 효과적인 면역반응은 림프구와 항원이 존재한 세포를 포함한다. 림프구는 골수에서 생성된 백혈구의 일종으로 특이적이고 다양하며, 기억하고 자기와 비자기를 인지하는 후천적 면역의 특성을 중재한다.

림프구 두 가지는 체액성 항체형성 B세포와 세포성 면역반응에 관계하는 T세포이다. 항원 반응에서 B세포는 항체 생성 형질세포(plasma cell)로 분화되고, 분비된 항체는 항원에 부착하여 항원제거를 촉진한다. 보조 T세포(Helper T cells)와 세포독성 T세포는 두 가지 중요한 T세포이다. 항원이 인지되면 보조 T세포가 다른 백혈구의 반응을 강화시키는 사이토카인을 생성하고, 이는 B세포의 항체 생성을 도우며, 세포

표 2-3. 특이 및 비특이 면역의 요약

| 비특이(선천적) 면역 | |
|---|---|
| 해부학적 장벽 | 피부, 점막 |
| 생리적 장벽 | 온도, pH, 화학적 매개자 |
| 식세포 / endocytic 장벽 | 내재세포 |
| 염증 장벽 | 항세균 활동과 식세포성 세포 |
| **특이(적응성) 면역** | |
| 체액성 면역반응 (B cell) | 항체 분비와 항원 제거 |
| 세포성 면역반응 (T cell) | |
| 헬퍼 T세포 (Helper T cell) | cytokine 생성 |
| 세포독성 T세포 (Cytotoxic T cell) | 세포독성 T림프구 |

(Albert et al., 1994 : Kuby, 1997 : Parham, 2005)

독성 T세포는 바이러스에 감염된 변형된 자기세포를 죽이는 세포독성 T림프구로 발달된다.

### 2) 가축생산에서 면역학적 스트레스

전통적인 가축생산 환경은 세균, 바이러스, 곰팡이와 기생충을 포함한 질병 미생물에 노출되어 있다. 이들 미생물은 감염성 질병을 일으킨다. 때로 이 감염은 임상적 질병 증상이 되고, 다른 경우에는 잠재성이거나 증상이 불확실하다. 어떤 경우에는 동물의 사료섭취량이 위생적 환경보다 줄어들고 성장이 둔화된다. 이런 임상적 또는 준 임상적 병원성 감염은 면역학적 스트레스로 간주한다.

### 3) 지질 다당류

이전에 발표되었던 연구들(Coffey와 Cromwell, 1995 : Williams et al., 1997) 면역체계는 환경적 미생물로 인해 만성적으로 활성화된다고 밝혔다. 또한 병원성 박테리아나 균체내독소(菌體內毒素 : bacterial endotoxin)의 직접적인 직접 주입 기술도 면역체계를 민감하게 활성화시킬 수 있다. 돼지 실험에서, *Salmonella typhimurium* (Balaji 등, 2000 : Turner 등, 2002)와 *Escherichia coli* (Yi et al., 2005)와 같은 세균성 도전(bacterial challenge)은 면역반응을 촉진시키곤 했다. 또한 돼지 면역체계의 활성화에 내독소(endotoxin)로 지질 다당류(lipopolysaccharides : LPS)가 가장 널리 쓰이고 있다.

병원균 박테리아에 대한 반응으로 급성염증은 동물의 조직에서 발생한다. 좀 더 구체적으로, 이 염증을 유발하는 세균 분자(bacterial molecule)들의 대다수는 지질 다당류이다. 지질 다당류는 그람음성 세균(gram-negative bacteria)의 세포벽 구성물질로 인테그린(integrin)을 활성화시키기 위해 호중구(好中球 : neutrophil)에서, 셀렉틴(selectin)의 활성화를 위해 내피세포(內皮細胞 : endothelial cell)에서, 그리고 시토카인(cytokine)을 생산하기 위해 대식세포(大食細胞 : macrophages)에 작용한다.

대식세포가 생산한 시토카인은 튜머뇌쿠로시스펙터(tumor necrosis factor $\alpha$ : TNF-a), 인터류킨-1(IL-1), 인터류킨-6(IL-6), 백혈병억제인자(leukemia inhibitory factor : LIF), 그리고 oncostatin M(OSM) 등이 있다(그림 2-4). 인터류킨은 시상하부(視床下部 : hypothalamus)에 작용하여 프로스타글란딘(prostaglandin)을 매개체로 하여 발열반응을 유도한다.

프로스타글란딘 형성에 내독소의 직접적인 영향은 이미 발표되었다. 순환하는 시토카인(TNF-$\alpha$, IL-1, IL-6) 수준의 증가로 시상하부 뇌하수체 부신 축(hypothalamus-

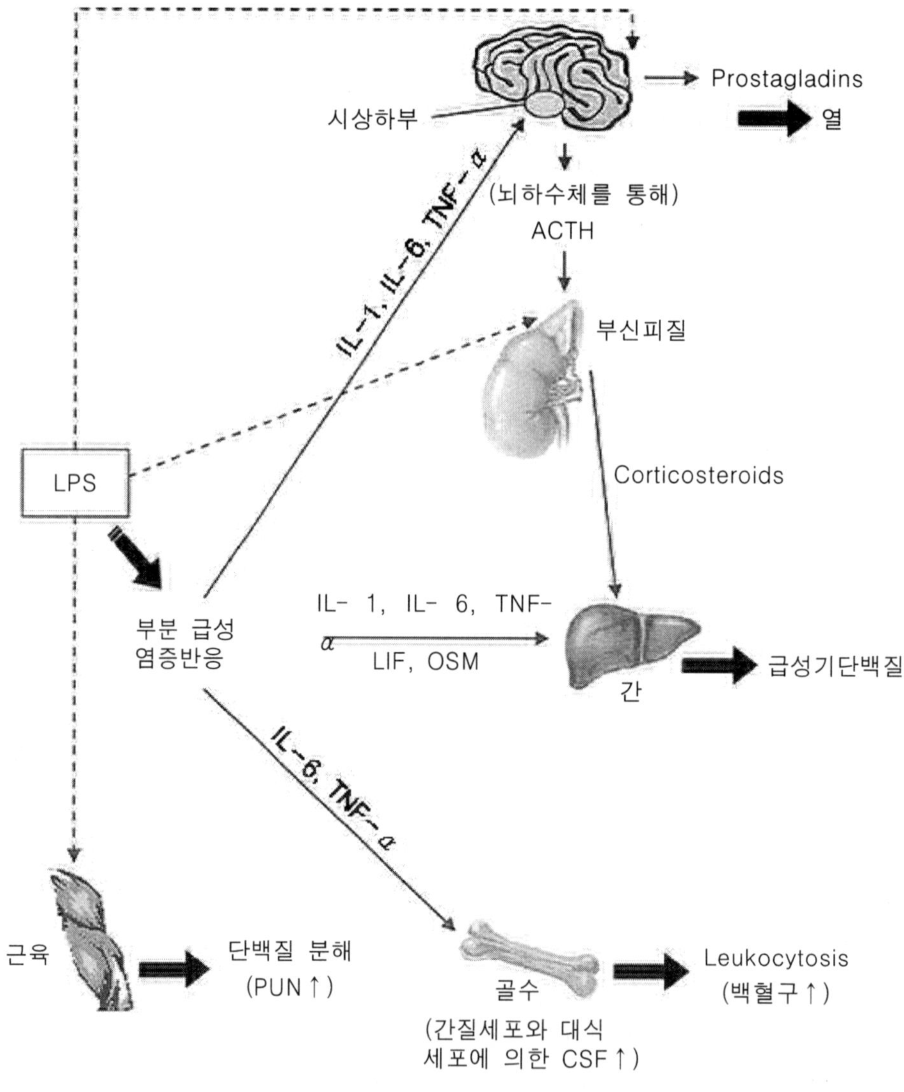


그림 2-4. 전신에 영향을 주는 급성기 반응(acute-phase response)에 수반되는 장기와 매개체의 개관

염증부위에서 활성화된 대식세포(macrophage)에 의해 인터류킨-1(IL-1), 인터류킨-6(IL-6), 튜머뇌쿠로시스펙터(TNF-α), 백혈병억제인자(LIF), 그리고 oncostatin M(OSM)이 생산된다. 이런 시토카인이 급성염증의 영향을 조정하는 데 특히 중요하다. 지질 다당류(LPS)는 직접적으로 프로스타글란딘과 코르티코스테로이드의 분비를 유발한다. (Bishai and Coceani, 1996 : Kuby, 1997 : Webel et al., 1997 : Vakharia and Hinson, 2005에서 발췌)

pituitary-adrenal axis)을 활성화시켜 부신피질(adrenal cortex)로부터 코르티코스테로이드(corticosteroid)의 분비량을 증가시킨다. 덧붙여서, 지질 다당류는 직접적으로 부신피질을 자극하여 코르티코스테로이드를 분비하게 할 수 있다. 염증반응에 의해 증가된 시토카인(TNF-$\alpha$, IL-1, IL-6, LIF, and OSM) 및 코르티코스테로이드는 간을 자극하여 급성기단백질(急性期蛋白質 : acute-phase protein, C-reactive protein, serum amyloid A, fibrinogen, mannose-binding protein, complement components)을 생산하도록 한다. 튜머뇌쿠로시스펙터(TNF-a)와 인터류킨-6은 골수에 작용하여 더 많은 백혈구(leukosyte)를 생산하게 한다.

종합적으로, 면역 스트레스는 기존의 가축생산 체계에서 존재해 왔다. 사료급여의 조절로 최소한 몇 가지의 면역 스트레스를 해결할 수 있을 것이다. 면역 스트레스를 경감할 수 있는 확인된 영양소들에서, 지질 다당류는 동물의 면역체계를 활성화시키는 데 사용되어 왔다. 덧붙여서, 적절한 영양소 요구량의 충족이 면역학적 환경에 기반을 둔 특정 가축생산 체계를 확립시키는 데에 유용할 것이다.

## 1.3 밀집 스트레스

최적의 돼지 성장을 위한 그룹 크기와 바닥면적은 현대식 돼지생산 시스템을 설계하는데 있어 매우 중요한 결정요소이다(Brumm and Gonyou, 2001). 가축생산업자들은 생산 감소 및 사육장소의 여유 공간을 최소화하여 이익을 극대화하고자 한다. 밀집에 의한 스트레스, 즉 부적절한 공간 면적은 가축의 성장에 유해한 영향을 미치고 잠재적으로 번식성적에도 나쁜 영향을 미친다.

### 1) 바닥면적

많은 연구들이 허용되는 공간의 부족이 성장률과 사료섭취량을 감소시킨다고 발표하였다. 돼지의 경우, 육성기간 동안, 적절치 못한 허용공간은 10% 이상의 성장지연을 초래하였다(NCR-89, 1989: Kornegay et al., 1993ab).

허용공간과 체중간의 관계는 다음과 같이 나타낼 수 있다.

$$SA,\ m^2 = k \times kg\ BW^{0.667}$$ (Petherick and Baxter, 1981)

여기에서 SA : 허용면적(space allowance), $k$ : 계수(empirical coefficient)

Edwards and Armsby (1988)는 최적 계수 k를 0.035~0.040을 제시했다. 사육밀집도가 높을수록 돼지의 성장 및 비육(growing-finishing period)에 부정적인 영향을 미치는데, Kornegay and Notter(1984)는 허용면적이 감소가 성장기 돼지의 일당 증체량에 미치는 영향을 예측하는 수식을 다음과 같이 제시하였다.

$$\text{일당증체량, kg} = 0.489 + 0.520 \times S - 0.281 \times S^2 (R^2 = 0.93)$$

S : 허용면적($m^2$/pig)

Brumm and Miller(1996)는 면적을 제한($k = 0.024$)하였을 때, 대조군($k = 0.034$)에 비해 일당 증체량이 4～5% 감소하였다고 보고하였으며, Gonyou and Stricklin (1998)도 허용면적의 감소($k = 0.030$ vs. 0.039)에 따른 4.8%의 성장지연을 발표하였다. 그러나 두 경우 모두 제한된 공간이 사료효율에는 영향을 미치지 않는다고 하였다. 그러나 더욱 밀집이 심해지면($k = 0.017$ vs. 0.038) 일당 증체량 및 사료효율이 각각 16% 및 10% 감소한다고 하였다(Hyun et al., 1998ab). 이러한 결과는 심한 밀집사육은 돼지가 사료급이기에 접근할 수 있는 회수가 제한되지만, 일단 사료섭취시에는 비 밀집 사양에 비해 사료섭취 시간 및 사료섭취량이 늘어나는 데 그 원인이 있다(Hyun et al., 1998b).

비좁은 사육공간은 돼지의 성장에 확실히 유해하므로 허용면적의 임계점을 안다는

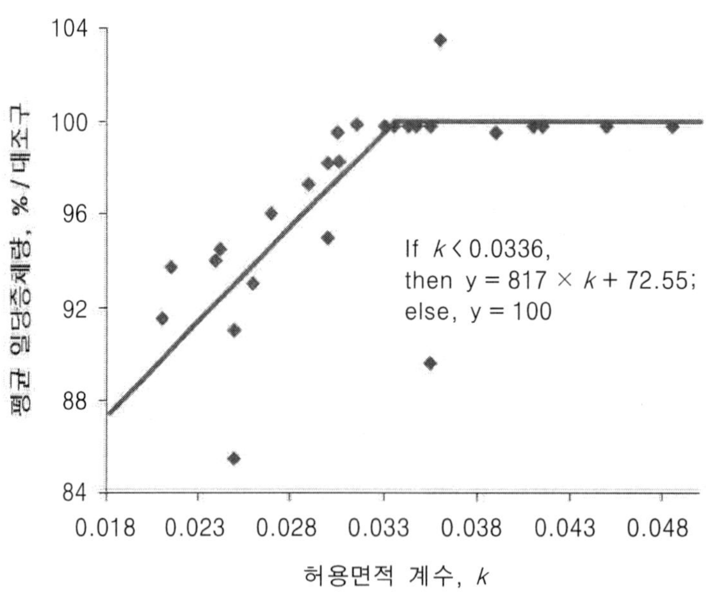


그림 2-5. 전체 슬랏 바닥에서 육성-비육돈의 일일 평균 증체량의 파선 분석

허용 공간 상수의 상대 성장은 $k$, $k$ = 면적, $m^2$ / BW in $kg^{0.667}$. 평균 일일 증체량은 각 실험에서 가장 넓은 시험구에 대한 비율로 나타내었다.

$r^2 = 0.90$, $P < 0.001$ (Gonyou et al., 2006)

것은 양돈업에 있어서 매우 중요한 정보이다. Edwards and Armsby(1988)는 최적 계수 *k*를 0.035~0.040을 제시하였으며, Gonyou et al. (2006)는 여러 연구결과를 모아서 임계점 *k*를 0.034로 개산(概算)하였다.

## 1.4 사회적 합사에 의한 스트레스

양돈현장에서 이유 후 새끼 돼지는 고른 성장을 위해 체중에 따라 10~20마리씩 한 우리에 수용되므로 동일 우리에 한배 새끼 이상이 수용된다. 이때 낯선 새끼 돼지들은 심한 스트레스를 유발하는데, 이로 인한 호전적 행동 및 호흡수 증가가 쉽게 관찰된다. 사회적으로 합사(合舍)된 돼지는 동물이 스트레스를 받았음을 나타내는 코티졸의 분비량이 증가한다. 합사한 처음 며칠간은 성장률에도 영향을 미치지만, 혼합 스트레스는 성장기간 동안 감당(보상)할 수 있는 것으로 별 문제가 되지 않는다. 우리 내에 물리적 방벽을 설치함으로써 합사에 의한 낯선 개체간의 스트레스를 완화할 수 있다.

사회적 합사 스트레스에 의해 시상하부-뇌하수체-부신피질 축(Hypothalamic-Pituitary-Adrenal Axis : HPA Axis)이 자극되어 체내에서 여러 생리적 변화와 함께 코티

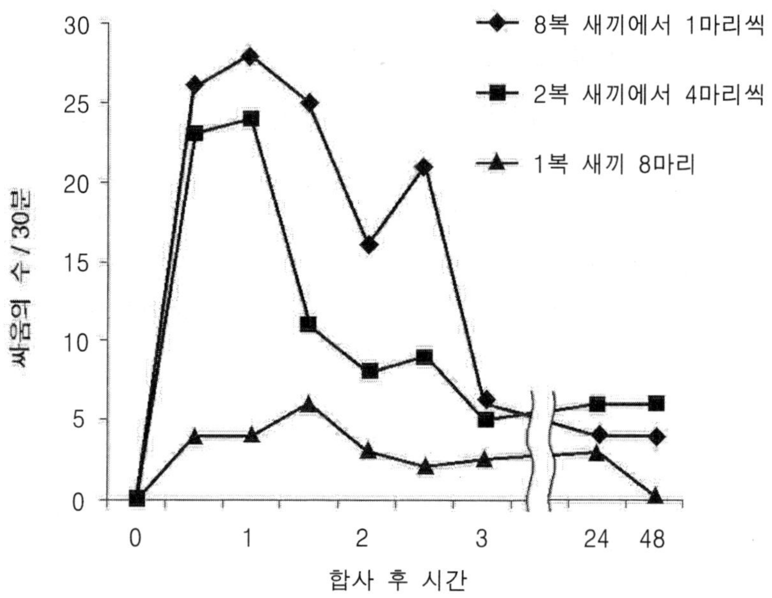


그림 2-6. 합사 방법별 투쟁 회수에 미치는 영향
8마리 / 10방 / 처리 (Friend et al., 1983)

솔(cortisol)이 분비된다(Christian, 1961). 이유 후 새끼 돼지의 합사는 순환하는 코티솔의 농도를 증가시키고, 이유 2주 후에 그룹을 재편성하였을 때도 다시 혈장 코티솔(plasma cortisol) 농도가 증가하였다(Blecha et al., 1985). 마찬가지로 싸움으로 피해가 클수록 코티솔, 포도당(glucose) 및 유산염(乳酸塩 : lactate)의 농도가 높아진다(Warriss와 Brown, 1985). 최근에 Séeguin 등(2006)은 합사 스트레스에 노출된 번식 암퇘지의 경우에도 타액 코티솔(salivary cortisol) 농도가 증가한다고 발표하였다.

## 2. 기온과 동물

동물이 체온을 일정하게 유지하는 것은 세포의 생명활동을 수행하는 데 적합한 온도범위가 있기 때문이다. 외부온도가 올라가거나 내려갈 때 피부의 온도 감각기관은 이 온도변화를 감지하여 대뇌로 보낸다. 대뇌는 즉시 피부로 많은 열을 보내 몸을 따뜻하게 하고, 열의 방출을 최대로 억제하는 반응을 한다.

반대로 외부온도가 너무 올라가면 열의 방출을 늘려 몸을 서늘하게 하는 반응을 나타낸다. 이렇게 함으로써 기온의 변화에도 불구하고 체온을 항상 일정하게 유지할 수 있다.

### 2.1 환경온도는 가축의 영양에 영향을 준다.

각종 사양표준에 표시된 영양소 요구량은 환경적 스트레스가 거의 없는 상태에서 측정된 것이며, 그 가축의 유전적 능력에 근접된 생산성에 맞추어 제정된 것이다. 그러나 실제로 환경조건은 이상적 상태에 있는 경우가 드물기 때문에 가축의 생산성은 그 유전적 능력 이하로 발휘되는 경우가 많다. 영양소 요구량 중 에너지는 대부분의 사양체계와 사료성분표 등의 기본이 된다. 이 에너지는 열이라는 형태로 열 균형에 관여하기 때문에 가축과 환경과의 상호관계를 말할 때 공통분모로서 이를 사용하는 것이 원칙이다.

섭취된 사료에너지는 똥, 오줌, 가스 등으로 배출되고, 나머지가 대사에너지로 남게 된다. 이 대사에너지가 실제로 동물체의 유지와 생산 목적에 이용되는데, 각종 동물체유지(기초대사, 소화흡수 등)를 위해 산화된 대사에너지는 열(유지열) 형태로 나타나서 결국 열 교환 경로를 통해 환경으로 배출된다.

기온이 낮을 때에는 유지와 생산을 위한 열은 몸을 떠는 등의 산열작용을 하기 위한 별도의 열 요구량을 감소시킴으로써 가축이 자기 체온을 유지하는 데 즉각 유효하게 쓰인다. 그러나 고온 시에는 정상체온을 유지하기 위해서 체내로부터 과도한 열을 발산시키기 위한 체온 조절기능이 활성화된다. 이와 같이 저온 시에 유용한 열이 고온 시에는 오히려 가축에게 부담을 줄 수 있다.

모든 동물은 열적중성역(thermoneutral zone)이라고 불리는 주변 환경온도의 범위(그림 2-7)가 있는데, 동물과 열 환경과의 관계를 이해하기 위해서는 우선 열적중성역에 대한 개념부터 정립해야 한다. 이것은 건강 및 생산성에 도움이 되는 온도 범위로 동물체의 대사율이 최저로 일어나고, 비발한성 물리적 조절에 의해서만 체온조절이 가능한 환경온도 범위를 말한다. 각종 척추동물의 열적중성역은 표 2-4와 같다.

고온임계온도(高溫臨界溫度, upper critical temperature : UCT)는 열에 의한 스트레스가 동물에 영향을 미치기 시작하는 지점이다. 열 스트레스(heat stress)에 영향을 미치는 환경 요인은 여러 가지가 있는데, 높은 온도, 높은 습도 및 복사에너지가 여기에 포함된다. 열 스트레스는 암소가 몸의 열 균형을 유지하기 위해 적절한 양의 열을 소산(消散)시킬 수 없는 지점으로 간단히 정의할 수 있는데, 열사병(hyperthermia)이라고도 한다.

일부 동물의 저온임계온도(LCT)는 표 2-5와 같다. 외기온도가 저온임계온도 이하

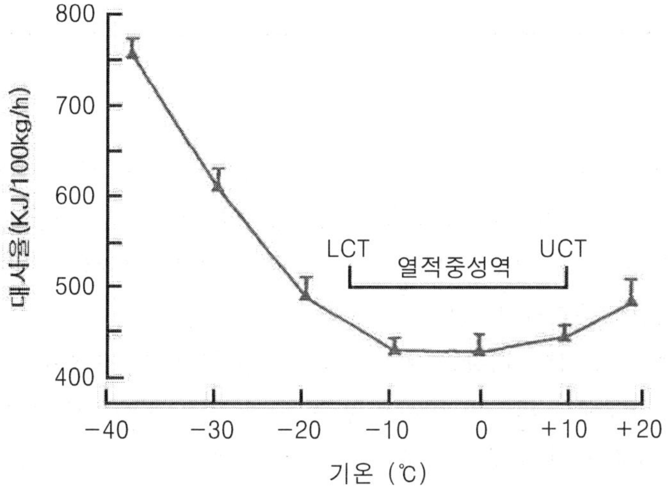


그림 2-7. 유지수준에서 성숙한 경주마의 외기 온도별 대사율

고온임계온도(UCT)와 저온임계온도(LCT)가 표시되어 있다. (McBride et al., 1985)

표 2-4. 각종 척추동물의 열적중성역

| 구 분 | 열적중성역(℃) |
|---|---|
| 소 | |
| 송아지 | 13～25 |
| 성 우 | 0～16 |
| 면 양 | |
| 자 양 | 29～30 |
| 암 양 | -2～20 |
| 돼 지 | |
| 자 돈 | 32～33 |
| 성 돈 | 0～15 |
| 당나귀 | |
| 3～6개월령 | 26～32 |
| 성 축 | 20～36 |
| 라 마 | |
| 성 축 | 7～30 |

로 떨어지면 동물은 몸의 떨림 등 산열(産熱) 기구가 작동된다. 새끼 양이나 송아지는 갈색 지방조직(brown adipose tissue)을 갖고 태어나 저온 스트레스 동안 비 떨림 열 발생 기능을 한다. 갈색 지방조직은 3～4주령이 되면 퇴행하여 성축의 경우에는 거의 존재하지 않으며 중요하지 않다.

표 2-5의 예측치는 동물이 바람과 밤에 복사열 손실로부터 보호받는 축사에서의 경우로 몸이 젖은 상태에서 바람의 영향을 받게 되면(그림 2-8), 저온임계온도는 더 높아진다. 옥외 환경에서 강수 및 바람은 동물모피의 절연효과를 상당히 저하시킨다. 예를 들면, 바람(5.6km$^{h-1}$) 및 비(4시간/일)에 의해 송아지의 절연효과가 23% 감소하고 저온임계온도가 8～9℃가 높아진다(Holmes와 McLean, 1975). 비슷하게 350 kg의 수소에게 시간당 15km의 바람에 노출시켰을 때 저온임계온도가 약 10℃ 상승하였다(그림 2-9).

표 2-5. 정지열(resting heat) 생산, 저온임계온도(바람 없음) 및 저온임계온도 이하에서 1℃ 낮아질 때 증가된 열 생산(d HP)

| 동 물 | 열 생산 (kj kg$^{-0.75}$d$^{-1}$) | 저온임계온도 (℃) | d HP (kj kg$^{-0.75}$d$^{-1}$) |
|---|---|---|---|
| 양 | | | |
| 신생 새끼 양 | 491 | 27 | 33.7 |
| 성양(shorn) | 345 | 25 | 16.1 |
| 성양(fleece) | | | |
| 암양(임신 중, shorn) | 644 | 2 | 16.1 |
| 암양(비유 중, shorn) | 808 | -8 | 16.1 |
| 소 | | | |
| 신생 송아지 | 583 | 9 | 17.2 |
| 1개월령 송아지 | 682 | 0 | 15.8 |
| 홀스타인 송아지 | 723 | -18 | 12.2 |
| 헤리포드 송아지 | 723 | -21 | 11.6 |
| 육 우 | | | |
| 공태 | 458 | -14 | 8.3 |
| 임신말기 | 572 | -21 | 8.4 |
| 유우(비유 중) | 998 | -45 | 11.7 |

(Christopherson, 1985)

일반적으로 온대지방에서는 기온이 높아지면 가축의 조사료 소화 능력은 향상된다. 특히 초식 가축의 조사료 위주 사양(forage-based diets)에서 볼 수 있는데, 환경온도가 낮아지면 건물 및 유기물 소화율이 낮아진다(그림 2-10). 이는 소화기관의 용적과 통과속도를 변화시키기 때문이다.

그림 2-8. 몸이 젖은 상태에서 바람은 열 손실을 증가시킨다.
(Christopherson, 1985)

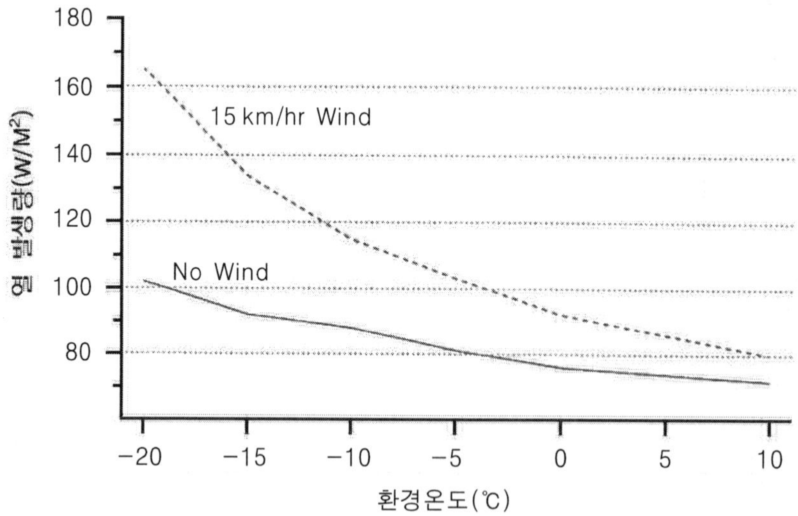


그림 2-9. 다른 환경온도에서 육성 수소(350㎏)에 대한 바람의 영향
(Christopherson, 1985)

## 3. 광선과 동물

### 3.1 광선이 동물의 번식에 영향을 준다.

빛은 동물의 일일 리듬(daily rhythm)과 계절적 리듬(seasonal rhythm)의 자극제

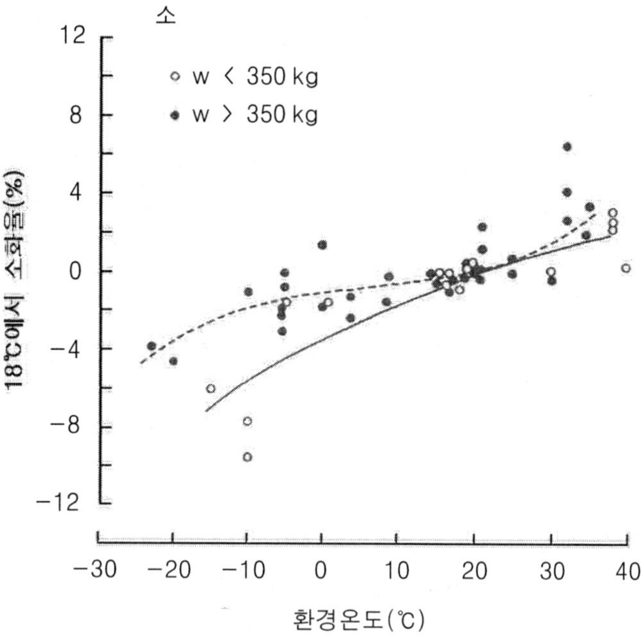


그림 2-10. 환경온도와 소의 소화율
(Christopherson & Kennedy, 1983)

로 이용된다. 예를 들어, 야행성 동물들은 빛을 그들의 활동주기에 이용하며, 어떤 동물들에 있어서는 일장(낮과 밤의 길이)의 변화가 번식기를 자극한다. 대부분의 동물은 1년에 한 번만 번식을 하므로 일정한 시기에 동물의 번식생리를 자극할 필요가 있다. 이와 같이 계절에 따라 일어나는 일장의 변화가 생리적 반응에 영향을 주는 변화를 광주기성(光週期性 : photoperiodism)이라고 한다.

지구의 남・북반구의 온대와 한대지방은 계절에 따라 하루 중 낮과 밤의 길이가 늘었다 줄었다 하는 변화가 있다. 이 변화는 생물의 생명활동을 자극한다. 특히 온대지방에 사는 대부분의 동물들은 번식기(繁殖期)를 계절의 일장변화와 밀접하게 연결시킴으로써 자손이 생존할 수 있는 가장 좋은 조건을 선택하는 것이다. 낮의 길이가 긴 봄에 번식을 하는 새무리와 낮의 길이가 짧아지는 가을에 짝짓기를 하는 사슴은 그 대표적 예이다.

곤충, 어류, 조류 등에서는 빛의 명암주기(明暗週期)에 따라 생식샘의 발달과 성호르몬의 분비촉진, 왕성한 생식활동이 유발되고, 번식기가 끝나면 자연적으로 생산활동이 없어진다. 포유동물인 양, 고라니, 노루, 사슴 등은 가을이 오면 발정기에 접어들어 짝짓기를 하는 대표적인 계절번식 동물이다. 광주기성은 생식 이외에 먹이의 저장에도 밀접한 관계가 있다. 특히 동면을 하는 동물은 가을이 되면 양분의 축적을 위해 엄청난 먹이를 섭취하고 저장한다.

### 1) 동물의 계절번식

대부분의 야생동물은 번식기를 환경변화에 맞추는 경우가 많다. 생식능력이 계절에 따라 영향을 받는 원인에 대해서는 아직도 잘 알려지지 않았지만 온도, 일조시간의 길이, 녹사료의 섭취량과 특히 유전적 요인과 광선에 대한 시상하부의 반응에서 비롯되는 것이 아닌가 생각되고 있다. 즉 계절에 따라 변하는 일조시간의 장단이 시상하부를 자극하여 방출인자를 분비함으로써 생식샘 자극호르몬이 발정을 유발하는 것으로 보인다.

동물이 1년 중 어느 특정기간을 번식기로 정한다는 것은 태어난 새끼를 온전하게 기르는 데 가장 유리한 조건을 선택하기 위해서이다. 새무리의 번식기가 주로 봄부터 초여름 사이에 집중되어 있다든지, 사슴이나 양이 가을에 짝짓기를 하여 새끼가 태어나는 시기를 기온이 따뜻하고 먹이가 풍부한 계절에 일치시키는 등, 특정한 계절을 번식기로 이용하는 것이 새끼를 기르는 데 효과적이기 때문이라고 할 수 있다.

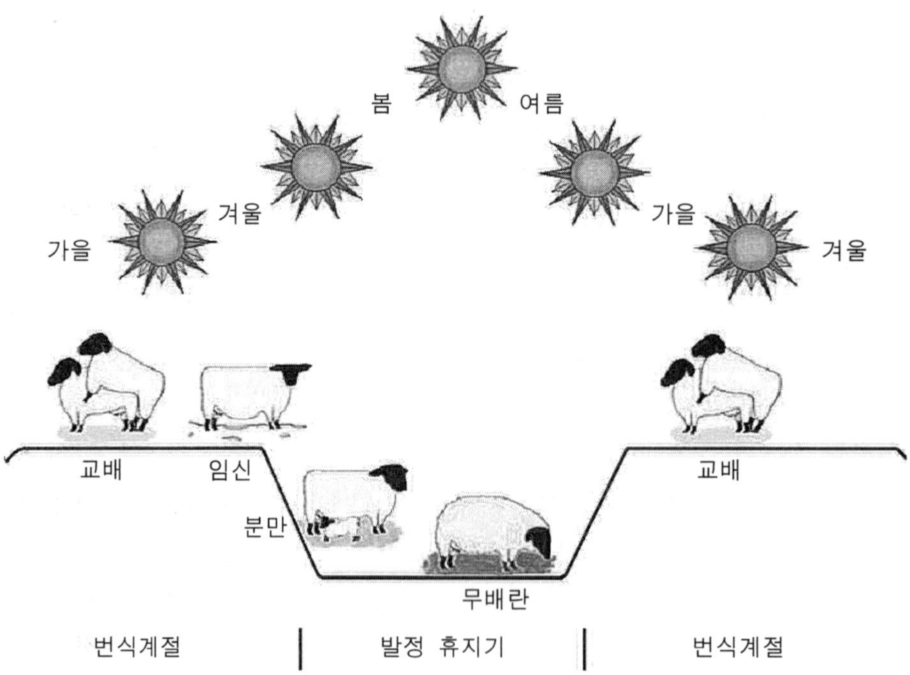


그림 2-11. 단일성 번식동물 (Foster et al. 1986)

온대지방에서 사슴, 노루, 고라니 등은 일조시간이 짧아지는 가을에 발정기가 와서 짝짓기가 이루어지는 단일성 번식동물(short day breeder)로 분만기는 봄부터 여름 사이에 집중된다. 면양은 일조시간이 14시간 이하로 떨어질 때, 즉 늦여름부터 이른 가을에 번식주기가 시작된다. 이와 반대로 말, 당나귀 등은 일조시간이 길어지는 봄에 최대의 발정률을 나타내는 장일성 번식동물(long day breeder)로서 번식기는 3월에 시작하여 늦게는 7월 또는 8월까지 계속된다. 종마(種馬)의 수정률은 4월에 가장 높다.

#### 2) 비계절 번식동물

계절과는 관계없이 발정이 유발되어 임신하는 동물을 비계절 번식동물이라고 한다. 야생동물과는 달리 가축들은 사람에 의해 오랫동안 순화되어 온 결과 계절의 영향을 받지 않고 번식이 가능하다. 수소, 수퇘지는 일조시간에 별로 영향을 받지 않으나 온도에 많은 영향을 받는다. 특히 정액의 생산량은 여름에 가장 낮고 겨울에 가장 많다.

가축은 종(種)에 따라 어느 정도 일장의 영향을 받는 것으로 알고 있으나 확실하지는 않다. 예를 들어 젖소는 인공조명으로 일장을 연장하면 산유량(産乳量)이 7~16% 증가하는 반면에 유지방이 다소 하락하는 것으로, 육우(肉牛)는 일장을 연장하면 육성우와 거세우의 성장이 10% 증가한다는 보고가 있다.

광선을 비육(肥肉)에 이용하는 효과는 성장 중인 육우의 가벼운 체지방 축적을 억제함으로써 출하체중을 증가시키는 것이다. 그러나 돼지는 일장에 특별히 영향을 받지 않는다. 생식과는 관계없이 지나치게 많은 광선을 쪼이면 가축은 스트레스를 받는다. 여름 날 차양막을 설치한 그늘에서 비육우를 사육하면 증체율이 20~25% 증가하고 사료효율이 14~20%나 개선되었고, 돼지는 차양시설과 물구덩이를 만들어 주면 사료섭취량과 일당 증체량이 증가한다는 보고가 있다.

## 4. 물과 동물

### 4.1 생물 지구화학 및 물 순환의 이해

#### 1) 생물 지구화학적 순환

사람과 식물을 포함하여 대부분의 생명체는 생명현상을 유지하고 성장 및 번식을 위해서는 물과 탄소, 산소, 질소, 인 등 영양소는 생물 지구화학적 순환(biogeochemical cycles)이라는 생물학적, 지질학적 및 화학적 과정의 복잡한 조합에 의해 이용될 수 있다. 또한 농약 및 과잉의 양분 같은 오염물질도 보통 물과 함께 이 사이클에 유입될 수 있다. 농업 및 수질은 생물지구화학적 사이클에 의해 작동된다. 동시에 농업은 대부분의 사회 다른 분야보다 더 많은 물을 사용하고 더 많은 오염물질을 수계(水系 : water system)에 배출한다. 현재 우리 식량 공급의 98%를 차지하는 기존의 농업 식량 생산은 주로 관개(灌漑 : irrigation), 살충제(pesticides), 및 합성화학비료(synthetic fertilizers)에 의존하고 있다.

농업 관행과 생물 지구화학적 순환 사이의 연결에 관한 이해 및 인식은 미래의 우리의 물의 안전 및 수질, 식량 공급, 그리고 환경에 필수적이다. 농약과 과잉의 양분이 농업에서 벗어나 지구의 물 순환계로 유입되고, 그것들은 흔히 물 순환계를 떠나 우리의 수도꼭지를 통해 배출된다.

### 2) 물의 순환

물의 순환(water cycle, 그림 2-12)은 지구의 물의 수집(collects), 정화(purifies), 분산(distributes)이다. 지구 물자원의 99.5%를 바닷물이 차지하므로 우리의 총 물 공급량의 0.5%만이 신선한 물이다.

물은 대부분의 식물과 동물에서 차지하는 비중이 매우 크다. 어린이 몸은 약 75%가 물이고, 성인은 약 50~65%가 물로 구성되어 있다. 좋은 작물을 생산하기 위해서는 대부분의 야채류는 1주에 약 2.5cm의 강우량이 필요하다. 100 $m^2$의 식양토(埴壤土 : clay loam soil) 지표 밑 15cm 이내의 깊이에 3,550 ℓ)의 물을 보유하고 있어야 한다.

수도꼭지를 꼭지를 틀 때마다 새로운 물이 만들어지는 것처럼 보일 수 있지만, 사실 물은 지속적으로 재활용되는 유한한 자원이다. 과학자들은 전 세계 물의 양이 과거 5억년 동안 상당히 일정한 수준을 유지하고 있다고 믿고 있다(Miller 1993). 농업 활동은 다음과 같은 방법으로 물 순환을 방해할 수 있다.

① 관개는 지표수 및 지하수 자원을 고갈시킬 수 있다.
② 불량한 가축관리에 의한 영양소의 유출은 영양오염, 세균성 또는 바이러스성 오염으로 이어질 수 있다.
③ 육지의 식생제거(植生除去 : clearing vegetation)는 흔히 토양 침식을 초래하고 지표수 및 지하수 자원을 오염시킨다.
④ 파종상(播種床 : seedbed) 준비를 위한 경운(耕耘 : soil tillage) 및 잡초방제에 의해 토양의 침식을 초래할 수 있다.
⑤ 살충제, 식물 보조 영양소(질소, 인 등)나 미생물(가축분뇨나 퇴비 속의 박테리

아 및 바이러스) 같은 농작물 개선제의 사용은 유거수(流去水 : surface run-off), 토양침식, 그리고 지하수 침투(ground water infiltration)를 통해 물을 오염시킬 가능성이 있다

물의 순환을 단순화한 그림 2-12를 통해서 보듯이 물은 바다, 대기, 땅, 그리고 생명체 내에서 증발(evaporation), 식물의 증산(蒸散), 응축(凝縮 : condensation), 강수(降水 : precipitation) 및 침투(浸透 : infiltration) 등에 의해 이동한다. 물의 상당 부분은 토양 표면으로 침투하고 일부는 지표수로 다시 합류한다. 이 때 오염물질이 땅속의 빗물에 패인 구멍, 다공성 또는 균열된 기반암(基盤岩) 또는 불량하게 축조된 우물을 통해 흘러들어 직접 지하수로 유입된다. 오염물질은 빗물, 녹은 눈 및 관개용수(灌漑用水)의 용탈(溶脫 : leaching)을 통하여 땅 속으로 스며든다.

토양 표면 위로 이동하는 유거수도 빗물, 녹은 눈 및 관개용수(灌漑用水)를 통해 오염물질을 운반한다.

이러한 물의 순환 과정은 다음과 같이 나타낼 수 있다.

① 강수현상
② 지표면에 분포된 식생계 및 낙엽 등에 의한 차단
③ 눈의 녹음
④ 땅 위에 흐르는 빗물
⑤ 침투

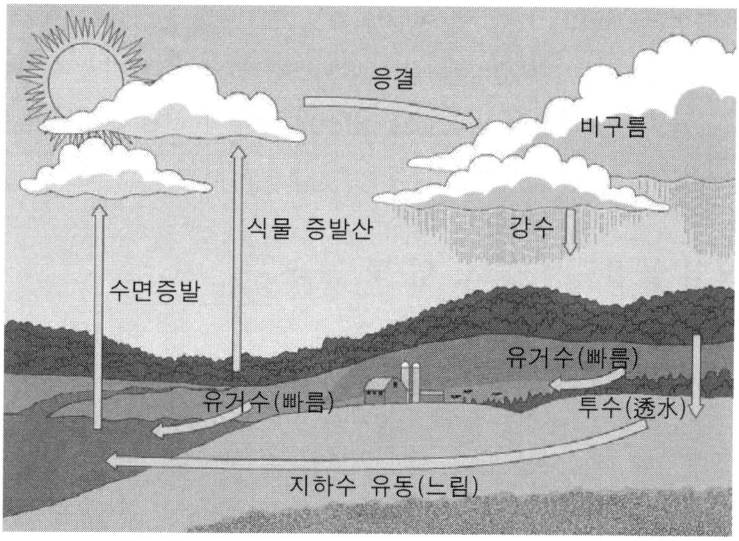


그림 2-12. 물의 순환의 도해

⑥ 지표 밑의 흐름
⑦ 증발
⑧ 승화
⑨ 수평 기류
⑩ 응축

### 3) 지하수

대부분의 물은 지표수(地表水, surface water : 개울, 강, 호수 및 바다의 물)와 지하수(地下水 : ground water)로 분류 될 수 있다. 지하수는 지하의 물 저장소 역할을 하는 대수층(帶水層 : aquifers)에 존재하고, 지표면에서 30m 이내의 지하수는 얕은 지하수(shallow ground water)라고 한다.

### 4) 농업과 물의 순환

집약적인 동물사육은 대규모 시설, 수입된 사료 및 자동화된 기술에 의한 자본집약적인 체계이다. 수천만 마리의 동물을 축사에서 사육하는 이러한 집약적인 가축사육방식은 과거 토지에 기반을 둔 전통적인 생산형태에 비해 더 단순하다. 반면에 가축사육 두수의 증가로 더 많은 배설물을 배출하고, 그에 따라 더 증가한 배설물의 처리 및 저장, 그리고 경작지에 가축분뇨 시용량(施用量)의 증가에 따른 물의 오염으로 생산비용이 증가할 수 있다.

젖소와 같은 반추동물은 풀을 먹는 동물이다. 반추동물에 곡류 위주의 사료(grain-based diets) 급여는 동물의 건강 및 영양에 부정적인 영향을 미쳐 수의적 비용을 증가시키며 생산된 육류와 젖의 영양적 질을 떨어뜨린다. 따라서 더욱 다양한 농업시스템의 도입으로 환경적 영향이 감소할 뿐만 아니라 동물의 자연적 행동을 복원하여 생산비용을 절감할 수 있으며, 산물의 영양적 가치도 향상시킬 수 있다.

## 4.2 물 오염 물질로서 질소, 인 및 농약

### 1) 질 소

질소는 작물의 적절한 성장을 위해 다량으로 필요한 필수적인 영양소이다. 질소는 식물이 햇빛으로부터 에너지를 끌어 모아 단백질 및 핵산의 기본 구성성분으로서 역할을 한다. 따라서 질소비료는 다른 어떤 식물 영양소보다도 더 많은 양이 경작지에 시용된다.

대부분의 작물은 약 99%가 하버-보슈법(Haber-Bosch process)으로 만들어진 합성비료(synthetic fertilizer)의 형태로 질소를 공급받는다. 이 방법에서는 수소가스와 공중 질소로부터 암모니아가 합성된다. 그 결과로 형성된 액체 암모니아를 직접 사용하거나 추가로 다른 액체 또는 질산암모늄(ammonium nitrate), 요소(urea), 황산암모늄(ammonium sulfate) 등 고체 형태의 질소비료로 처리할 수 있다. 하버-보쉬 과정은 400~680℃의 온도 및 200~400대기의 압력이 필요하므로 이처럼 높은 열과 압력을 공급받기 위해서는 많은 양의 화석 연료(일반적으로 천연가스)에 의한 에너지 공급이 요구된다. 따라서 합성비료의 가격은 천연가스의 가격변화에 따라 변동이 심하다.

합성 질소비료(synthetic nitrogen fertilizer)는 매우 신속하고 비교적 짧은 기간 동안에 작물이 질소를 이용할 수 있도록 한다. 반면에 천연 유기질비료(堆肥, 廏肥 등)는 토양 미생물에 의해 질산염(nitrate) 및 암모늄 이온(ammonium ion)으로 전환된 이후에 식물이 이용할 수 있으므로 오랜 기간에 걸쳐 질소를 방출한다. 이런 유기질비료 중에서 두과녹비(荳科綠肥)나 생 가축분뇨는 가축분뇨 퇴비보다 더 신속하게 질소를 방출한다. 따라서 작물의 단기 질소 수요를 충족시키기 위해서 퇴비는 두과녹비나 생 가축분뇨에 비해 더 높은 양을 시용하여야 한다.

어떠한 형태(합성이나 유기비료)든 질소시용은 모두 작물의 질소 요구량 및 토양의 기존 영양소 함량에 따라 항상 신중하게 계산해서 적용하여야 한다. 관행적 농업이나 유기농업 시스템 모두 작물의 영양소 요구량 및 토양의 영양소 함유상태를 평가하지 않고 질소를 시용할 경우 과다하게 살포되기 쉽다. 이것이 작물의 수익성을 떨어뜨리고(특히 비료를 농장외부에서 구입하는 경우에) 주변 환경 및 물을 오염시킬 수 있다. 질소는 지표 및 지하수로 쉽게 유입될 뿐만 아니라 토양이 물로 포화되고 토양 내 이용할 수 있는 산소량이 부족할 때 질산염은 온실가스인 아산화질소(亞酸化窒素 : nitrous oxide)로 전환될 수 있다. 이런 질산염이 아산화질소 가스로 전환되는 것을 탈질소반응(denitrification)이라 하는데, 이것은 토양 질소 손실의 또 다른 중요한 원인으로 대기의 변화에 영향을 미칠 수 있다.

합성비료로 시용된 질소의 약 50%만이 작물에 흡수되어 이용된다. 토양 내 질산염 함량이 증가하면 지표수 및 지하수로 질산염의 손실이 가속화될 수 있는데, 특히 강수량이 많거나 관개를 하는 경작지에서 영향을 더 받는다. 그러나 유기물 함량이 높은 토양은 지하수 및 지표수로 용탈되는 양이 줄어 더 많은 양의 질소가 토양 내에 유지된다. 다년생 식물에 의한 지표면의 피복 또한 질산염뿐만 아니라 다른 영양소의 용탈을 감소시키는 효과가 있다.

화학질소비료의 시용량은 작물이 재배되는 토양의 수확목표를 기반으로 산정한다.

옥수수의 예를 들면, 4,050m$^2$당 알곡 27.2kg을 생산하기 위해서는 질소 0.453kg이 시용된다(즉, 4,050m$^2$당 옥수수 알곡 생산목표를 2,700kg로 하면 질소 시용량은 453kg에 해당). 그러나 이러한 계산은 단지 추정치에 불과한 것으로, 실제 작물의 성장 및 생산량은 작물 성장시기의 예측하기 어려운 기상 상황에 의해 크게 영향을 받는다는 사실을 알아야 한다.

퇴비 및 생 가축분뇨의 시용량도 퇴비나 가축분뇨의 영양소 함량 분석의 결과에 따라 동일한 지침을 이용하여 계산할 수 있다. 그러나 무기화 작용은 토양의 환경조건, 토양생물의 존재와 질소를 포함하는 재료의 구성에 의해 지배되는 생물학적 과정이므로 이러한 유기자원에서 질소의 이용성(無機化를 통해 방출되는 양 및 시간)을 예측하는 것은 쉽지 않다.

합성비료는 시비 후 수일 또는 수주 이내에 소모될 수 있는 반면에 유기질 비료는 시비 후 질소를 천천히 방출하여 작물이 성장 시기 내내 영양소를 이용할 수 있다는 것이 장점이다. 또한 유기질 비료원은 토양의 질소 축적에 더 효과적이다. 두과 녹비에 의한 질소 공급량은 작물에 의해 생산되는 생물체량(生物體量 : biomass)에 따라 달라진다. 바이오매스 생산량은 날씨와 다른 성장 조건에 따라 해마다 변화한다.

두과의 경우 토양과 함께 갈아엎거나 예취, 진압, 화학적 제초 등의 시기를 조정하여 두과에 의한 질소의 공급량을 조절할 수 있다. 이 방법은 토양에 통합되는 바이오매스의 양을 조절하여 질소 방출을 제한한다. 두과식물을 위주로 한 질소의 투입은 겨울 호맥 등 화본과 피복작물과 혼파 재배로 두과 종자량을 줄여 질소함량이 보다 낮은 바이오매스의 생산이 가능할 뿐만 아니라 화본과 피복작물은 수용성 질소를 고정할 수 있다.

관행적 농업이나 유기농업 시스템 모두 식물에 흡수되지 못한 잉여 질소는 지하수에 용탈되기 쉽다. 심지어 최고의 가장 세심한 관리기법이라도 극심한 날씨로 인해 질소가 손실될 수 있다. 즉, 폭우로 인해 질소가 식물에 이용되기 전에 씻겨 내려갈 수 있다. 또한, 가뭄이 심한 해에는 주작물의 성장저하로 토양 내에 남아있는 질소가 가을, 겨울, 그리고 이듬해 봄에 걸쳐 용탈된다(그림 2-13).

질소 순환(nitrogen cycle)에서 질소가스(nitrogen gas)는 질산염 이온($NO_3^-$) 및 암모늄 이온($NH_4^+$)을 함유한 수용성 화합물로 변환되어 식물 뿌리에 의해 흡수된다. 식물은 질소를 이용하여 농작물을 생산한다. 결국, 동물은 식물이나 식물을 섭취한 다른 동물을 섭취하고, 섭취된 질소를 이용하여 동물체 조직을 합성하며, 질소를 함유한 분뇨(糞尿 : manure)를 배설한다. 질소 순환에서 식물 잔해(plant remains), 동물 배설물, 그리고 동물의 사체(dead animal)는 지속적으로 재순환된다.

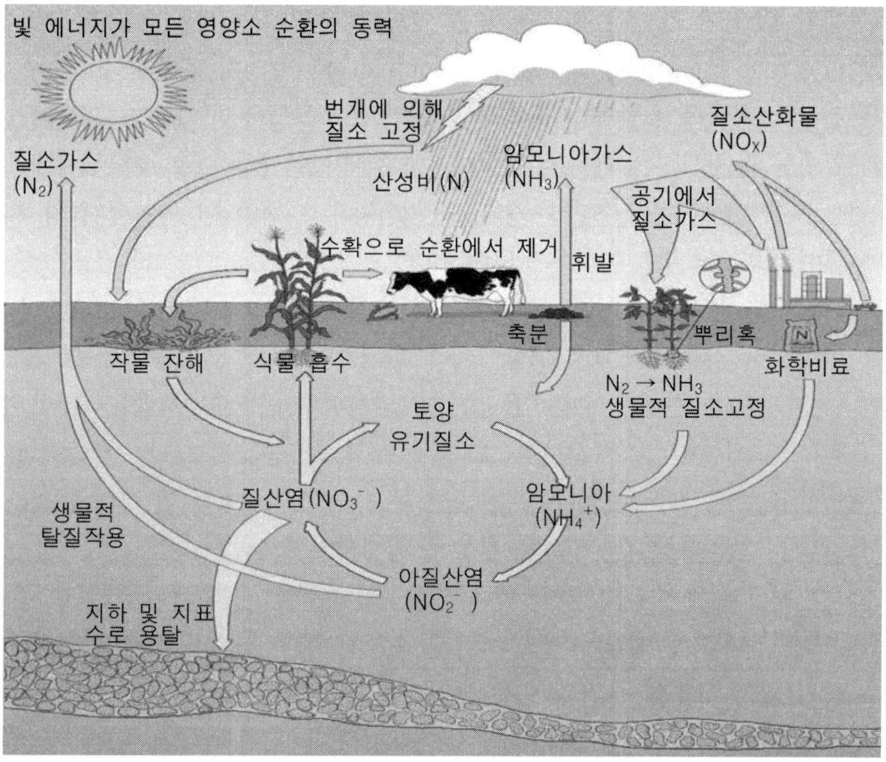


그림 2-13. 질소 순환

◇ 수질과 건강에 대한 최근 연구 ◇

Guillette 등 (1998)은 멕시코의 두 지역에서 4~5세 어린이의 발달에 관한 비교 연구를 하였다. 첫 번째 그룹은 농업지역의 계곡(agricultural valley)에서 살면서 자주 농약에 노출되었다. 두 번째 그룹은 인근의 비농업 지역에 거주하고 농약에 노출되지 않았다. 인접 지역으로 인해 아이들의 유전적 배경, 음식, 음용수, 미네랄 영양, 문화 패턴 및 사회적 행동 등은 유사한 배경을 갖고 있었다. 두 그룹을 비교했을 때 실제 신체적 성장에는 차이가 발견되지 않았지만, 살충제에 노출된 어린이는 체력, 손과 눈의 움직임, 30분 기억(30-minute memory) 및 사람을 그릴 수 있는 능력이 떨어졌다.

## 2) 인

인(燐 : phosphorus)은 식물의 성장 및 발달에 필수적인 영양소 중 하나로 질소와 협력하여 식물이 햇빛에서 획득한 에너지의 이용을 용이하게 한다. 인은 뿌리의 성장을 촉진하고 식물체 내에서 에너지의 분배 및 단백질 합성에 도움을 주고, 씨앗의 발달을 돕는다. 토양과 결합된 인 공급원을 찾아 이용하려는 식물의 노력으로 뿌리의 분지(分枝 : root branching) 및 뿌리털(root hair)의 형성이 증가한다.

인은 건강한 뿌리의 발달을 촉진하여 식물의 초기성장을 지원하고, 생육기간 내내 식물의 활기를 유지시키는 데 필수적이다. 대부분의 인산염 비료(燐酸鹽肥料)는 채굴된 인광(燐鑛)에서 얻어지는데, 거의 모든 인광은 수백만 년 동안에 걸쳐 해저 밑바닥에 쌓여 있다 땅위로 올라온 퇴적물이다.

비료로 사용하기 위해 채굴된 인광에서 불순물을 제거하고 미세입자로 분쇄하여 품질을 향상시킨 것을 인광석(燐鑛石)이라 한다. 인광석은 이 형태로 토양에 직접 시용할 수 있지만, 요즘에는 수용성을 높이기 위하여 황산으로 처리하는 것이 일반적이다(過燐酸鹽 : superphosphate). 유기인(有機燐)의 공급원으로는 부식퇴비, 식물잔재(植物殘滓), 토양에 존재하는 다른 유기물 등이 있다. 또한 인은 비록 적은 양이지만 토양 내 인광(燐鑛)의 풍화와 침식에 의해서도 얻는다.

인은 토양수분에 용해된 후 인산염(燐酸鹽)의 형태로 식물체에 이용될 수 있다. 토양수분에 풍부하게 존재하는 질소와 달리 용해된 인은 신속하게 토양 입자와 결합하는 특성이 있어 토양에서 거의 이동하지 않는다. 실제로 식물은 뿌리로부터 0.6cm 정도 떨어져 있는 인도 직접 접촉하여 이용할 수 없다. 같은 이유로 인은 배수(排水)에 의해 쉽게 용탈되지 않는다. 그러나 유거수에 의해 토양 입자가 토양 표면에서 씻겨 흘러갈 때는 많은 양이 유실될 수 있다. 유사유출(流砂流出 : sediment runoff)이 인산염에 의한 수로(水路 : waterway) 오염의 가장 큰 원인이다.

인산염 비료(燐酸鹽肥料) 및 가축분뇨 퇴비의 장기적 시용은 토양에 인의 누적을 초래하여 침식이나 유거수에 의한 인의 유실 가능성을 높인다. 따라서 질소 시용의 경우와 마찬가지로 인의 시용량도 매년 토양검사의 결과에 따라 작물의 요구량에 맞게 조정하여야 한다.

유기적으로 관리되는 토양에 더 풍부히 존재하고 활성이 강한 경향이 있는 토양균근균(土壤菌根菌 : mycorrhizal soil fungi)은 식물 뿌리와 그들의 공생성장 및 발달을 통해 인의 동원을 돕는다. 균근(菌根 : mycorrhizae)은 비균근(non-mycorrhizal roots) 보다 1,000배 이상 더 많은 토양 영역을 탐색할 수 있으므로 인의 흡수 능력을 높인다. 이러한 균의 존재로 인해 일반적으로 유기농업에서는 추가적인 인산비료를 시용하지 않는다(그림 2-14).

인 순환(phosphorus cycle) 내에서 광물질이 분해되어 인을 토양 용액(土壤溶液 : soil solution) 중에 방출한다. 식물의 뿌리는 성장에 필요한 인을 흡수한다. 토양 입자의 표면에 부착된 과잉의 인은 유거수로 이동하여 지표수를 오염시킨다.

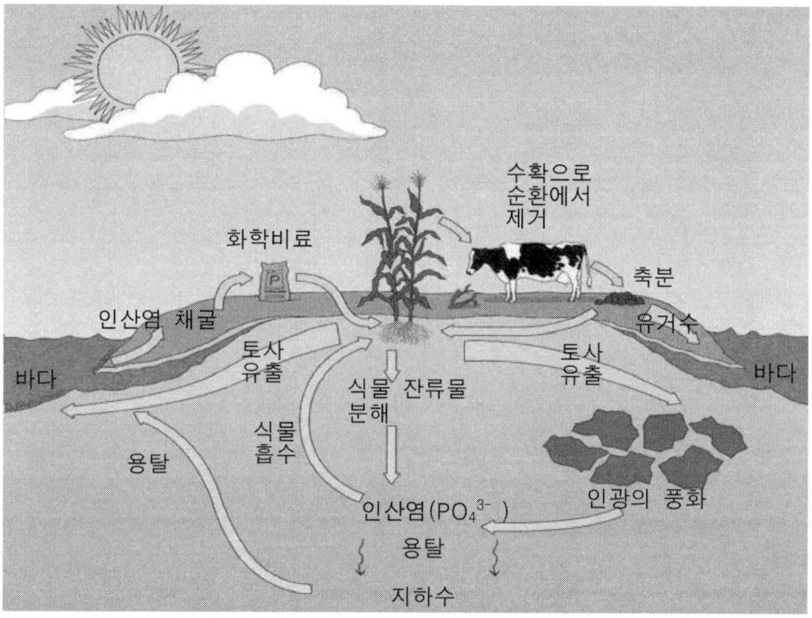


그림 2-14. 인 순환

### 3) 농 약

농약(農藥 : pesticides)은 수질(水質)에 영향을 끼칠 수 있는 또 하나의 주요 농업 오염물질이다. 농약에는 살충제, 제초제, 살균제, 그리고 항미생물제 등이 있고, 이런 농약은 기존의 화학농업 체계에서 잡초, 곤충, 곰팡이 및 박테리아를 죽이거나 파괴하기 위하여 사용되고 있다. 농지에 살포된 농약은 물에서의 이동성 및 가용성으로 인해 농장 주변의 토양에 축적되고, 지하수 및 지표수에 용탈되어 야생 동물과 인간을 포함하여 비대상 생물(non-target organism)에 부정적인 영향을 미칠 수 있다.

농약 침출 및 오염 농약은 농약을 살포하지 않는 유기농업이나 환경의 파괴 없이 지속 가능한 농업으로 농장 주변 지역에서 완전히 제거될 수 있지만, 농약을 계속 사용하는 농경방식에서도 대상 해충이 농작물에 경제적 손실을 초래할 한계수준에서 적기에 최소량의 농약을 살포하는 양호한 농약관리를 통하여 환경에 미치는 부정적인 영향을 줄일 수 있다.

사람이나 동물이 농약에 노출되면 신경, 면역, 내분비 및 생식계에 영향을 미치는 여러 가지 건강상의 문제가 발생할 수 있다. 즉, 천식, 빠른 월경의 시작(초경), 화학감도(chemical sensitivity), 그리고 아동의 공격성 증가, 주의력 결핍 장애 및 집중력 부족 장애 같은 행동변화에 영향을 준다. 또한 농약에 노출은 종양, 암, 유전적 돌연

그림 2-15. 농업에서 일반적으로 사용하는 농약이 가끔 식수에 규제수준 이상으로 존재한다.

변이, 선천성 이상 등이 발생할 수 있다. 농약에 의한 건강상의 문제는 노출량 및 노출의 방법(구두로 흡입 또는 피부 접촉을 통해)에 따라 차이가 있다. 또한 많은 농업 지역에서 수생생물(水生生物)에 대한 농업 화학물질의 영향을 관찰할 수 있다.

### ◇ 질소와 인 오염 ◇

질소와 인은 지표수 및 지하수의 두 가지 주요 오염물질이다. 동물의 배설물은 물에 함유된 질소와 인의 주요한 농업적 오염원으로, 특히 집약적인 가축사육 및 개울 근처 목초지에서 방목중인 가축이 중요한 질소 오염원이다.

물 자원의 영양 오염은 현지 및 인근 지역의 건강을 위협한다. 질소 또는 인에 의해 호수 등의 지표수가 오염되면 조류(藻類 : algae)가 빠른 속도로 성장하고, 과도한 조류 또는 적조(赤潮 : algal bloom)는 물 표면을 덮어 자생하는 수중 잔디에 햇빛이 도달하는 것을 방해한다. 또한 적조는 물에 녹아있는 산소를 빼앗아 물고기가 살 수 없게 하고, 물 파이프라인을 막히게 하며 휴양을 위한 지표수의 사용을 감소시킨다.

식수에 함유된 질산염은 심각한 질병이나 죽음을 초래할 수 있다. 미국 환경 보호국(U. S. Environmental Protection Agency : EPA)은 안전한 식수(Safe Drinking Water Act)에서 음용수 중 질산염의 최대 오염 허용수준(Maximum Contaminant Level : MCL)을 10 ppm으로 설정하였다. 질산염에 대한 유아의 MCL은 1 ppm 이며 체내에 높은 수준의 질산염으로 혈류를 통한 각 조직에 충분한 량의 산소공급을 방해하는 질병인 메트헤모글로빈혈증(methemoglobinemia : blue baby syndrome)은 노인에게 특히 민감하다. 모든 개인에 있어서 MCL 이상의 수준으로 질산염이나 아질산염(亞窒酸鹽)에 장기간 노출되면 배뇨증가, 신장에 전분 축적의 증가 및 비장 출혈의 원인이 될 수 있다.

## 4.3 수질개선을 위한 농장관리

농부는 그들의 합리적인 농장관리를 통해 농장 및 주변 지역의 수질을 향상시킬 수 있다.

### 1) 가축분뇨 관리

가축분뇨는 영양분과 병원체의 잠재적인 오염원이므로 특별히 주의하여 효과적으로 관리하여야 한다. 좋은 관리를 위한 지침은 아래와 같다.

① 가축분뇨 및 기타 폐기물은 그 양을 줄이고, 함유된 유기물질을 안정화하고 경작지에 시용하기에 적절하도록 밀도를 개선하고, 영양소의 용해도를 줄여 영양소의 손실을 줄일 수 있도록 퇴비화 한다.

② 퇴비 살포장비를 적절히 조정한다.

③ 경작지에 퇴비를 시용할 때는 작물의 요구량에 근거하여 계획된 비율로 균일하게 살포한다.

④ 퇴비는 작물이 이용 가능한 가까운 시기에 살포한다.

⑤ 피복작물의 생육이 활발하지 않은 가을 및 겨울 동안에는 퇴비를 살포하지 않도록 한다.

⑥ 퇴비를 살포 후 가능한 빨리 흙으로 덮어 휘산(揮散)을 방지한다.

⑦ 침식 잠재력이 높은 토양에서는 대상재배(帶狀栽培), 등고선 경작, 작물잔재 관리, 피복작물(被覆作物), 계단식 경지, 우회로, 그리고 침식 가능성이 높은 곳에서는 잔디 배수로의 설치 등 토양 보전처리를 하여 토양 및 퇴비의 양분 유실을 효과적으로 줄일 수 있다.

⑧ 개울, 호수, 연못, 또는 웅덩이와 같은 환경적으로 민감한 지역 근처에 퇴비를 시용할 때는 특별한 주의가 필요하다.

⑨ 물기가 많은 토양에서 퇴비 살포 중장비의 사용은 피하는 것이 좋다. 많은 농장에서 퇴비 살포기는 흙다짐의 주원인 가운데 하나이다.

⑩ 퇴비의 시용은 확실한 기록을 남겨야 한다. 기록은 좋은 관리를 입증하고, 관리의 조정 및 개선의 지침으로 유용하다.

### 2) 목초지에서 동물 관리

동물생산 방식이 더욱 집약화 됨에 따라 방목으로 인한 지표수의 오염에 주의하여야 한다. 좋은 관리를 위한 지침서는 아래와 같다.

① 가축을 비좁은 축사보다 목초지에 있게 한다.
② 주어진 목초지의 풀 사료 공급량과 방목가축수의 균형을 맞춰 과방목(過放牧)이 되지 않도록 한다.
③ 동물이 접근할 수 없도록 수로에 울타리를 설치하여 개울둑을 보호한다.
④ 가축사료의 인 함량을 요구량에 일치시켜 가축의 분으로 배설되는 여분의 인을 줄인다.
⑤ 목장 펌프를 사용하여 목초지에 물을 공급하여 시냇물과 개울에 동물이 접근할 필요성을 없앤다.
⑥ 방목방식은 방목지를 여러 개의 구역으로 나누어 혼파 목초지로 설계한 윤환방목(輪換放牧 : rotational grazing)으로 방목효율을 높인다.

### 3) 건강한 토양 형성, 침식 방지 및 깨끗한 물 유지

건강한 토양은 토양 완충능(緩衝能)을 갖고 있어 물을 깨끗하게 유지하는 데 도움이 된다. 이것은 다음과 같은 영농관리방법에 의해 향상된다.

① 적절한 수준의 토양 유기물질의 유지는 영양소 손실을 줄인다.
② 토양 압축을 방지하여 토양을 통한 물의 적절한 여과기능을 유지하여 과도한 유거수를 감소시킨다.
③ 작물에 필요한 영양소의 양을 필요한 시기에만 시용하여 토양 영양소의 적절한 균형을 유지한다.
④ 토양의 경작횟수를 줄여 작물잔재(作物殘滓)를 유지하여 토양과 바람에 의한 침식을 줄이고 토성(土性)을 개선하여 물의 침투성을 향상시킬 수 있다.
⑤ 비 경작지의 잔디 수로 및 숲으로 형성된 개울둑을 유출수를 여과하는 완충장치로 개발한다.
⑥ 등고선 설계에 의한 대상재배(帶狀栽培)로 토양침식을 줄이고 적절한 윤작(輪作)을 한다.
⑦ 야채나 유실(有實) 작물의 유지는 물의 토양 침투를 향상시키고, 토양 수분의 보존을 향상시키며, 빗물에 의한 유출수의 양을 감소시키고, 토양 유기물질의 축적을 촉진한다.

그림 2-16. 생분(生糞)과 합성 화학비료는 퇴비에 비해 질산염의 용탈이 증가하여 비료효과가 신속하지만, 영양소의 방출 지속성은 더 낮다.

⑧ 울타리에 인접한 토지에 나무나 잔디를 식재하여 바람, 풍식(風蝕), 그리고 물에 의한 침식의 영향을 줄인다.

### ◇ 수질과 건강에 대한 최근 연구 ◇

펜실베니아 주립 대학의 Kiesecker(Anon 2002)는 펜실베니아에서 농약 아트라진(atrazine : 제초제), 말라티온(malathion), 에스펜발러레이트(esfenvalerate)에 노출된 개구리(wood frogs)의 올챙이에서 사지 기형의 발생비율이 매우 높은 것을 알게 되었다.

실험실 실험에 의하면, 농약은 올챙이의 면역반응을 약화시켜 그 결과 사지 기형의 발생이 더 높아진 것이다. Kiesecker는 "우리는 많은 양서류에 의한 실험에서 최근에 출현된 새로운 질병이나 인간을 감염시키는 과거 질병의 재발생과 관련된 것으로 보이는 환경의 변화에 양서류가 특히 민감하다는 것을 배울 수 있었다"고 견해를 밝혔다. 개구리는 우리 인간을 위협하는 환경변화와 질병에 대한 민감성 사이의 상호작용에 대한 경고를 나타내는 표지(標識) 생물이 될 수 있다.

## 4.4 가축에 대한 수질의 중요성

물은 동물체의 모든 기본 생리기능에 관련된 필수 영양소이다. 하지만, 물은 다른 영양소와 달리 상당히 많은 양이 필요하다는 것이 것을 아는 것이 중요하다. 그러므로 가축이 이용할 수 있는 물의 유용성과 수질(水質)은 동물의 건강과 생산성에 있어 극히 중요하다. 가축이 물 유용성에 제한을 받으면 신속하고 심각하게 생산성이 떨어지고, 불량한 수질의 물은 흔히 물 섭취량을 제한하는 요인이 된다. 가축의 물 섭취량이 많은 것을 감안하면, 수질이 불량한 물은 물속의 오염물질이 해로운 수준까지 도달할 위험성이 커진다.

가축의 물 요구량 및 섭취량은 축종, 품종, 동물의 상태, 생산양식, 사육되고 있는 환경이나 기후에 따라 달라진다. 이러한 모든 변화요인들은 직접 또는 간접적으로 물의 대사와 생리의 여러 측면과 관련이 있다. 이와 관련해서 물 섭취의 생리적 관점으로 본 수질문제를 이해할 필요가 있다.

물 요구량은 동물의 활동, 기온, 습도, 호흡수, 물 섭취량, 사료섭취량, 그리고 나이, 번식상태(건유, 임신, 비유 등) 같은 개체별 생리적 요인들, 기타 여러 가지 요인들에 의해 영향을 받는다.

## 4.5 물의 생리적 기능의 개요

물의 생리적 균형을 유지하기 위해서 동물은 물을 섭취하여야 한다. 대부분의 동물은 생명유지를 위해서 최소 2, 3일마다 물을 마셔야 하고, 생산을 위해서는 적어도 하루 걸러서는 물을 마셔야 한다. 그러나 생산성이 높은 동물에 있어서는 깨끗하고 신선한 물을 충분히 제공하여야 한다.

### 1) 물 섭취 생리

#### (1) 물의 획득과 손실

동물이 필요로 하는 물의 대부분은 식수를 통해서 얻는다. 또한 젖, 유제품 부산물, 제당부산물, 증류 부산물 등과 같이 수분함량이 높은 액상 사료의 섭취로 1일 물 요구량의 상당한 비율을 충족시킬 수 있다. 또한 수분함량이 높은 사료(青草 등)를 섭취함으로써 상당히 많은 양의 물을 얻을 수 있다. 대사수(代謝水 : metabolic water)는 사료를 구성하는 여러 성분들의 산화에 의해 얻어진다. 피부를 통해 흡수된 제한된 양의 물이 공급되기도 한다.

(2) 물 회전율과 체 수분 풀

동물체내의 물은 주로 분(糞)과 뇨(尿), 폐에 의한 호흡을 통해서 그리고 땀으로 잃는다. 대사율(代謝率 : metabolic rate)과 체 수분 회전율(water turnover) 간에는 밀접한 상관관계가 있다. 물 회전율은 동물의 체중보다는 동물체 풀의 크기(size of the body pool)와의 관계로 표현할 수 있는데, 동물체의 수분 풀(body water pool)을 실제로는 생체중의 70%로 간주한다.

대사율과 물 회전율은 어린 동물과 생산성이 높은 동물이 더 높고, 나이를 먹을수록 혹은 생산성 낮을수록 더 낮다. 그러나 물의 회전율은 종(種)의 특정한 생리적 특성에 따라 상당히 다를 수 있다. 예를 들면, 양이나 염소는 소에 비해 동일한 환경에서 물을 더 절약하여 물 회전율이 소의 50~60%에 불과하다. 생산성이 높은 동물에 있어서 대사 및 생리적 압박이 최대가 되는 때는 비유중이다. 이때는 유즙합성을 위하여 에너지와 물 섭취량이 40~60% 증가한다.

### 2) 음수 행동의 맥락에서 본 수질문제

음수(飮水 : drinking)는 가축의 일상적인 활동 가운데 필수적인 것으로, 특히 여름에 더욱 중요하다. 선택할 수 있다면, 소는 매우 차거나 뜨거운 물보다는 적당한 온도의 물을 더 좋아하지만, 전반적으로 물의 온도는 음수행동이나 동물의 생산성에 그다지 큰 영향을 미치지는 않는다. 현장에서 소의 행동을 관찰한 바에 의하면, 신선한 물을 섭취한 소가 더 많은 풀을 섭취하는 것으로 나타났다.

### 3) 냉각수(coolant)로서의 물

체온 유지에 수분대사(water metabolism)는 필수적이다. 양, 염소, 소 같은 반추동물은 증발에 의해 내부열(internal heat) 및 흡수열(absorbed heat)을 체수분의 증발을 통해 방산한다. 물을 경제적으로 쓰는 것은 건조지대나 반 건조지대의 가축에 있어 유리한 특징이긴 하지만, 사료섭취량이나 성장률 같은 다른 요인도 중요하다. 동물이 더위에 노출되면 물 섭취량이 증가한다.

### 4) 수 질

가축이 섭취하는 물의 질을 평가하는데 있어 고려해야 하는 핵심적 특성은 다음과 같다.

① 감각적 특성: 냄새(odour), 맛(taste)
② 이화학적 특성: pH, 용존 고형물 총량, 경도(hardness)
③ 화학적 조성

- 중독성 화합물: 중금속, 농약, 제초제, 탄화수소 등
- 과잉의 광물질이나 화합물: 질산염, 황산소다 등
- 생물학상의 오염: 세균, 바이러스, 조류(藻類: algae)

가축의 생산성에 영향을 미치는 가장 일반적인 수질문제는 고농도의 무기질, 황산염, 질산염, 아질산염, 세균오염, 남조류(藍藻類: blue-green algae)의 과다한 증식, 그리고 농업 및 산업 활동과 관련된 화학적 오염 등이 있다. 물속 오염물질의 부정적인 영향은 총 물 섭취량과 직접적인 관련이 있으므로 가축에 대한 오염물질의 가장 심각한 영향은 주로 물 섭취량이 많은 더운 날씨에 발생하는데, 특히 수분함량이 낮은 사료를 섭취한 동물의 경우 그 영향이 더 크다.

일반적으로 강물(river water)이 연못이나 우물물 보다 안전한 것으로 간주되는데, 이는 막힘없이 흐르는 수역(水域)이 자연의 생물체에 의한 오염물질 제거 과정의 기회를 더 많이 제공하기 때문이다. 가축 분(糞)의 토양을 통한 용탈(溶脫: leaching)에 의해 혹은 부실한 우물 벽을 통해 질산염이 우물물에 축적될 수 있다. 그러나 물에 함유된 높은 수준의 질산염은 농작물 비료 같은 다른 질소원으로부터 올 수 있다. 지표수(地表水)내 질산염 함량은 매우 변동이 심하지만, 1년 중 비가 많은 시기 후에 가장 높고, 비가 적은 시기에 가장 낮다.

수질은 동물의 생산성 및 건강에 매우 큰 영향을 끼칠 수 있으므로 주기적으로 검사하여야 한다.

### (1) 물 시료채취 및 검사

불량한 수질에 의해 발생될 수 있는 문제점을 피하기 위해서 가축에 급여하는 물은 주기적으로 수질검사를 하여야 한다. 물의 오염과 관련하여 일어날 수 있는 문제는 급수원(給水原, 내재적 요인)과 급수장치의 수준(획득된 요인)에 의해 발생될 수 있다. 따라서 오염의 원인을 분명히 알기 위하여 수질검사를 때때로 하여야 한다. 그러므로 급수원, 급수조(給水槽) 또는 급수장치의 수질을 나타내는 시료를 채취하여 분석하여야 한다.

시간이 흐르면서 수질은 변할 수 있으므로 과거의 분석결과에 너무 의존하면 안 된다는 것을 강조한다. 수질검사는 관례대로 정상적인 상황에서는 가급적이면 매년 혹은 최소 2년에 1회는 하여야 한다. 그러나 물의 냄새, 투명도 및 맛의 변화, 혹은

동물의 음수량이나 음수습관의 변화, 생산성의 저하나 건강상에 문제 등 어떤 특이한 상황에서는 즉시 수질검사를 하여야 한다.

수질은 공인된 실험실에서 분석해야 한다. 가축 생산자는 실험실 선택을 위해 그들의 수의사 또는 가축 전문가와 상담하여야 한다. 물 오염물질에 대한 분석 목표의 범위는 특정 장소 또는 상황에 따라 다를 수 있다. 여기에서는 수질의 이해에 대한 기본 정보 및 평가방안을 제공하고자 한다.

## 4.6 수질문제에 대한 이해

가축에 급여하는 수질의 필요조건에 관한 정보는 풍부하지만, 문제를 다루는 실질적인 해결책은 매우 드물다. 예를 들어, 캐나다의 지침(Canadian Guidelines)은 양질의 물만 가축의 음용수로 사용할 수 있지만, 실제로는 그런 양질의 물만 이용할 수 없기 때문에 공식 목표나 기준에 도달하는 것이 불가능한 경우가 종종 있다.

물의 정화시설이 필요한 규모의 가축산업에서 경제적으로 받아들일 수 있는 정화기술이 개발되기까지는 얼마간 시간이 걸릴 것이다. 그러므로 현재 상황에서는 최근의 문제 관리를 위한 전략 개발에 최대한 주의를 집중하여야 한다. 수질오염과 관련된 문제의 관리에 있어 먼저 오염물질의 식별이 필수적이다. 수질 전문가의 관점에서 문제점의 신속한 발견과 악영향에 대한 효과적인 관리를 위하여 물 오염물질과 관련된 다양한 문제를 인식하는 방법이 반드시 필요하다. 또한 가축 생산자도 수질오염물질과 관련하여 발생할 수 있는 부작용에 대한 기본적인 이해를 갖고 있어야 한다.

## 4.7 수질관리 문제

가축이 섭취하는 물에 오염물질이 포함되어 있는 상황에서는 정수처리를 권장 한다. 그러나 만약 이것이 비현실적이면 물과 관련된 잠재적인 위험관리는 어떤 다른 위험요소(사료, 환경 등)에 대한 철저한 검토와 함께 지역의 관점에서 접근해야 한다.

과다하게 함유되어 있는 성분들의 음용수를 통한 많은 섭취는 적절한 사료배합을 통해 효과적으로 관리할 수 있다. 따라서 가축의 음용수 질에 대한 특정 지역의 문제에 대한 확고한 이해가 중요하다.

가축의 음용수 오염문제는 가축의 건강에 불리한 영향의 조짐이 보이기 전에 가능한 한 신속하고 확실하게 인식해야 한다. 그리고 가축 생산자 및 물 전문가 모두 성장률, 사료효율, 번식률, 산유량, 생산물의 질 등에 미치는 미묘한 부정적인 영향을 인식하는 방법을 훈련해야 한다.

물속의 오염물질과 가축의 생산유형이나 동물의 영양 및 생리적 상태와 같은 요인들과의 상호작용의 중요성을 충분히 이해하여야 한다. 수질이 가축에 미치는 미묘한 문제를 인식하고 이해하기 위해서는 물속의 오염물질이 생리 및 생화학적 요소에 미치는 영향을 이해하는 것이 중요하다.

현재의 수질 가이드라인은 각 오염물질에 대한 허용되는 농도를 제시한다. 그러나 현 지식에 비추어 물 오염물질의 영향은 개별적 단일 문제가 아니고 오히려 다른 복잡한 사료 및 환경 요인과의 상호작용에 의한 누적, 부가 및 상승효과에 의해 발생되는 잠재적인 악영향의 맥락에서 고려하는 것이 매우 중요하다. 또한, 물속의 어떤 특정 개별 오염물질에 의한 악영향의 위험을 오직 제시된 물의 안전농도만을 기초로 무시해서는 안 된다.

그 이유는 동일 성분이 사료에도 함유되어 있으면 물에 의한 섭취와 함께 이 오염물질의 누적량이 물질대사의 임계수준을 초과하여 대사반응을 촉발시킬 수 있으며 심지어 독성을 나타낼 수도 있기 때문이다. 다양한 물 오염에 관련된 많은 문제를 해결하기 위한 가축의 수질문제와 관련된 현실적 접근은 물속의 오염물질과 다른 사료 구성 성분과의 상호작용뿐만 아니라 물속 오염물질의 직접적인 영향을 고려하여야 한다.

### 1) 물 섭취량의 중요성

물 오염물질의 영향을 평가할 때 물 섭취량을 고려하는 것은 중요하다. 수질문제 관리의 관점에서 물 섭취량이 늘어남에 따라 섭취한 물속에 함유된 특정 오염물질의 섭취량도 비례해서 늘어나는 것은 명백하지만, 여전히 물 섭취량에 의한 영향은 많은 간행물에서 과소평가 되고 있다.

그러므로 가축의 1일 물 섭취량은 가축의 종류, 동물의 활동, 환경온도 등에 따라 매우 다양하고, 특히 ① 생산한도, ② 성장단계, ③ 연령, ④ 생리적 상태, 그리고 영양상태 등 생리적 요소에 따라 크게 영향을 받는다는 사실을 아는 것이 중요하다. 이러한 차이는 불리한 반응에 대한 민감성의 측면에서 매우 중요하다는 점을 강조한다.

## 4.8 사료 및 물 섭취량에 미치는 수질의 영향

수질을 나타내는 pH, 염분, 냄새, 맛 등 각각의 항목은 기호성에 영향을 미칠 수 있다. 물에 함유된 오염물질은 음수량과 사료섭취량에 영향을 미칠 수 있지만, 그 반응은 동물의 특정 대사기능에 따라 달라질 수 있다.

예를 들면, 황산염(黃酸鹽) 수준이 높은 물을 섭취한 소에 있어 물 섭취량은 급격하게 떨어졌다(Weeth와 Hunter 1971: Grout 등 2006). 물의 용존 고형물 총량(溶

存固形物總量, total dissolved solids : TDS)의 농도가 약 4,400에서 440mg/L으로 감소함에 따라 음수량 및 사료섭취량은 증가하였다(Challis 등 1987). 수질이 사료섭취량에 영향을 미치면 감소된 사료섭취량으로 인해 생산성에 영향을 미칠 수 있다(Weeth와 Capps 1972: Loneragan 등 2001). 더욱이 반추동물은 황 대사(sulphur metabolism)의 독특한 특성상 음용수내 황산염의 높은 수준과 관련되어 광범위한 대사적 영향을 초래할 수 있다.

반면에 황산염 같은 수질오염 물질을 대사할 수 없는 동물은 그 반응이 전적으로 달라질 수 있다. 예를 들면, 이유자돈(離乳仔豚)이 TDS 및 황산염 수준이 높은 물을 섭취하면 음수량이 증가하였지만(Maenz 등 1994), 명백한 대사적 영향은 관찰되지 않았다.

말은 어떤 특정 수질상태에 대해 훨씬 예민하다. 물속의 오염물질이 직접 건강에 영향을 미칠 수 있는 위험성은 비교적 낮은데도 불구하고 수질은 물의 섭취량에 큰 영향을 미치므로 기호성이 나쁜 물의 공급은 물 섭취량을 상당히 감소시킬 수 있다. 또한 물 섭취량이 부족하면 장폐색(腸閉塞)과 산통 발생 위험성이 증가된다. 더 나아가 탈수증으로 말의 건강을 해치고, 수분의 결핍으로 목숨을 잃을 수도 한다.

## 4.9 수질 가이드라인

수질 가이드라인은 특정 목적에 대한 물의 수용가능성을 평가하기 위한 수단으로 개발되고 있다. 가축용 음용수의 가이드라인 설정 목적은 오염물질의 농도를 가이드라인 이하로 유지해서 가축의 건강이나 생산성에 중요한 영향을 미치지 않도록 하기 위한 것이다.

현재 사용되는 수질 가이드라인의 예로 CCME(Canadian Council of Ministers of the Environment)의 수질 가이드라인은 단지 동물보호를 위해 개발되었고, 우유나 고기를 통해 소비자에 전해질 수 있는 오염물질의 동물체내 잠재적인 축적에 관해서는 다루지 않았다. 그런데 사료 등 다른 소스를 통한 오염물질이 가끔 안전율의 약 5배까지 추가로 축적되기도 한다. 또한 이것은 축종 및 성장단계별 오염물질에 대한 민감도의 다양성을 축종 및 성장단계별 수질 가이드라인을 기초로 작성되었다(즉, 동물의 건강보호).

가축의 식수에서 가이드라인의 목표는 건강이나 생산효과에 악영향을 미치지 않는 가이드라인보다 오염물질의 농도를 더 낮게 유지하는 것이다. 여기에 제시된 일부 데이터는 정보가 드물어 인간의 식수기준에 기초를 두고 있다. 따라서 이러한 수질 가이드라인을 여러 가축에 적용하면 실제 양보다 지나치게 낮은 수치를 나타내는 경우가 흔히 있다.

수질이 동물의 건강 및 축산식품(고기, 유제품, 계란 등)에 미치는 복잡한 자연현상이 아직 완전히 밝혀지지 않았지만, 수질은 명확하게 가축생산에 중요한 영향을 미치는 요소이므로 항상 중요시 해야 한다. 반대로, 너무 엄격한 수질 가이드라인은 생산비용을 높여 축산 부문에 부정적인 영향을 미칠 수 있다. 다음 표 2-6은 농약 이외의 물질에 대한 CCME 가이드라인(2005)을 요약하였다.

표 2-6. CCME(2005) 선택한 성분에 대한 가축 수질의 지침

| 물 오염물질 | CCME 가이드라인(mg/L) | 소개된 해 |
|---|---|---|
| 비소(Arsenic) | 0.025 | 1997 |
| 카드뮴(Cadmium) | 0.08 | 1996 |
| 칼슘(Calcium) | 1,000 | 1987 |
| 남조류(Cyanobacteria) | Avoid heavy growths | 1987 |
| 염화물(Chloride) | None | |
| 크롬(Chromium) | 0.05 | 1997 |
| 코발트(Cobalt) | 1.0 | 1987 |
| 대장균(Coliforms), 분변성(fecal) | None | |
| 대장균(Coliforms), 총(total) | None | |
| 색(Colour) | Narrative | 1999 |
| 구리(Copper) | 0.5～5.0 | 1987 |
| 시안화물(Cyanide) | None | |
| 불소(Fluoride) | 1～2 | 1987 |
| 경도(Hardness) | None | |
| 황화수소(Hydrogen Sulphide) | None | |
| 철(Iron) | None | |
| 납(Lead) | 0.1 | 1987 |
| 마그네슘(Magnesium) | None | |
| 망간(Manganese) | None | |
| 수은(Mercury) | 0.003 | 1987 |
| 몰리브덴(Molybdenum) | 0.5 | 1987 |

(계속)

| 물 오염물질 | CCME 가이드라인(mg/L) | 소개된 해 |
|---|---|---|
| 니켈(Nickel) | 1.0 | 1987 |
| 질산염(Nitrate)+아질산염(Nitrite) | 100 | 1987 |
| 질산태질소(Nitrate nitrogen) | 23 | 1987 |
| 아질산염(Nitrite) | 10 | 1987 |
| 아질산태질소(Nitrite nitrogen) | 3.0 | 1987 |
| 칼륨(Potassium) | None | |
| 셀렌(Selenium) | 0.05 | 1987 |
| 은(Silver) | None | |
| 나트륨(Sodium) | None | |
| 황산염(Sulphate) | 1,000 | 1987 |
| 용존고형물 총량(TDS) | 3,000 | 1987 |
| 우라늄(Uranium) | 0.2 | 1987 |
| 바나듐(Vanadium) | 0.1 | 1987 |
| 아연(Zinc) | 50 | 1987 |

# 5. 미생물 오염

## 5.1 남조류

가축의 음용수에 있어 남조류(藍藻類, cyanobacteria : blue-green algae)가 발생하는 자연 독소는 주요 관심사이다. 독소를 생성하는 종은 최소 18속(genus)이 존재한다. 남조류는 급성 간장독소(acute hepatotoxins), 세포독소(cytotoxins), 신경독소(neurotoxins), 그리고 위장장애를 일으키는 독소를 생산하는 것으로 알려져 있다.

남조류는 강과 담수호 표면에서 연중 내내 성장할 수 있지만, 일반적으로 널리 퍼지는 여름 수개월 동안 가축에 해를 끼칠 수 있다. 최근 몇 년 동안 남조류의 대량 발생(cyanobacterial blooms) 사례가 증가하고 있다. 이처럼 남조류가 증가하는 원인 중 하나는 물속의 질소와 인 같은 영양소의 증가와 명백히 관련이 있다. 식수원에서 남조류는 인간과 동물 모두에게 중요한 건강문제로 많은 가축의 죽음이 남조류의 독소에 의한 것으로 알려져 있다(Puschner 등, 1998).

고인 물 또는 유속이 감소된 물에서 남조류의 성장이 촉진된다. 조류(藻類 : algae)는 여름과 가을 유기 영양소가 풍부한 얕고, 잔잔한 물에서 가장 일반적으로 왕성하게 성장한다. 바람이 닿지 않아 통기가 되지 않은 수역(水域)에서 남조류의 성장이 증가하는 경향이 있다. 미소시스틴(microcystin) 및 알칼로이드 간장 독소(alkaloid hepatotoxin)가 주요 독성 작용제(toxic agents)로 간주된다. 그밖에도 다양한 독소를 포함하는 다른 여러 종의 조류가 있다.

남조류의 심한 증가가 반드시 높은 수준의 독소를 의미하지는 않는다. 또한 남조류가 독소를 생산하는 동기도 완전히 밝혀지지 않았다. 남조류의 증가가 미크로시스티스(*Microcystis*) 종에 의한 것이 아니면 높은 수준의 독소를 함유할 가능성은 낮다.

남조류, 특히 미크로시스티스 종을 식별하는 것은 쉽지 않다. 전문가가 현미경 아래에서 다양한 종을 식별할 수 있지만, 필드에서는 녹조(bloom)의 사상(絲狀, filamentous : stringy) 혹은 부유성(浮遊性 : planktonic)에 의해서만 확인할 수 있다. 남조류 가운데 사상 조류(filamentous algae)는 독소를 생산하지 않으며, 손으로 물에서 쉽게 제거할 수 있는 반면에, 부유성 조류(planktonic algae)는 단일 세포로 손가락 사이로 흘러내린다.

남조류 독소(cyanotoxin)의 독성은 독물학 시험을 통해서 건강에 나쁜 영향을 미치는 것을 명확하게 보여 준다. 가축에서 남조류 독소와 관련된 급성 독성에 관해서는 유용한 정보가 많이 있지만, 가축에 준 임상적인 문제를 발생시키는 독소의 수준에 대해서는 거의 특징지어져 있지 않다. 그 동안 가축에 대한 남조류 세포(cyanobacterial cell)나 독소의 안전 섭취수준을 결정하려는 독성시험들이 몇 차례 있었지만, 연구는 단편적이고 결과는 결론에 이르지 못했다. 표 2-7은 부정적 영향이 관찰된 중독물질의 최소수준(Lowest Observed Adverse Effect Level : LOAEL)을 기반으로 추정한 가이드라인을 제시하였다.

일부 남조류 독소는 간에 심각한 손상을 일으킬 수 있다는 점을 감안한다면, 심지어 준 임상적인 영향이라도 독물학상 중요한 의미가 있을 가능성이 매우 높다. 남조류 독소에 의한 간 손상의 가능성에서 볼 때, 준 임상적 수준에도 간은 섭취한 독소의 해독을 책임지고 있는 기본 장기이므로 오염된 물에 의한 부작용은 악화될 수 있다.

장기간 낮은 수준으로 남조류 독소의 섭취와 관련된 잠재적인 부작용은 제대로 알려져 있지 않지만, 물속의 박테리아가 특히 살조제(殺藻劑 : algicide)의 도움으로 죽은 후에도 남조류 독소는 오래 지속될 수 있으므로 이러한 노출의 문제는 사소한 문제가 아니다.

표 2-7. 미소(微小) 시스틴(microcystin) LR 독성과 마이크로시스티스 애루지노스 (microcystis aeruginosa) 세포수의 계산된 허용수준에 대한 지침

| 가축범주 | 체중(kg) | 물 섭취량 L/day) | 총 독소수준 (µg/L) | 세포수 (cells/mL) |
|---|---|---|---|---|
| 소 | 800 | 85 | 4.2 | 21,000 |
| 양 | 100 | 11.5 | 3.9 | 19,500 |
| 돼 지 | 110 | 15 | 16.3 | 81,500 |
| 닭 | 2.8 | 0.4 | 3.1 | 15,500 |
| 말 | 600 | 70 | 2.3 | 11,500 |

(ANZECC, 2000)

### 1) 관리방법

남조류에 오염된 물은 독소의 수준이 확인될 때까지 또는 처리 후 독소가 없어질 때까지 급여하지 않는 것이 좋다. 녹조현상(cyanobacterial blooms)이 발생하는 것을 예방하는 것이 일반적인 수처리(水處理) 과정보다 독성의 위험을 감소시키는 수단으로 훨씬 경제적이다. 영양학적 유용성을 낮추어 남조류의 성장 잠재력을 감소시키는 것이 녹조현상과 관련된 위험을 줄이기 위한 기본 목표가 되어야 한다.

녹조(bloom)를 제거하는 일반적인 방법은 화학 살조제의 사용이다. 일부 문헌에 의하면 황산구리(copper sulphate)를 연못물에 1ppm(1mg/L)까지 투입하여 성공적으로 녹조(blooms)를 제거할 수 있었다고 하지만, 이 수준은 다른 종류의 수생생물에는 해로울 것이다. AAFC(Agriculture and Agri-Food Canada)-PFRA(Prairie Farm Rehabilitation Administration)는 보다 낮은 0.06~0.25mg/L을 권장하고 있다.

동물성 플랑크톤의 밀도가 높아져 조류 및 남조류의 제어에 도움이 될 수 있도록 화학적 처리는 녹조의 초기에 낮은 수준으로 처리하는 것이 나중에 처리하는 것보다 더 효과적이다.

녹조(cyanobacterial blooms)가 사멸할 때 독소가 갑자기 발생할 수 있다는 것을 염두에 두어야 한다. 화학적 살조제를 사용하여 독성의 위험을 효과적으로 제거할 수 없으므로 사실 잘못된 시기에 적용하는 경우에 독소에 대한 노출의 위험이 증가할 수 있다.

## 5.2 병원균

다양한 병원균(病原菌 : microbial pathogen)이 여러 원인 요인에 의해 오염된 식수를 통해서 가축에 옮겨질 수 있다. 가축의 직접적 접근, 유거수의 유입, 가축이나 인간의 배설물의 배출을 통해 지표수(댐, 호수, 웅덩이 등)가 오염될 위험이 매우 높다. 역사적으로 지하수, 특히 깊은 우물은 일반적으로 병원균에 의한 오염이 낮은 것으로 여겨지고 있다. 그러나 최근 몇 년 동안 집약적 축산에 초점을 맞춘 농업활동에 의한 지하수의 생물학적 오염 가능성이 주요 관심사가 되고 있다. 특히, 모래 토양에 있는 얕은 지하수가 오염의 위험성이 높다. 또한 부실하게 밀봉되거나 위치가 나쁜 우물도 대수층(帶水層)의 오염비율을 높이는 원인이 된다.

가축의 음용수에 있어서 가장 우려가 큰 병원균은 대장균(*E. coli*), 살모넬라(*Salmonella*) 및 캄필로박터 제주니(*Campylobacter jejuni*)와 같은 장내세균이 있다. 물 공급을 통해 가축에 전달되어 영향을 미치는 것으로 알려진 다른 세균성 질병으로는 렙토스파이라증(*Leptospira*), 유비저[類鼻疽 : *Burkholderia*(*Pseudomonas*) *pseudomallei*] 및 보툴리즘(*Clostridium botulinum* : *limberneck*)이 있다.

물 공급은 가금류에서 뉴캐슬병 및 전염성 활액낭염(滑液囊炎 : bursitis)과 같은 질병의 감염과 관련이 있다(CCREM 1987). 따라서 농장의 동물에 박테리아와 바이러스에 의해 발생하는 심각한 병원성 질병의 얼마간은 오염된 물 공급을 통해 전염되기도 한다. 특히, 음용수의 생물학적 오염과 관련하여 중요한(그리고 아마 가장 가능성이 있는) 원인은 동물 산업 자체와 관련이 있다. 예를 들어, 집약적인 가축사육 조건에서 동물 폐기물은 급수원의 오염 위험을 크게 높일 수 있다.

동물에서 유래한 병원균에 의한 미생물 오염에 대한 수질을 평가하는 방법 중 하나는 동물 폐기물과 관련이 있는 박테리아의 숫자를 측정하는 것이다. 이 목적을 위해 물의 병원균에 의한 오염의 지표로 동물 배설물에서 흔히 많이 발견되는 미생물종인 대장균류(coliform bacteria)나 대장균(*E. coli*)의 계산이 일반적으로 사용된다. 이러한 박테리아가 과도하게 존재하는 음용수는 위생상태가 불량함을 나타낸다.

인간의 식수에 있어 대장균이 검출되면 보통 즉각적인 행정적 조치를 하지만, 가축에 대한 엄밀한 허용치는 조사되지 않았다. 그러나 대부분의 관할에서 일반적으로 가축에 대한 음용수에 대장균수가 100 CFU/100 mℓ 미만으로 함유되는 것을 권하고 있다. 표 2-8은 캐나다의 서스캐처원(Saskatchewan)의 지하수에서 발견된 대장균류(coliform bacteria) 및 대장균(*E. coli*)의 수준을 요약하였다.

표 2-8에서 제시한 데이터에 의해 입증된 것처럼 지하수의 박테리아 수준은 일반적으로 낮은 것으로 보이지만, 이러한 데이터는 조심스럽게 해석해야 한다. 다시 말

표 2-8. 서스캐처원(Saskatchewan)의 지하수에서 대장균류(coliform bacteria) 및 대장균(*E. coli*)의 수준

| | | Coliform Bacteria | | *E. coli* Bacteria |
|---|---|---|---|---|
| 박테리아 카운트 (CFU* per 100mℓ) | 시료 수 | % | 시료 수 | % |
| ≤1 | 2,164 | 74.7 | 321 | 99.1 |
| 1～10 | 278 | 9.6 | 2 | 0.6 |
| 10～100 | 271 | 9.3 | 1 | 0.3 |
| >100 | 185 | 6.4 | 0 | 0.0 |

출처 : Saskatchewan Watershed Authority Rural Water Quality Data Base

* CFU : colony forming units

해 음용수내 대장균의 낮은 수준이 전혀 문제가 없다는 것을 의미하지는 않는다. 최근의 연구에 의하면 음용수의 세균 오염문제는 급수지점과 관련이 있다(Van Donkersgoed 등, 2001 : Sargeant 등, 2004).

지표수의 세균의 양은 가축 및 급수원 근처의 야생동물의 수, 그리고 급수원에 따라 다르다. 일반적으로 농촌 지역에서 급수원의 대장균 수가 20～100 CFU/100 mℓ 이상으로 오염되는 경우는 야생동물이 주된 원인이다. 그러나 소가 직접 물을 섭취할 경우는 극단적인 경우에 100 mℓ당 10,000 CFU 이상까지 증가할 수 있다. 각별히 중요한 것은 특정 병원균인 대장균 O157에 의한 오염 위험이다. 이러한 박테리아는 물탱크뿐만 아니라 연못, 개울 같은 흐르는 물 등을 포함한 가축의 모든 급수원에서 발견된다.

### 1) 대장균 O157과 관련된 위험

대장균 O157: H7 및 대장균 157: H(비운동성 변종)는 일반적으로 대장균 O157이라 불리는 박테리아로 전 세계에 걸쳐 공중보건에 있어 중요한 관심사가 되어 있다. 가축의 수질문제의 관점에서 이러한 박테리아는 물속에서 생존하고 증식하는 능력 때문에 잠재적인 위험요인으로 인식해야 한다.

이러한 세균의 주된 오염원은 소로, 소에 의한 직접 또는 간접 접촉뿐만 아니라 소의 배설물을 통해 오염된 물이 인간 감염의 주요 경로로 간주된다. 대장균 O157을

옮기는 소는 증상이 없지만, 인체에 있어서는 심각한 질병을 유발하여 죽음에 이르는 경우도 많다. 병원성 대장균 O157은 오염된 물을 통해 가축 가운데 쉽게 전파될 수 있고, 음용수는 장기간 저장되는 수가 있으며, 끊임없이 소에 노출되어 있다는 사실에 주목해야 한다.

대장균 O157은 비록 이것을 옮기는 소에게는 영향을 미치지 않지만, 인간에게는 중요한 병원균이다. 수원(水源)에 이러한 세균의 존재만으로도 산물(우유, 고기)의 교차오염 위험을 증가시킬 수 있으며, 이는 소비자의 신뢰에 커다란 영향을 끼치게 된다. 따라서 수질관리 지침은 농장의 병원균 저감대책 가운데 매우 중요하다. 대장균 O157은 무리로 사육되고 있는 유우 및 육우에서 흔히 존재하고, 대장균 O157에 의한 식수 오염은 비육장(feedlot)에서 더 넓게 확산되는 문제를 일으킬 수 있다.

인간과 가축 모두 병원균과 관련된 건강상 위험문제는 잘 알려져 있다. 오염된 물의 공급을 통하여 무리의 가축에 많은 수의 병원균을 옮기고 먹이사슬(food chain)을 통해 상당한 승수효과(乘數效果)를 초래할 수 있다. 대장균 O157 같은 병원균의 잠재적인 영향은 수질문제의 맥락에서 심각하게 받아들여야 한다. 현대 농업에서 가축 음용수를 수계감염(水系感染) 병원균에 의한 오염을 함께 고려하여 엄격히 관리하여야 하는데, 이러한 문제를 해결하기 위해서는 특히 수원(水源)이 오염되지 않도록 하여야 한다.

## 6. 말에 대한 물 요구사항

### 6.1 급 수

말에게 기호성이 좋은 양질의 물을 충분히 공급하는 것은 필수적이다. 그러나 사료 및 환경에 의한 많은 요인이 물의 흡수와 배출에 영향을 미치므로 말의 정확한 물 요구량을 결정하는 것은 쉽지 않다. 따라서 적절한 관리아래 신선하고 깨끗한 물을 언제나 자유롭게 섭취할 수 있어야 한다.

말에서 물은 소화기관의 대부분에서 흡수된다. 물은 사료섭취 후 장내에서 식괴(食塊 : digesta)를 희석하여 장을 통과하기에 적절하게 균일한 밀도를 유지하는 데 필요하다. 만약 사료를 섭취하지 않고 물만 섭취하면 물은 더욱 신속하고 완전히 흡수된다. 물의 흡수에 영향을 미치는 사료적 요인으로는 복합다당류(complex polysaccharide)가 포함되는데, 이런 화합물은 소화관 내에서 겔(gel)을 형성하는 경향이 있어 물의 흡수를 줄인다.

음수(飮水)의 조절은 매우 복잡한 생리적 과정으로 음수의 욕구는 체 조직의 탈수

표 2-9. 육성 망아지의 1일 음수량의 변화

| 일 령(days) | 음수량(kg) |
|---|---|
| 11～18 | Nil |
| 30～44 | 3.9 |
| 60～74 | 5.5 |

(Martin et al., 1992)

에 의해 유발된다. 대부분의 동물은 사료섭취 중이나 사료섭취 후 바로 물을 마시고 음수횟수와 음수량은 더운 날씨에 증가한다. 일반적으로 동물이 갈증이 날 때 침 분비량이 줄어들고, 그에 따른 입안의 건조가 음수욕구를 자극한다. 나이, 성장률 혹은 비유 등과 같은 생리적 차이가 말의 물 요구량에 영향을 미치는 주요한 요인들이다.

성마(成馬)는 망아지에 비해 체 수분을 보다 효율적으로 보존하므로 망아지가 성마에 비해 훨씬 더 신속하게 탈수상태가 된다. 성마의 유지 상태에서 최소 물 요구량은 건조사료 kg당 2 ℓ 인데 비해, 성장 중인 어린 말은 건조사료 kg 당 3 ℓ 의 물이 요구된다. 성마의 유지에 필요한 물 요구량은 체중 100 kg당 약 5 ℓ 이다. 망아지는 성마에 비해 그들의 크기에 비례하여 보다 많은 양의 물을 필요로 한다(표 2-9).

말의 물 섭취량은 주로 환경온도, 습도, 수분의 손실(發汗), 뇨(尿)의 응축(凝縮), 그리고 사료의 수분함량에 따라 달라진다. 모든 동물에 있어서 환경온도가 높아지면 물 요구량은 증가한다. 예를 들면, 성마의 경우 환경온도가 15℃에서 20℃로 높아지면 체 수분 손실은 20%까지 증가하고, 그로 인해 물 요구량은 약 5 ℓ 가 증가한다. 그러나 물 생리학적 측면에서 보면 많은 물 요구량은 주로 체 수분의 손실율과 관련이 있다.

사료의 성분도 물 섭취량에 영향을 미치는 주요인 중 하나이다. 생초(生草)를 섭취함에 따른 물 섭취량은 상당한 양에 달한다. 사실상 수분함량이 70% 이상인 목초지에서 휴식중인 말의 경우 여분의 물 공급은 필요하지 않은 반면에, 건조하거나 소금함량이 높은 사료를 섭취할 때는 갈증을 더 느끼게 된다.

## 6.2 수분결핍

불충분한 물의 섭취는 말의 건강을 해치고, 더 나아가 수분결핍으로 생명을 잃을 수도 있다. 물 섭취량의 부족을 나타내는 징후로는 건조한 사료의 섭취를 기피하고

이어 육체적 활동이 줄어든다. 또한 물 섭취량이 부족하면 장폐색(腸閉塞) 및 산통(疝通)이 발생할 위험성이 커진다.

정상적으로 휴식 중인 말이 환경온도가 17~27℃인 상태에서 24, 48, 그리고 72시간 동안 물 부족상태에 놓이면 각각 4%, 6.8% 그리고 9%의 체중감소를 초래한다. 그리고 주간의 주위 최고온도가 40℃일 때 60시간 동안 물 부족상태에 놓이게 되면 14~16%의 체중감소가 오고 72시간 지속되면 체중감소가 11~13%에 달한다. 구갈(口渴 : dry mouth), 움푹 들어간 눈(sunken eyes) 같은 탈수의 증상은 6% 이상의 체중감소를 초래했을 때 나타난다. 수질은 물의 기호성에 심각한 영향을 끼칠 수 있으므로 물의 기호성이 불량하면 물 섭취량은 상당히 감소한다.

## 6.3 수 질

가장 믿을 수 있는 수질(水質)의 단일 표시항목은 물속의 용존고형물 총량(溶存固形物總量, total dissolved solids : TDS)이다. 말의 음용수에 있어서는 일반적인 광물질 오염물질을 구성하는 TDS 6,500 ppm이 일반적으로 최저 안전수준으로 간주된다. 그러나 TDS의 대부분이 주로 미네랄로 구성되어 있으면 부작용을 일으킬 수 있으므로 이 수준은 신중하게 해석되어야 한다.

말은 불화물(弗化物 : fluoride) 섭취량에 있어 소에 비해 내성이 2~3배 더 강하다. 말에 있어서 음용수 중 불화물의 최저 농도는 4 ppm으로 여겨지지만, 8 ppm 이상의 물은 급여하지 말아야 한다(Lewis,1995). 만성적인 셀레늄 중독(chronic selenium toxicity)은 0.0005~0.002 ppm의 셀레늄을 함유한 물을 섭취하였을 때 발생했다고 보고되었지만, 셀레늄의 농도가 0.01 ppm이하인 물을 단기적으로 섭취했을 때는 일반적으로 유해하지 않다고 여겨진다.

말은 물에 함유된 일부 오염물질에 대해 어느 정도 적응할 수 있다. 예를 들어, 물에 함유된 황산염(黃酸鹽 : sulphate)의 농도가 1000 ppm을 초과하면 처음에는 설사를 하지만, 나중에는 이 농도의 2~3배에서도 잘 적응한다. 물속에 나트륨(Na), 칼륨(K), 칼슘(Ca), 마그네슘(Mg), 철(Fe), 염화물(塩化物 : chloride), 황산염 같은 무기물은 보통 물에서 발견되는 수준으로는 대부분의 실제 상황에서 말에 독성이 없는 것으로 알려져 있다.

그러나 매우 높은 농도에서는 이러한 오염물질이 물의 기호성에 영향을 미쳐 그 결과 물 섭취량의 감소와 탈수를 초래할 수 있다. 반면에, 물속에 함유된 화합물 중 기호성에 영향을 미치지 않아 음수량을 떨어뜨리지 않으면서 잠재적으로 유독한 화합물들이 있는데, 이런 화합물들은 기호성에 영향을 미치는 성분보다 잠재적으로 더

표 2-10. 말의 물 오염물질의 권장 안전 상한선

| 물 오염물질 | 말(mg/L)* | 가축(mg/L)** |
|---|---|---|
| 비소(Arsenic) | 0.2 | 0.025 |
| 카드뮴(Cadmium) | 0.05 | 0.08 |
| 칼슘(Calcium) | 500 | 1000 |
| 염화물(Chloride) | 3000 | NA |
| 크롬(Chromium) | 1 | 0.05 |
| 코발트(Cobalt) | 1 | 1 |
| 구리(Copper) | 0.5 | 0.5~5.0 |
| 시안화물(Cyanide) | 0.01 | None |
| 불소(Fluoride) | 2 | 1~2 |
| 경도(Hardness) | 200 | NA |
| 황화수소(Hydrogen Sulphide) | 0.1 | NA |
| 철(Iron) | 0.3*** | NA |
| 납(Lead) | 0.1 | 0.1 |
| 마그네슘(Magnesium) | 125 | NA |
| 망간(Manganese) | 0.05*** | NA |
| 수은(Mercury) | 0.01 | 0.03 |
| 니켈(Nickel) | 1 | 1 |
| 질산염(Nitrate) | 400 | 100 |
| 질산태질소(Nitrate nitrogen) | 100 | 23 |
| 아질산태질소(Nitrite nitrogen) | 10 | 3 |
| 칼륨(Potassium) | 1400 | NA |
| 셀렌(Selenium) | 0.01 | 0.05 |
| 은(Silver) | 0.05 | NA |
| 나트륨(Sodium) | 2500 | NA |
| 황산염(Sulphate) | 2500 | 1000 |
| 용존고형물총량(TDS) | 6500 | 3000 |
| 바나듐(Vanadium) | 0.1 | 100 |
| 아연(Zinc) | 25 | 50 |

* 인용: Lewis, 1995

** CCME Guidelines for Livestock (2005), NA - 음용수로 권할 수 없음.

*** 위해 가능성이 높다.

해가 된다. 물속에 존재하는 다수의 화합물은 중독 위험물질이 될 수 있다.

물속에 함유된 유독성의 오염물질로는 농약, 제초제, 중금속, 질산염, 아질산염, 산업공해물질, 그리고 미생물 등이 포함된다. 다른 종류의 가축과 비교해서 말은 몇 종의 오염물질에 대해 보다 높은 내성을 지니고 있는 것으로 보이지만, 또 다른 몇 가지 것들에 대해서는 감수성이 더 예민하다는 사실에 주목해야 한다. 표 2-10은 말에게 급여하는 음용수에 함유된 몇 가지 해를 끼칠 수 있는 화합물의 권장 상한선을 제시하였다. 음용수은 말이 조금도 거리낌 없이 섭취할 수 있도록 오수(汚水), 농업 화학물질이나 산업 오염물질에 의해 오염되지 않아야 한다.

말에 있어서 질산염 중독은 매우 드문 일이지만, 그것이 발생하는 경우는 대부분 질산염 함량이 높은 풀 사료의 섭취와 관련이 있다. 그럼에도 불구하고 물을 통한 아질산염이나 질산염의 섭취량이 사료를 통한 전체 섭취량에 상당한 영향을 미칠 수 있다. 가축분뇨 및 운동장 유거수에 의한 표면 오염의 결과로 질산염 함량이 높아진 물은 일반적으로 미생물 함량 또한 높다. 많은 상황에서 물속의 박테리아는 다른 물 오염 물질보다 훨씬 더 위협적이다.

대부분의 전염병은 오염된 물을 통해서 전염될 수 있다. 물의 위생품질은 대장균류(coliform bacteria)의 숫자를 계산하여 나타낸다. 모든 대장균류가 모두 해로운 것은 아니지만, 단지 물속에 대장균의 존재만으로도 불량한 위생 상태에 대한 매우 민감한 지표가 된다. 일반적으로 대장균의 검출은 물속에 존재할 수 있는 다른 감염성 박테리아나 바이러스가 존재할 위험성이 매우 높다.

잠재적으로 위험한 미생물에 의한 오염이 식수에서 발생할 수 있다. 예를 들면, 설치류의 오줌으로 배설된 렙토스피라균(leptospira)으로 오염된 물의 섭취는 암말(mare)의 유산과 망아지(foal)의 죽음을 초래할 수 있다. 말은 조류와 남조류에 의해 생산된 독소에 대해 민감하다. 조류에 의해 오염된 물은 섭취하지 않도록 하는 것이 좋다. 연못 및 호수의 물에서 자라는 일부 종의 남조류는 중독을 초래할 수 있다.

가축의 남조류에 의한 중독은 광민감성(photosensitization), 돌연사(sudden death), 허약(weakness), 혈액성 설사(bloody diarrhoea), 떨림(tremor), 경련(convulsion)을 야기한다. 갑자기 죽는 동물의 위장 내용물에서 조류의 덩어리들을 찾을 수 있다.

## 7. 가금의 물 요구

### 7.1 급 수

다른 동물들과 마찬가지로 가금에 있어서도 물은 필수 영양소의 하나로 우수한 생산성의 특성으로 선발된 현대 가금류의 유전자형이 갖는 잠재력을 충분히 활용하기 위해서는 깨끗한 양질의 물을 충분히 공급하는 것이 필수적이다. 가금의 물 요구량은 기온, 상대습도, 사료의 성분, 생산 특성(성장률, 산란율) 같은 수많은 환경요인에 의해 달라진다. 가금류의 종류별 물 요구량의 예는 표 2-11과 같다.

개체 간 차이가 심하기는 하지만, 가금류의 물 섭취량은 일반적으로 총 사료섭취량의 약 2배에 달하는 것으로 추정된다. 물 섭취량은 사료의 형태 및 성분에 의해 영향을 받을 수 있다. 예를 들면 가루(mash)사료에 비해 펠렛(pellet)이나 크럼블(crumble) 사료는 가금의 사료 및 물 섭취량을 증가시킨다. 사료의 조단백질 함량이 증가하면 물 섭취량이 증가하고, 사료의 소금함량도 물 섭취량에 영향을 미친다.

## 7.2 가금에 대한 수질의 특성

가금에 공급되는 음용수에는 다양한 금속, 황산염 및 질산염을 포함하여 상당한 양의 오염물질을 함유하고 있을 수 있다. 이러한 화합물은 일반적으로 장(腸)내에서 쉽게 흡수되지만, 대부분의 실제 상황에서는 일반적인 물 오염물질이 가금의 건강에 심각한 위험을 미칠 수 있을 정도로 함유한 경우는 흔치 않다. 그러나 비록 수질에 의한 건강상의 명시적인 영향이 빈번하게 발생하지는 않는다 하더라도 고도로 개량된 가금의 생산성에 큰 영향을 미칠 수 있으므로 수질에 특히 유의할 필요가 있다.

무기질 함량이 높은 물(일반적으로 물의 경도와 관련된 것들)은 급수장치 내에 염류의 침전을 초래할 수 있고, 이것이 물의 흐름을 제한하여 어떤 상황에서는 송수관을 완전히 막히게 할 수 있다. 이는 결과적으로 물 공급을 불충분하게 하고, 그 결과 가금의 물 부족이 발생할 수 있다. 물 부족은 육계(肉鷄)의 성장률과 산란계(產卵鷄)의 산란성에 악영향을 미친다. 또한 물 부족은 이환율(罹患率 : morbidity)과 사망률을 높인다.

장시간 동안 물 섭취가 중단된 경우, 갑작스런 급수는 수분중독(水分中毒 : water intoxication)에 의한 사망으로 이어질 수 있으므로 이러한 상황을 방지하기 위해 급수의 복원은 신중하게 관리하여야 한다. 새끼 칠면조는 특히 이 조건에 취약하다. 수질의 특성을 나타내는 데 일반적으로 쓰이는 pH, 경도, 전기 전도도(電氣傳導度 : electrical conductivity) 등은 수질오염 물질이 가금의 생산성에 미치는 영향을 예측하는데 있어 항상 유용한 것은 아니지만, 물의 pH는 약물의 전달을 위한 매체로써 물의 적합성을 평가하는데 있어 가장 주요한 요소이다.

## 7.3 가금류에서 물 오염과 관련된 잠재적 문제

표 2-11. 가금류의 각 단계별 물 섭취량(㎖/주/수)

| 주 령 | 부로일러 종계 | 화이트 레그혼 암닭 | 갈색란 산란암닭 | 백색칠면조 (수컷) | 백색칠면조 (암컷) |
|---|---|---|---|---|---|
| 1 | 225 | 200 | 200 | 385 | 385 |
| 2 | 480 | 300 | 400 | 750 | 690 |
| 3 | 725 | - | - | 1135 | 930 |
| 4 | 1000 | 500 | 700 | 1650 | 1274 |
| 5 | 1250 | - | - | 2240 | 1750 |
| 6 | 1500 | 700 | 800 | 2870 | 2150 |
| 7 | 1750 | - | - | 3460 | 2640 |
| 8 | 2000 | 800 | 900 | 4020 | 3180 |
| 9 | - | - | - | 4670 | 3900 |
| 10 | - | 900 | 1000 | 5345 | 4400 |
| 11 | - | - | - | 5850 | 4620 |
| 12 | - | 1000 | 1100 | 6220 | 4660 |
| 13 | - | - | - | 6480 | 4680 |
| 14 | - | 1100 | 1100 | 6680 | 4700 |
| 15 | - | - | - | 6800 | 4720 |
| 16 | - | 1200 | 1200 | 6920 | 4740 |
| 17 | - | - | - | 6960 | 4760 |
| 18 | - | 1300 | 1300 | 7000 | - |
| 19 | - | - | - | 7020 | - |
| 20 | - | 1600 | 1500 | 7040 | - |

(NRC, 1994)

어떤 특정한 매우 국지적인 상황을 제외하고 실제적인 조건에서 대부분의 중금속을 포함한 오염물질이 가금의 건강에 심각한 문제를 초래할 정도로 물속에 함유되지는 않는다. 그러나 일부 화합물들은 계란, 고기, 간 등에 축적될 수 있으므로 수질오염 물질이 산물의 질에 미치는 영향을 무시해서는 안 된다. 또한 최근 몇몇 연구에 의하면, 가금의 최적 생산성을 위해서 수질의 문제는 대단히 중요한 의미가 있는 것을 알 수 있다.

가금에 있어 수질문제에 관련된 연구의 대부분은 단편적이고 오래된 것이다. 이전 여러 연구에 의하면, 음용수와 관련된 파손 난각(卵殼)의 발생률이 급격히 증가함을 보고하였다. 상업 농장에 있어서 난각의 질에 대해 연구해온 Balnave와 Scott(1986)에 의해 수질이 난각의 질에 영향을 미치는 원인의 하나라고 밝혀졌는데, 보고된 그 물은 293 ppm의 Na, 38 ppm의 Ca, 155 ppm의 Cl, 46 ppm의 $SO_4$, 그리고 49ppm의 질산태 질소(nitrate-N)를 함유하고 있었다. 차후의 보고서에서 그 지역의 음용수에 NaCl, KCl, CaCl, $MgSO_4$, $CuSO_4$ 혹은 $NaNO_3$를 낮은 수준으로 첨가하여 6주간 이상 급여하였을 때 금이 간 난각, 깨진 난각 및 연난각(軟卵殼)의 발생률이 상당히 증가하였는데, 특히 Cl 이온(ion)을 첨가한 그룹에서 두드러졌다.

과거의 연구 중 대부분은 소금(sodium chloride)에 관한 것이지만, 문헌에 보고된 난각의 질에 미치는 소금의 영향은 차이가 매우 크다. 예를 들면, 산란계 사료에 NaCl 함량을 6%까지 올려 21일 이상 급여해도 알의 비중에 특별한 차이가 없다(Damron와 Kelly, 1987)고 한 반면, 80~95주령의 오래된 암탉에게 2,000 ppm의 NaCl을 급여하였을 때 전체의 절반 이상에서 난각의 결함이 발견되었다는 보고(Yoselewitz 등, 1988)도 있다. 또한 소금물 급여에 의해 결함이 있는 난각 생산은 산란 후 처음 몇 주된 암탉보다 40주령의 암탉에서 더 빨리 발생하였다. 하지만 흥미롭게도 성성숙 이전부터 어린 닭에게 소금물을 급여했을 때는 성성숙 후의 난각질에 전혀 해로운 영향이 나타나지 않았다는 보고(Yoselewitz와 Balnave, 1989)도 있다.

Zhang 등(1991)은 소금물의 번식능력에 미치는 영향에 대한 보고에서 2g NaCl/L의 소금물을 공급했을 때 난각에 결함이 있는 알의 발생률이 2배에 달했고, 배아사망률이 유의적으로 높았으며(2배), 수정란의 부화율은 유의적으로 낮았다(13%)고 하였다. 염분이 함유된 음용수를 공급받은 닭의 경우 부화율이 20%까지 감소되었으나, 수탉의 번식성적에는 별 차이가 나타나지 않았다고 한다.

음용수 중 다른 오염물질에 관한 연구로 불소(fluoride)의 농도가 100 ppm 수준에서는 암탉이나 수탉 모두 번식성적에 영향을 미치지 않았으며, 자손의 성장에도 영향을 미치지 않았다(Merkley와 Sexton, 1982).

육계(♂)의 성장 및 면역기능에 대한 음용수 중 오염물질과 부적절한 영양상태의 상호작용에 대해 Vodela 등(1997a, b)에 의해 연구되었다. 유해 쓰레기장 근처의 지하수에 가장 일반적으로 존재하는 오염물질인 비소(arsenic), 벤젠(benzene), 카드뮴(cadmium), 납(lead), 및 트리클로로에틸렌(trichloroethylene) 혼합물을 낮은 수준

(각각 0.80, 1.3, 5.0, 6.7, 0.65 ppm) 및 높은 수준(각각 8.6, 13, 50, 67, 6.5 ppm)으로 시험용 음용수 중에 처리하여 그 영향을 조사하였는데, 화학 혼합물의 첨가 수준에 관계없이 모두 보통의 물을 섭취한 닭에 비해 사료 섭취량, 체중 및 면역기능에 영향을 미쳤다. 흥미롭게도 낮은 수준에 있어서도 화학 혼합물의 섭취는 산란율 및 난중(卵重)을 유의적으로 감소시키고 배아 사망률을 증가시켰다.

가금에 급여하는 최대 한계치로 여겨지는 음용수의 권장수준은 꽤 다양하다. 예를 들면, 철(iron)의 허용수준은 0~50 ppm, 질산염(nitrate)은 20~200 ppm, 황산염(sulphate)은 200~1,000 ppm, 나트륨(sodium)은 50~1,000 ppm이다.

이런 변이의 주요인은 각각의 성분이 개별적으로 부정적인 영향을 미친다는 과거의 연구결과에서 기인한 것으로, 수질오염 물질에 대한 내성은 많은 사료 및 환경적 상호작용이 있는 사료적 요인을 고려하여야 한다는 것은 의심할 여지가 없다. 더군다나 오래된 정보는 우수하게 고도로 선발된 현대의 가금류에 부적당할 수 있다. 물의 생리, 영양 및 독성에 대한 최근의 조사 자료가 부족한 것은 분명하다.

### 7.4 열 스트레스에 대처하기 위해 물 이용

물에 의해 온열 스트레스 문제를 다루는 상당히 많은 연구가 이루어졌다. 염화나트륨(sodium chloride), 염화칼륨(potassium chloride), 황산칼륨(potassium sulphate) 혹은 이산화탄소를 육계의 음용수에 첨가하여 증체량이 약간 증가하였으며, 체온이 낮아졌는데(Teeter, 1988), 이런 효과의 대부분은 음수량의 증가에 의한 것이라 하였다. 일부 상황에서 시원한 물의 급여는 온열 스트레스를 경감하는데 도움이 되고, 일당증체량이 증가한다.

## 8. 반추동물의 물 요구

### 8.1 급 수

모든 반추동물에 있어서 높은 수준의 생산성을 유지하기 위해서는 상당한 양의 물이 필요하다. 반추가축의 물 요구량은 다음과 같은 3가지 요인으로 반드시 공급되어야 한다.

① 음용수
② 사료에 함유된 물
③ 영양소와 체조직의 산화에 의해 형성된 대사수(metabolic water)

생산성이 높은 동물이 유전적 능력을 최대로 발휘하기 위해서는 많은 양의 질이 좋고 깨끗하며, 신선한 물을 필요로 한다는 사실을 기억하는 것은 매우 중요하다.

## 8.2 음수량이 사료섭취량에 미치는 영향

사료의 건물(乾物)함량은 음수량에 영향을 미치는 중요한 요인이다. 염(salt), 중탄산나트륨(sodium bicarbonate)이나 단백질 함량이 높은 사료는 물 섭취량을 자극한다. 또한 조사료의 비율이 높은 사료도 물 섭취량을 증가시킨다. 소의 1일 물 섭취량이 33kg까지 감소하면 건물섭취량이 50～30% 감소하고, 방목 중인 소가 목초를 통해 섭취할 수 있는 수분은 요구량의 약 38%에 불과하다. 일반적으로 사료의 수분함량이 감소하면 물 섭취량은 거의 직선적인 방식으로 증가한다(그림 2-17).

## 8.3 환경온도가 음수량에 미치는 영향

사료 중 수분함량 외에 물 섭취량에 영향을 줄 수 있는 주요한 요인은 환경온도이다. 수분대사는 체온유지에 필수적이다. 양, 염소, 소 등 반추동물은 체 내부열과 흡수열을 체 수분의 증발작용으로 소멸시킨다. 열에 노출된 동물은 폐를 통한 호흡과 발한(發汗)으로 비교적 많은 체수분 풀(body water pool)의 손실로 물의 요구량이 증가한다.

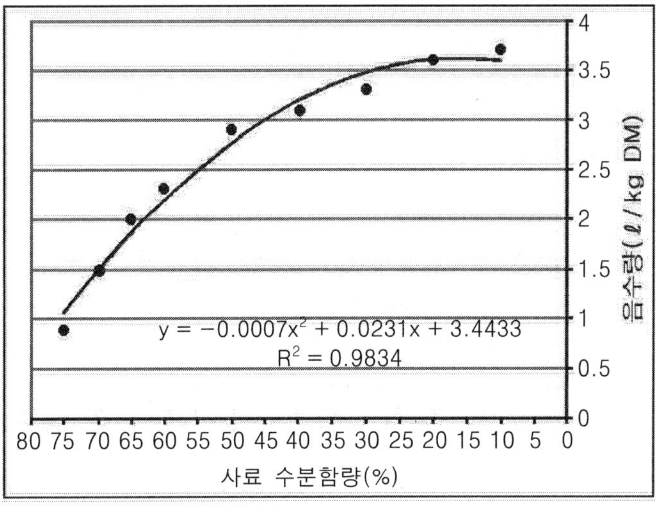


그림 2-17. 사료섭취량과 음수량의 관계

(Hyder, et al., 1968. J. Range Mgmt. 21:392)

열 스트레스를 받지 않는 환경온도에서 성축(成畜)은 사료 건물의 3~5배의 물을 섭취하는 것이 보통이다. 일반적으로 물 섭취량은 환경온도의 영향을 받는데, 그림 2-18은 주위 온도와 물 섭취량이 서로 밀접한 관계가 있음을 설명하고 있다.

동물의 물 요구량은 체중에 따라 차이가 크지만, 일반적으로 온도의 증가에 따른 물 섭취량의 증가현상은 매우 비슷하다는 것이 주목할 만하다. 실제로는 조사보고서에서 자주 인용되는 표 2-12의 종합한 자료가 서로 다른 환경온도에서 생리적 형태별 육우의 물 섭취량을 추정하는 지표로 이용될 수 있다.

건물섭취량은 물 섭취량에 주요한 영향을 끼치고 있다. 그러므로 체중이 무거운 동물은 겨울 동안에 보다 좋은 바디 컨디션(body condition)으로 살아가기 위해서 건물섭취량을 줄이고 물 섭취량도 감소하는 것으로 추정된다. 그러나 이 표는 사료에 함유된 수분의 수준은 고려하지 않았다. 또한 환경온도는 비유우의 물 섭취량에도 영향을 미친다. 표 2-13은 산유수준별 유우의 물 섭취량을 실례를 들어 나타내고 있다.

제시된 위의 환경온도는 실제적으로 물 섭취량에 영향을 미치므로 환경온도는 주의깊게 검토되어야 하고, 수질의 종합적인 평가도 포함되어야 한다. 낮은 환경온도로 물 섭취량이 감소할 때 섭취된 오염물질의 총량은 높은 온도에서 물 섭취량이 많을 때 비해 낮을 것이다. 그러므로 비교적 오염도가 높은 물의 오염물질에 대한 동물의 내성은 높은 환경온도보다 낮은 환경온도에서 더 높을 것이다.

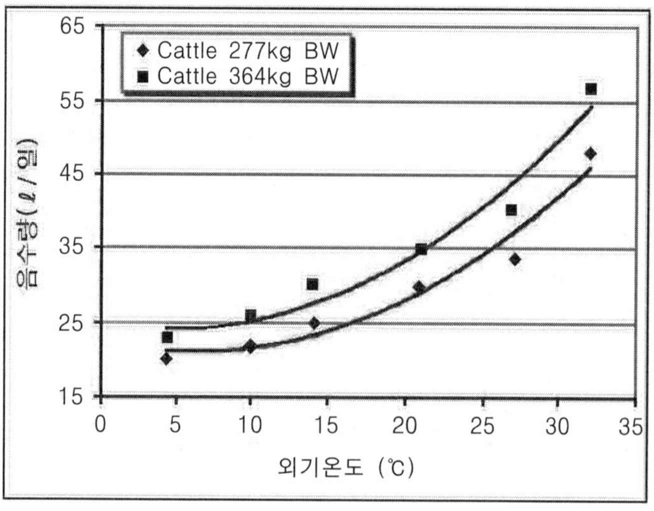


그림 2-18. 주위 온도의 WMD가에 따른 음수량의 변화 예
(NRC, 1994)

따라서 수질오염 물질과 관련된 가능한 악영향의 평가와 동시에 환경온도가 물 섭취량에 심각한 영향을 끼치고, 그에 따라 물속에 존재하는 모든 오염물질의 섭취량에도 영향을 미친다는 사실을 기억하는 것은 매우 중요하다.

표 2-12. 환경온도별 육우의 음수량

| | 음수량 (ℓ/일) | | | | | |
|---|---|---|---|---|---|---|
| 체중 (kg) | 4.4℃ | 10℃ | 14.4℃ | 21.1℃ | 26.6℃ | 32.2℃ |
| 육성우 | | | | | | |
| 182 | 15.1 | 16.3 | 18.9 | 22.0 | 25.4 | 36.0 |
| 277 | 20.1 | 22.0 | 25.0 | 29.5 | 33.7 | 48.1 |
| 364 | 23.0 | 25.7 | 29.9 | 34.8 | 40.1 | 56.8 |
| 비육우 | | | | | | |
| 273 | 22.7 | 24.6 | 28.0 | 32.9 | 37.9 | 54.1 |
| 364 | 27.6 | 29.9 | 34.4 | 40.5 | 46.6 | 65.9 |
| 454 | 32.9 | 35.6 | 40.9 | 47.7 | 54.9 | 78.0 |
| 월동하는 임신우 | | | | | | |
| 409 | 25.4 | 27.3 | 31.4 | 36.7 | | |
| 500 | 28.7 | 24.6 | 28.0 | 32.9 | | |
| 비유우 | | | | | | |
| 409 | 43.1 | 47.7 | 54.9 | 64.0 | 67.8 | 81 |
| 성모우 | | | | | | |
| 636 | 30.3 | 32.6 | 37.5 | 44.3 | 50.7 | 71.9 |
| 727 | 32.9 | 35.6 | 40.9 | 47.7 | 54.9 | 78.0 |

(NRC, 1974)

표 2-13. 유우의 산유량별 음수량의 차이

| 젖소(600 kg) 산유량(kg/일) | 음수량(ℓ/일) (기온 10℃) | 음수량(ℓ/일) (기온 32℃) |
|---|---|---|
| 15 | 59 | 89 |
| 30 | 92 | 146 |
| 45 | 124 | 203 |

## 8.4 반추동물 종류별 음수량

관리 및 기후환경의 차이에 따른 가축별 물 섭취량에 관한 발표된 정보는 부족한 형편이다. 물 섭취량은 사료의 종류(비육장과 방목)에 따라 매우 다양할 수 있다는 것을 아는 것이 중요하다.

가축의 품종, 그리고 동일 품종에 있어서도 개체에 따라 물 섭취량은 상당한 차이를 보인다. 어린 동물은 성숙한 동물에 비해 보다 많은 물 요구량이 높은 반면에 임신이나 비유중인 동물의 물 요구량은 훨씬 많다. 표 2-14는 여러 반추동물 및 생산양식별 물 섭취량을 보여주고 있다.

## 8.5 수 질

반추가축에 있어 수질 문제의 중요성은 반추동물의 특수한 대사적 특성의 맥락에서 인식해야 한다. 대사적 특성의 차이로 특정 수질오염 물질은 반추동물의 건강이나

표 2-14. 반추동물의 다양한 단계별 음수량의 예

| | 음수량(ℓ/일) |
|---|---|
| 육 우 | 26~66 |
| 포유송아지 | 18~27 |
| 수송아지 | 36~45 |
| 젖 소 | 28~110 |
| 젖소(유지) | 55~68 |
| 젖소(비유) | 68~114 |
| 송아지(4~8주령) | 4.5~6.8 |
| 송아지(12~20주령) | 9.1~20 |
| 송아지(26주령) | 17~27 |
| 미경산우(임신) | 32~45 |
| 새끼 양(이유) | 3.5~4.0 |
| 암양(건유) | 4.0~5.0 |
| 암양(비유) | 4.0~12.0 |
| 염 소 | 3.0~15 |

생산에 심각한 문제를 초래할 수 있는 반면에 말, 돼지, 닭 같은 동물에게는 거의 영향을 미치지 않기도 한다. 이러한 이유로 반추동물의 물 요구량은 여러 측면으로 특별한 고려가 필요하다.

# 9. 돼지의 물 요구

## 9.1 급 수

돼지의 체 수분상태는 엄격히 생리적으로 조절되므로 동일한 체중의 돼지는 지방함량 및 체 수분함량이 거의 차이가 없다. 돼지의 1일 물 요구량을 충족시키기 위해서는 항상 급수원에 쉽게 접할 수 있어야 한다. 돼지 몸에서 배출되는 수분의 총량은 음용수로 충족되어야 한다. 수분 손실이 물 섭취량과 일치하지 않으면 체 조직의 수분함량이 격감하고 탈수증을 초래한다.

일반적으로 사용되는 돼지사료의 대부분은 10～12%의 수분을 함유하고 있으므로(NRC, 1998) 사료로부터 공급되는 수분의 총량은 매우 제한적이다. 그러므로 음용수는 돼지의 물 공급원으로 단연코 가장 중요하다. 돼지의 생리적 물 요구량의 결정은 매우 어려운 일이다. 돼지의 물 사용량에 기초하여 결정된 물 요구량은 일반적으로 물 유실량을 고려하지 않은 것으로 과대평가 되어 부적절하다. 표 2-15는 돼지의 단계별 물 요구량을 나타낸 것이다.

## 9.2 돼지의 물 요구량에 영향을 미치는 요인

돼지의 물 요구량은 수많은 생리적, 영양적, 환경적 요인에 의해 영향을 받는다(Patience 등, 2005 : Mroz 등, 1995 : Suzuki 등, 1998 : Pfeiffer 등, 1995). 돼지가 다량의 무기질 및 단백질이 함유된 사료를 섭취했을 때 수분 배출량은 증가한다. 높은 수준의 단백질을 함유한 사료는 수분 손실을 증가시켜 물 요구량이 증가한다. 섬유소의 수준의 증가에 의해서도 수분 손실이 증가한다.

일반적으로 소금의 섭취량이 높으면 물 섭취량이 증가하고, 오줌 배설량의 증가가 수반된다. 완하제(緩下劑) 특성을 갖는 사료도 물 섭취량을 증가시킨다. 분(糞)을 통한 수분의 배출은 설사 중에 증가한다. 돼지에 있어 발한(發汗)과 피부를 통한 불감수분 손실(insensible water loss, 증발)은 수분 손실의 주요 경로는 아니지만, 체 수분은 정상적인 호흡과정 중에 호흡기를 통하여 끊임없이 손실된다. 높은 환경온도는 호흡 및 헐떡거림(panting)을 증가시켜 수분 손실이 증가한다.

표 2-15. 돼지의 다양한 단계별 물 요구량

| 구 분 | 물 요구량 (ℓ/일) |
|---|---|
| 포유자돈 | 0.27～2 |
| 어린 새끼 돼지 | 1～5 |
| 육성돈 | 5～10 |
| 비육돈 | 5～12 |
| 임신돈 | 5～20 |
| 비유돈 | 15～35 |
| 수퇘지 | 8～17 |

(Thacker, 2001)

저영양 사양에 있는 돼지는 물을 지나치게 섭취하는 경향이 있으며, 물 섭취량은 매우 차이가 크다. 영양적으로 불충분한 사료를 섭취한 동물은 지나치게 많은 물을 섭취하는데, 이것은 종종 다음증(多飮症 : hunger-induced polydypsia)이라 불린다. 수질오염 물질과 관련된 위험성을 평가할 때는 물 섭취량에 영향을 미치는 요인들이 고려되어야 한다.

# 제 3 장

# 기후변화

## 1. 기후 변화의 원인은 무엇일까?

지구는 항상 온실상태이어서 태양으로부터 도착한 모든 에너지가 반사되어 우주로 직접 되돌아가는 것은 아니다. 주요 온실가스인 이산화탄소(carbon dioxide : $CO_2$), 메탄(methane : $CH_4$) 및 아산화질소(nitrous oxide : $N_2O$)는 지구의 대기권에 자연적으로 존재한다. 이 자연적인 온실가스는 온화한 30℃ 정도를 유지하여 지구상에 생물이 살 수 있게 한다. 만일 지구상에 온실가스가 없었다면 지상의 평균 온도는 달의 표면 온도와 비슷한 영하 18℃가 되어 얼음으로 뒤덮인 행성이 되었을 것이다.

그렇지만 1750년경 산업혁명의 개시 이후 인류는 새로운 에너지원(주로 화석 연료를 연소시킴으로써 대기 중에 방출)의 도입과 온실가스를 흡수하는 삼림 같은 흡수원을 제거함으로써 많은 양의 온실가스를 대기 중에 배출해 오고 있다. 과학자들은 산업혁명 이후 온실가스의 발생량이 31% 정도 증가했다고 추정한다. 온실가스 배출량의 증가란 온실가스가 대기권에 가득히 뒤덮는 상태를 의미한다. 그리고 더 많은 열이 대기에 머물러 온실효과에 의해 지구 온난화가 일어난다.

- 20세기 동안 기온이 약 0.74℃ 증가했다.
- 공식 기록 가운데 가장 더운 해로 지난 12년간(1995~2006)에서 11개년이 순위에 든다.
- 2100년에는 1.4~5.8℃의 추가 상승이 예상된다.

결국 지구 온난화는 다음과 같은 지구 기후의 여러 측면에 영향을 준다.

① 강수량 양식(rainfall patterns)의 변화
② 극지방의 얼음, 눈 및 영구 동토층의 해빙(解氷)
③ 해수면의 상승

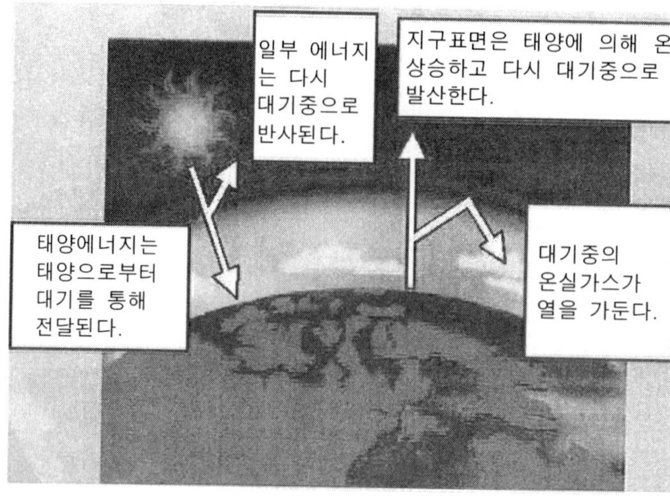


그림 3-1. 오늘날 세계 지표면과 해양 평균 온도의 상승, 눈 및 얼음이 녹는 지역의 광범위한 확대, 세계 평균 해수면의 상승 등의 변화에서 볼 때 지구 온난화는 명백하다.
(Intergovernmental Panel on Climate Change, 2007)

④ 극심한 기상상태의 증가

이러한 현상은 기후 변화의 모든 부분이다. 주요 온실가스는 이산화탄소($CO_2$), 메탄($CH_4$)과 아산화질소($N_2O$)인데, 이산화탄소는 온실가스 배출량의 60%를 차지하고, 그 다음으로 메탄이 20%, 나머지 20%는 아산화질소, 산업가스 및 오존이 차지한다.

## 2. 어떤 기후 변화가 예측되나?

모두가 알고 있듯이 나날이 날씨를 예측하는 것은 어려운 일이다. 그렇다면 과학자들은 어떻게 기후 변화가 지구의 전반적인 온도에 영향을 미치는지 예상할 수 있을까? 무엇보다도 기후 변화와 날씨는 두 개의 아주 다른 요소이다. 날씨는 특정 장소와 시간에서의 대기의 특정 상태인데 반하여, 기후는 그것보다는 훨씬 덜 구체적인 것으로 시간의 긴 기간 동안의 평균적 날씨 양상을 말한다.

이 말은 기후 변화가 예측하기 쉽다는 뜻은 아니지만, 과학자들은 점점 예상되는 상황에 대한 확실한 그림을 그려내고 있다. 우리 주변의 매일의 날씨는 여전히 많은 다양성을 보여주고 있다. 하지만 예상되는 전체적인 기후는 눈에 띄게 변화하고 있다. 참고로 캐나다의 매니토바 주의 농업지역에서 예측한 기후 변화를 보면 다음과 같다

(Manitoba Science, Technology, Energy and Mines, Climate Change Branch (2001).

① 연중 기온의 상승
② 여름 동안의 강우량 10~20% 감소
③ 가을 동안의 강우량이 남쪽에서는 감소하고 북쪽지역에서는 증가
④ 혹서기가 더 가혹해지고 혹한기는 완화
⑤ 가뭄, 호우, 장기간의 혹서 등 극단적인 날씨가 더 빈번
⑥ 겨울 폭풍의 격화

## 3. 기후 변화가 가축생산에 어떤 영향을 미칠까?

우리가 이미 알고 있듯이 기후의 변화는 농업에 큰 영향을 미치게 된다. 이산화탄소의 수준이 더 높아지거나 강우양상(降雨樣相)의 변화, 또는 기온이 상승하고 극심한 기상상태의 잦은 발생 등 모두 가축생산에 중대한 영향을 미친다. 그러나 어떻게 이것들이 가축들에게 영향을 끼치는지에 대해 예측하는 것은 가장 부정확한(정확할 수 없는) 과학적 지식이라고 할 수 있다.

일반적으로, 기후 변화 모델은 각종 주요한 결점들을 보완해 줄 잠재적 이득을 끼워 넣어 불특정 미래를 예상하는 것일 뿐이다.

### 3.1 고온이 농장에 어떤 영향을 미치는가?

#### 1) 온열 스트레스

지금보다 여름의 기온이 3~4℃ 정도 높아진다면 가축들은 년 중 가장 더운 기간에 온열 스트레스(heat stress)에 더 약해지므로 이는 생산력과 번식의 저하를 초래한다. 돼지와 가금류는 특이 열과 관련된 피해와 죽음에 쉽게 노출되는데, 이는 그들에게 땀샘이 없기 때문이다. 물과 냉각장치(cooling system)에 대한 수요와 비용이 상승될 전망이다. 반면 월동기간 동안 밖에서 지내는 소들이 심한 추위에 직면할 기회가 줄어 겨울 동안 증체량이 더 늘게 해준다.

#### 2) 벌레와 병원균

기후 변화가 벌레(insect)와 병원균(pathogen)에게 끼치는 정확한 영향은 다소 불확실하다. 아마 몇 가지 변화는 벌레와 병원균에게 좋을 수 있겠지만 나머지 변화는

부정적일 것이다. 그러나 대부분의 증거에 의하면, 기후의 변화는 다양한 종류의 벌레와 병원균의 창궐을 보여준다.

#### 3) 토양 특질

기온이 상승하면 토양의 미생물 활동이 증가한다. 유기물의 자연적 분해와 다른 공정이 빨라져 비옥도(fertility)에 영향을 미친다. 그러나 작물 재배기간이 길어질수록 더 많은 식물성 물질들이 생산되어 증가된 자연분해 유기물을 벌충해 준다.

### 3.2 변화한 강우 패턴이 가축에 어떤 영향을 미치나?

#### 1) 물 유용성

예상 전체 강우량 중 많은 양의 비가 어느 시기에 집중되면 건기와 비가 내리는 사이의 기간이 더 길어질 것이다. 더 많은 물 손실로 기온 상승과 함께 가뭄의 빈도와 강도가 증가할 것이다. 기온의 상승과 물 손실의 증가로 여름철 물 공급량이 줄어들어 가축용 음용수의 수질이 하나의 문제가 될 수 있다. 이용할 수 있는 지표수가 감소한다는 것은 오염물질이 덜 희석된다는 것을 의미하므로 결국 수질을 악화시킬 수 있다. 봄에 증가된 강우는 범람지 같은 오염원으로 더 많은 오염을 초래할 수 있다. 전반적으로 가축들의 물의 유용성은 주요한 논쟁거리가 될 것이다.

## 4. 농업이 기후 변화에 미치는 방법

캐나다 매니토바 주의 농업지역에서 배출된 온실가스의 총량은 그림 3-2의 원그래프에 설명한 대로 약 36%에 달하고, 그 중 아산화질소 및 메탄이 각각 61 및 39%를 차지한다(National Inventory Report, 1990~2006).

비고: 이 숫자는 건물 난방과 기계를 작동시키는 데 소요된 화석연료는 포함시키지 않았으며, 비료 생산으로 발생된 간접 온실가스 배출량도 포함시키지 않았다.

표 3-1은 온실가스의 종류 및 농업의 발생원의 내역을 제공한다(난방 및 농업용 기계에 사용된 화석연료의 연소에서 발생된 $CO_2$ 배출 포함).

## 5. 가축 생산에서 온실가스 배출 절감을 위한 권장 사항

농업 부문에서 온실가스 배출이 많은 것처럼 보이지만, 이러한 배출을 줄일 실용적

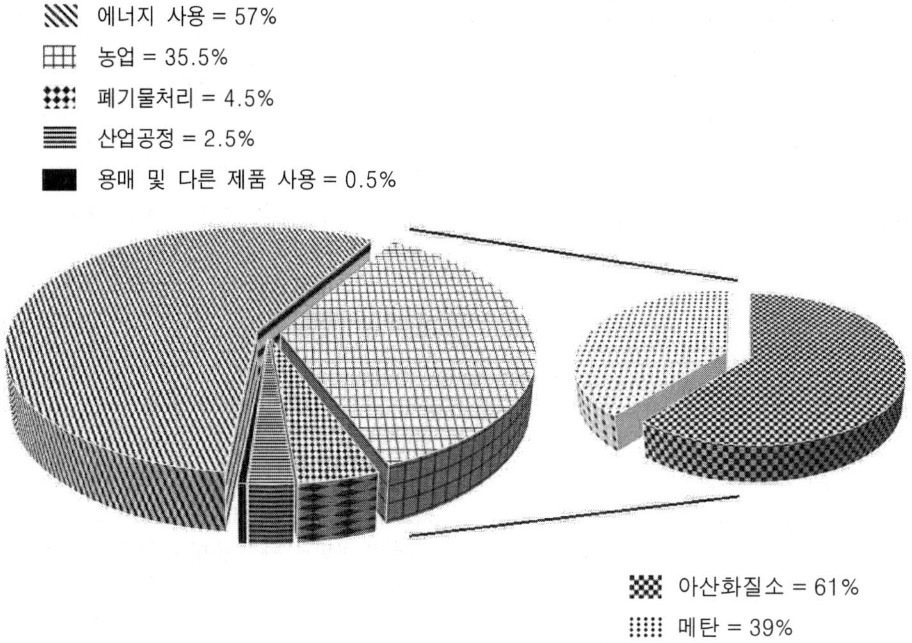


그림 3-2. 캐나다 매니토바 주에서 온실가스 배출

인 현장조치가 있다. 그리고 대부분은 가축생산을 최적화 하고, 투입비용을 감소시킬 간단하고 좋은 관리방법이다. 실행 가능한 방법에 대해 알아본다.

① 사료작물 경작지와 목초지를 적절한 방법으로 관리한다.
② 가축 사료를 효율적으로 관리한다.
③ 온실가스 배출을 줄일 수 있는 방법으로 가축분뇨를 관리한다.
④ 농장을 더욱 기후-친화적으로 만들기 위해 혼농임업(임업을 겸한 농업)을 이용한다.
⑤ 운송수단과 장비로부터 온실가스 배출을 절감한다.
⑥ 농장 건물의 에너지 효율을 높인다.

## 5.1 사료작물 경작지와 목초지를 적절한 방법으로 관리한다.

소는 농업에서 메탄배출의 주요 원인이다. 메탄은 미생물 발효가 일어나는 반추위내에서 생성되는데, 사료함유 에너지의 최대 12%까지 배출된다. 온실가스 배출뿐만 아

표 3-1. 온실가스의 종류 및 농업의 발생원

| 온실가스 | 지구 온난화 잠재력 | 농업의 근원 | 원 인 |
|---|---|---|---|
| 이산화탄소 ($CO_2$) | 1:1 | - 토양<br>- 화석연료 연소 | - 경운, 유기물의 분해를 촉진<br>- 식림지(植林地)의 제거 및 토양 배수<br>- 농업기계의 사용<br>- 농장 건물의 난방시설<br>- 작물 잔해 태움 |
| 메탄 ($CH_4$) | 21:1 ($CO_2$의 21배) | - 반추가축(주요 근원)<br>- 분뇨<br>- 토양 | - 반추동물에 의한 사료의 소화<br>- 가축분뇨의 저장 및 시용 중 분해<br>- 배수불량 토양에서 세균에 의한 메탄생성 |
| 아산화질소 ($N_2O$) | 310:1 ($CO_2$의 310배) | - 분뇨저장<br>- 질화작용<br>- 탈질작용 | - 따뜻한 온도로 탄소 존재 하에 포화된 토양조건<br>- 분뇨저장 중 발생<br>- 분뇨의 시용 직후에 대기중으로 당장의 손실<br>- 과잉의 질소비료 시용<br>- 가축분뇨 시용 후 토양에 혼입하지 않거나 지체된 경우 |

니라 사료에너지의 메탄으로 손실로 섭취한 사료의 상당한 부분이 동물성 단백질로 변환되지 않기 때문에 생산자들에 대한 이익 손실로 나타낸다.

메탄 배출을 줄이기 위한 최고의 방법은 사료효율을 개선하는 것이다. 그리고 고품질사료를 사용하는 것은 이 작업을 수행하기 위한 가장 효과적인 방법 중 하나이다. 예를 들면, 거세한 수소를 양질의 목초지에서 방목한 경우가 불량한 목초지에서 방목한 경우에 비해 메탄 배출량이 50% 낮았다고 보고되었다.

양질의 목초가 풍부한 목초지에서 방목은 소의 사료 섭취율이 향상되어 풀을 뜯는 시간이 줄어들어 소화과정을 보다 효율적으로 조성해 준다. 풀 뜯는 시간을 1일당 10~13시간에서 5시간으로 떨어뜨릴 수 있으며, 소화가 빠를수록 섭취한 사료 단위당 메탄의 생성량은 유의적으로 감소한다. 소화가 빠를수록 사료소비 단위당 생산되어지는 메탄은 적어진다. 건강한 식생은 또한 토양 속 탄소의 저장을 증가시키고, 토양 침식을 막아 수질을 보호할 수 있다. 땅을 보호하면서 양질의 조사료를 생산할 수 있는 몇 가지 방법을 살펴본다.

### 1) 윤환방목 방식 채택

윤환방목(輪環放牧, rotational grazing ; 방목기간과 식물회복기간을 교체하는 것)은 균일한 목초의 성장을 보장하고 잡초의 잠식을 적게 하며 건강한 식생을 유지하는데 도움을 준다. 만약 방목되는 목초지가 균일하게 유지되지 않으면, 소는 결국 그들이 좋아하는 재성장한 것을 얻으려고 많은 에너지를 소모한다. 균일하지 않는 성장은 목초지의 생산성을 떨어뜨리고 방목할 때 가축이 더 많은 에너지를 소모하게 할 수 있다.

### 2) 집약방목 실행

벼과·콩과 초지에서 집약방목(集約放牧 : intensive grazing)은 목초지 생산성을 증가시킬 수 있는 또 다른 방법이다. 윤환방목에 이 기술을 적용하여 여러 개의 작은 목구(牧區)로 나누어 매일 자주 주의 깊게 관리하는 집약 윤환방목법(集約輪環放牧法)은 수익이 증가하고 또한 동시에 토양에 이득이 될 수 있다. 집약 윤환방목법을 실행할 경우에 대부분의 목초지에서 가축 수용력이 첫 5년 동안 30에서 60%까지 늘어났다.

그러나 집약적 방목을 효율적으로 운용되기 위해서는 더 많은 시간과 지식이 필요하다. 그러나 집약적인 방목은 방목 후 남겨진 분과 뇨의 양이 증가하여 그로부터 더 많은 아산화질소(nitrous oxide)가 배출될 수 있다. 따라서 목초지에서의 집약 방목은 식물이 충분히 회복할 수 있는 충분한 휴식기간이 주어져야 한다. 이로 인해 목초지가 암모니아 또는 아산화질소로 손실될 수 있는 초과 토양 질소를 활용할 수 있게 된다.

### 3) 목초지 과방목 방지

과방목(過放牧 : overgrazing)은 방목되었던 식물이 재성장되고, 뿌리 저장물질이 다시 채워지기 전에 재방목 될 때 발생한다. 만약 과방목이 계속된다면, 그 식물은 거의 결국은 죽게 된다. 짧은 방목기간으로는 과방목의 위험이 발생하지 않을 것을 보장할 것이다. 너무 이른 봄에 가축을 목초지에 내놓거나 너무 늦은 가을까지 목초지에 방목하는 것은 과방목이 일어나는 또 다른 요인이다. 이것은 매년 조금씩 점점 목초지의 질을 저하시킬 수 있다.

### 4) 콩과의 이용 증가

알팔파나 클로버 같은 콩과목초(荳科牧草 : legume forage)가 섞인 혼파초지는 섭취한 사료에 질소의 적절한 수준을 보장하여 식물체 섬유질의 소화가 향상되고 그 결과 메탄 생성량이 줄어든다. 또한 콩과목초는 화본과 목초지에 충분한 질소를 제공하여 합성 질소비료의 필요성을 감소시킨다. 결과적으로 화학비료의 생산과 관련된 온실가스의 방출을 줄인다. 심지어 사료 중에 25% 정도의 콩과목초의 함유로 사료효율이 상당히 향상되고 메탄의 방출을 감소시킬 수 있다.

### 5) 다년생 목초의 증가

목초(forage)는 식물 자체에서 탄소 싱크(에너지 발생원으로부터 에너지를 흡수하는 장소)이고, 토양의 유기물 함량을 증가시킨다. 다년생 목초(perennial forage)는 토양 경운의 빈도를 줄이고, 토양 침식을 방지하며, 수질을 보호하는 것을 돕는다.

### 6) 목초지의 시비

합성비료, 가축분뇨 또는 퇴비의 시용으로 식물 성장이 더 촉진되고, 목초지 생산성을 향상시킨다. 이것은 또한 토양 내에서 더욱 탄소격리를 촉진한다. 그러나 목초지에 합성비료의 사용은 경제적 이익, 잠재적 환경영향, 그리고 상당한 양의 화석연료가 사용되는 합성비료 생산에 필요한 에너지 요구량 등이 고려될 필요가 있다.

## 5.2 가축 사료를 효율적으로 관리한다.

가축으로부터 메탄 배출을 줄이는 방법으로 사료작물 경작지와 목초지의 적절한 관리 외에도 동물영양과 사료효율을 개선시키는 추가 방법들이 또한 온실가스의 배출을 절감할 것이다. 이러한 방법들의 대부분은 소의 장(腸) 발효와 밀접한 관련이 있다. 따라서 좋은 사료 관리방법의 채택으로 모든 종류의 가축분뇨로부터 발생되는 온실가스의 배출을 줄일 수 있다.

### 1) 생산효율의 향상(모든 가축)

가축의 성장 촉진, 번식효율 향상, 선발 번식 및 건강향상을 포함하여 사육 가축수를 수요 충족에 필요한 정도로 줄이는 것으로 전체적인 온실가스 배출량은 줄어들 것이다. 또한 증체량에 대한 온실가스 배출량은 생산효율의 증가에 따라 감소된다.

### 2) 사료효율의 개선(소 및 돼지)

필요한 영양소량보다 더 많이 급여하지 않는다. 과도한 영양소의 공급은 더 많은 영양소가 분뇨를 통해 배설되게 한다. 소의 경우 과도한 사료의 공급은 반추위내 메탄 생성을 증가시켜 결국 추가적인 사료공급으로 돈을 낭비하게 된다. 동물 영양학자들은 사료의 영양성분을 분석하여 단백질, 미네랄 및 다른 필수 영양소가 적절하게 혼합된 균형 잡힌 사료배합을 할 수 있다.

### 3) 사료에 식물성 기름 첨가(소 및 돼지)

사료에 낮은 수준의 식물성 기름을 첨가한다. 카놀라유(canola oil) 같은 추가 오일은 반추위에서 메탄으로 전환되지 않고 수소를 모아 메탄 배출량을 줄인다. 또한 식물성 기름의 첨가는 사료의 에너지를 더한다. 식물성 기름은 사료의 5~6% 이하의 비율로 배합되어져야 한다. 더 높은 비율은 섬유소의 소화율을 떨어뜨린다.

최근의 캐나다 매니토바(Manitoba)에서의 한 연구에 의하면, 소량의 해바라기 씨를 섭취한 소에서 추가적인 식물성 오일을 섭취하지 않은 것보다 25~30% 메탄을 적게 배출한다는 것을 알아냈다(Wittenberg, 2007). 그러나 소에 대한 이런 방식은 지금까지는 비경제적이다.

돼지에 있어서도 사료에 식용유를 첨가하여 장 발효에 의해 방출되는 메탄 발생량을 줄일 수 있다는 몇 가지 증거가 있다(Climate Change Central, 2003). 가공되지 않은 카놀라유(canola oil)는 이미 일상적으로 돼지사료의 에너지원으로 이용되고 있다. 또한 배합사료에 식용유를 첨가함으로써 먼지의 발생을 줄일 수 있는 이점이 있다.

### 4) 양질사료의 급여(소)

질이 나쁜 사료의 급여는 높은 수준의 메탄을 발생시킨다. 짚(straw)의 섭취량을 제한하고 점차적으로 양질의 사료를 늘림으로써 메탄가스 배출을 줄일 수 있다. 예를 들면, 기존의 1일 3.5kg의 보리 급여량에 0.5kg의 보리를 추가로 공급하면, 짚 섭취량은 하루 11kg에서 8kg으로 줄일 수 있다.

소량의 곡류사료 추가는 짚 섭취량의 감소에 의한 손실을 대체하기 위해 반드시 필요하다. 그렇게 되면 소는 8kg의 짚과 4kg의 보리를 매일 섭취하게 된다. 이러한 방법으로 영양소 섭취량을 손상시키지 않고 메탄가스 배출을 줄일 수 있다. 그리고 곡류 급여량의 증가로 사료비가 높아질 수 있는 반면에, 추가적인 에너지의 이익과 더 나은 활용이 곡물의 추가 비용보다 더 클 수 있다.

### 5) 겨울동안 균형 잡힌 사료 급여(소)

대부분의 가축 생산자들은 겨울철 사료로 이용 가능한 부산물의 영양소 함량을 점검하지 않는다. 그러나 에너지, 단백질, 미네랄 그리고 비타민이 균형 잡힌 겨울철 정량사료는 약 15%까지 온실가스 배출을 줄일 수 있다(Soil Conservation Council of Canada: 2003).

### 6) 사료 단백질 감소(돼지)

사료에서 단백질 수준을 줄이고 적절한 아미노산의 균형을 유지하는 것이 돼지가 배출하는 온실가스를 줄이는 비용의 효율적 수단이다. 이 방법은 돼지의 사양성적에 영향을 주지 않고 생산자에게 아주 적은 비용으로 혹은 무상으로 실행할 수 있다.

한 연구에서, 합성 아미노산이 보충된 낮은 단백질 사료의 급여로 온실가스의 배출을 육성돈에서 25～30%, 그리고 소에서 10～15%까지 줄였다(Ball와 Mohn, 2003). 이 변화로 나중에 슬러리로 초지에 시용될 때 아산화질소와 메탄 배출이 크게 절감되었다. 이러한 방법은 옥수수보다 더 많은 메탄을 방출하는 보리 위주 배합사료에서 특히 더 효과적이다(Soil Conservation Council of Canada, 2003).

### 7) 소화 향상(돼지)

돼지는 곡물에 함유된 피틴산(phytate)을 소화하기 어렵다. 사료에 피타아제(phytase)를 첨가하는 것은 피틴산을 분해하는 데 도움을 준다. 이 방법의 주 장점은 인(phosphorus)의 배설을 감소시키지만, 분으로 배설되는 질소량을 감소시켜 사료의 이용효율을 높인다.

또 다른 선택은 돼지에게 더 쉽게 소화되는 사료를 급여한다. 한 연구에서 생(raw) 또는 마이크로나이즈(微細化 : micronize)된 완두콩이 포함된 사료를 급여하면 분배설량이 25～33%까지 줄었고, 총 질소 배설량도 유사한 수준으로 감소하였다고 하였다(Climate Change Central, 2003). 그러나 이 기술은 비용 때문에 아직 널리 채택되지 않고 있다.

## 5.3 온실가스 배출 절감을 위한 가축분뇨 관리

농업에서 배출되는 온실가스의 거의 12% 정도가 가축분뇨에 의한 것이다(National Inventory Report, 1990～2006). 가축분뇨로부터 배출되는 온실가스는 주로 메탄(저장과 시용 중 분뇨의 분해)과 아산화질소(분뇨의 저장과 시용)의 형태이다.

가축분뇨로부터 배출되는 온실가스는 온도, 산소 수준(통기), 수분, 영양원 등 다양한 요인에 의해 영향을 받는다. 결국 이러한 것들은 분뇨의 형태, 사료, 분뇨의 저장과 취급, 그리고 분뇨의 시용에 의해 영향을 받는다. 온실가스의 이러한 배출을 줄일 수 있는 최선의 방법을 알아내는 것은 문제가 많고 복잡하다.

가축분뇨의 저장체계를 변화시키는 것은 단지 온실가스 배출량을 적당히 감소시키는 비용이 많이 소요되는 단계이다. 그리고 분뇨에서 배출되는 온실가스를 관리하는데 가장 적절한 체계가 어떤 것인지 아직 확실하지 않다. 그러나 여기서 긍정적인 환경효과를 가진 가축분뇨의 처리, 저장 그리고 시용에 대해 몇 가지 제안을 하고자 한다.

### 1) 축사에서 분뇨처리 시스템

축사에서 분뇨를 가능한 신속히 적당한 저장 지역으로 옮긴다. 이로서 축사에서 발생되는 온실가스 배출량을 줄일 것이다. 축사 내부에 남아있는 분뇨는 옥외에 저장된 분뇨보다 온도가 올라가기 쉽기 때문에 더 많은 메탄을 생산할 것이다. 스크레퍼형 축사(barn scraper system)는 규칙적으로 분뇨를 제거할 수 있다.

볏짚이나 톱밥 등의 건조한 깔깃에 분뇨가 퇴적되는 축사에 수용되는 가금류와 가축들의 고형분뇨 관리체계에서는 메탄 배출이 낮다고 알려져 있다.

### 2) 적절한 분뇨저장 시스템 개발

일단 축사에서 제거된 분뇨를 처리하는 것은 더 복잡한 문제이다. 가장 적절한 저장 시스템 및 방법을 결정하기 위해서는 더 많은 연구가 필요하지만 몇 가지 좋은 출발점이 있다.

① 액상(liquid) 또는 슬러리(slurry)처리 시스템은 피한다. 메탄은 분뇨가 산소결핍(혐기성 상황)에서 분해될 때 발생한다. 그러므로 메탄 발생은 액상분뇨에서 높다.

② 분뇨 저장시설의 덮개 고형-지붕, 액상-탱크 덮개 등)는 분뇨 가스를 가두는 데 사용될 수 있다. 액상 시스템에서 덮개를 씌움으로써 메탄 방출을 95%까지 줄일 수 있다. 또한 덮개는 악취를 제어하는 장점이 있다.

③ 액상 또는 슬러리 시스템을 사용한다면 저장시설에 덮개를 하고 가스가 확 타오르지 않도록 주의해야 한다. 가스가 확 타오르는 것은 메탄이 이산화탄소로 전환된 것이다. 메탄은 온실가스로서 이산화탄소보다 약 21배 더 강력하다.

④ 짚 덮개(straw cover)는 좋지 않다. 짚 덮개를 사용하는 것은 악취 장벽으로서는 효과적이지만, 짚이 저장중인 액상 분뇨에 빠질 때(종종 바람이나 비가 내리는 동안 발생하는) 이것이 탄소를 더하여 그 결과 메탄 생산량을 상당히 증가시킬 수 있다.

⑤ 가축분뇨의 장기간 저장을 피한다. 가축분뇨의 장기간 저장은 혐기성 분해로 이행되어 메탄과 아산화질소의 배출을 초래한다.

### 3) 가축분뇨의 퇴비화 고려

퇴비화는 많은 환경적 이익을 갖고 있다. 퇴비화에 의해 가축분뇨가 분해되어 더 안정적인 유기적 형태로 전환되어 탄소가 풍부하고, 대부분의 병원체와 잡초 종자가 사멸되며, 시용에 의해 토양을 비옥하게 한다. 또한 지표수 및 지하수의 질과 암모니아 배출에 연관하여 이득이 있다. 뿐만 아니라, 가축분뇨의 부피가 크게 감소되므로 농경지에 시용할 때 필요한 화석연료가 줄어든다.

### 4) 혐기성 소화의 고려

가축분뇨에서 에너지를 생성하는 메탄 재활용을 위한 소화조(digesters)나 다른 기술은 화석연료 에너지원을 대신하여 농장에서 생성되는 메탄가스를 이용할 수 있는 충분한 잠재성을 갖고 있다.

혐기성 소화조는 산소 부재조건에서 높은 수준의 메탄가스(바이오가스)를 생산하기 위해 액상분뇨를 계속 가열하고 혼합하여 처리한다. 그 후 바이오가스는 전력발전기, 엔진, 보일러 및 버너의 연료로 사용될 수 있다. 소화조의 나머지 오수는 저장 분뇨에 비해 비료가치는 낮지만, 냄새가 적고 비료로서 농경지에 시용할 수 있다. 이런 시스템은 대부분의 가축 생산업자들이 고려하기에는 전통적으로 너무 비용이 많이 들지만, 미래의 정책과 경제상황에서 가능성을 가질 수 있다.

### 5) 가축분뇨의 적정 시용

다음의 제안은 가축생산에도 유용하다.

① 장기간 동안 가축분뇨를 저장하는 것은 혐기성 분해를 조장하여 메탄 방출 증가를 초래하므로 모아진 분뇨는 가능한 한 빨리 토양에 시용하도록 한다.

② 가축분뇨는 시용 후 가능한 빨리 토양에 혼입(混入)하여 질소의 손실을 줄인다.

③ 토양이 포화될 수 있는 지역은 가축분뇨의 시용을 피해야 한다. 이런 토양은 혐기성 분해를 초래하여 아산화질소의 배출을 증가시킨다.

④ 유거수의 발생위험을 줄이고, 아산화질소 손실 위험이 가장 클 때인 봄에 눈이 녹는 시기에 토양의 질산성 질소함량을 줄이기 위하여 겨울철에는 가축분뇨를 시용하지 않도록 한다.

⑤ 목초지에 균일하게 가축분뇨를 시용하여 질소의 손실을 줄인다.

⑥ 강기슭 지역에서 멀리 떨어진 곳에 겨울 먹이 공간을 배치하라. 이로써 유거수를 통한 가축분뇨의 지표 주수로(主水路)로의 유입위험이 감소한다.

## 5.4 기후-친화적인 산림농업 적용

산림농업(agroforestry)은 의도적으로 설계되고, 전체 단위로 관리되는 나무, 작물 그리고 가축의 조합을 말한다. 산림농업의 적용은 토양과 수질을 향상시키고, 가축에게 피난처를 제공하며 생물 다양성이 증가할 뿐 만 아니라 온실가스를 절감하고, 탄소격리를 증가시키는 장점이 있다.

### 1) 방풍림 조성

방풍림(防風林)은 계획적으로 농장에 나무를 열로 심는다. 방풍림은 대기로부터 이산화탄소를 제거하고, 방풍림 주변의 미기후(微氣候 : microclimate)를 완화시킬 수 있기 때문에 기후 변화에 대항하기 위한 효과적인 수단이다.

캐나다의 농식품 방풍림 센터(Agri-Food Canada's Shelterbelt Centre)는 방풍림내의 다 자란 포플러 나무 1그루의 지상부에 약 970 kg의 이산화탄소가 저장되고, 하얀가문비나무는 약 520 kg, 푸른 물푸레나무는 약 230kg을 저장되고, 또한 뿌리에도 지상부에 저장된 탄소의 약 50～75%가 저장된다고 하였다.

가축에 대한 피난처의 장점으로 번식기간 동안 가축 손실의 감소, 겨울철 사료 요구량 감소, 그리고 목표 체중까지 빠른 성장을 들 수 있다. 또한 방풍림은 축사 주변의 악취를 분산시키는 데 도움을 준다. 방풍림은 또한 바람을 줄여주고, 토양 침식에 의한 영양 손실을 절감시키며, 물을 보존하고, 눈바람을 제어하며, 과일 생산 등 기회의 다양성을 제공한다.

### 2) 강기슭의 완충지 조성

수변림(水邊林 : riparian buffer)은 경작되는 농경지와 수로 사이에 심어진 나무나 풀로 구성된다. 이러한 완충지의 주요 장점은 퇴적물, 영양소, 살충제를 함유한 지표유거수(surface runoff)를 여과하고, 개울 둑 및 강가를 침식으로부터 보호하며, 탄소를 흡수한다.

### 3) 산림-축산 고려

산림축산(silvopasture)은 한 목초지 내에 조성된 나무, 가축 및 사료생산 모두가 결합된 것을 의미한다. 이것은 나무와 사료 모두 올바르게 관리될 때 순 탄소저장을 증가시킬 수 있다. 수목(樹木)은 극한 기후 동안 가축을 위해 그늘과 피난처를 제공한다.

### 4) 농업 식림지(植林地)로 다양화

잡종 포플러처럼 빠르게 성장하는 목질작물은 높은 영양소 흡수율로 탄소 저장량이 많고 윤벌기간(輪伐期間)이 15년 정도로 짧아 환경적 장점이 많다. 나무에서 바이오매스(biomass)는 대체연료(바이오에너지)로도 이용될 수 있다. 바이오에너지로부터 생성된 전기 1단위에서 배출되는 이산화탄소는 화석연료로 생산된 전기보다 10~20배 더 낮다.

### 5) 운송수단 및 장비로부터 온실가스 배출 절감

생산성 손실 없이 장비와 운송수단의 필요를 줄이는 실행이 농장경영 및 환경 모두를 위해 장점을 갖는다. 운송수단이나 장비가 필요할 때 연료효율이 높은 것을 선택하는 것이 온실가스 배출을 줄이고, 경제적으로도 도움이 될 것이다. 농장의 운송수단으로부터 이산화탄소 배출 절감을 위한 몇 가지 제안이 있다.

① 바이오 디젤 연료를 사용하라. 100% 바이오디젤은 이산화탄소 배출량을 75%까지 줄이는 반면에, 석유 디젤을 사용하는 것은 리터당 약 2.7kg의 이산화탄소를 대기중으로 배출한다. 바이오 디젤 20%의 혼합으로 15%까지 이산화탄소 배출을 줄인다. 바이오 디젤 문제없이 20%까지 혼합연료로 쓸 수 있다. 그러나 혼합연료는 엔진 제조업체에서 사용을 승인받은 바이오 디젤만을 사용해야 한다. 그렇지 않으면 품질보증서가 무효화 될 수 있다.

② 농업기계에 대해 연료를 절약하는 방안을 적용한다. 예를 들면, 새로운 기계를 살 때 연료효율이 높은 엔진을 선택한다. 기계와 운송수단은 정기적인 점검을 한다.

③ 공전시간을 줄인다. 디젤은 극도로 추운 온도를 제외하고 계속 실행시킬 필요가 없다.

### 6) 농장 건물의 에너지 효율을 향상

농장의 집 및 다른 건물들에서 에너지 효율은 화석연료의 요구량을 줄일 수 있으며, 이산화탄소 배출을 낮추고 돈을 절약할 수 있다. 지열, 태양열, 풍력, 바이오매스 에너지와 농장건물 보온용 폐열 같은 대체 에너지원의 사용을 고려하도록 한다. 농장의 건물 주위 바람막이는 에너지 효율을 상당히 높여 난방비를 약 25%까지 절감할 수 있다. 축사에서 에너지 효율을 증진시키기 위한 몇 가지 제안이 있다.

① 축사에 설치된 선풍기 및 난방시스템은 정기적으로 점검하여 더 좋은 공기의 질과 에너지 효율을 유지하도록 한다.

② 양돈에서 태양열 발전, 뜨거운 물 보온 판, 고효율 전구 시스템과 같은 효율적인 열원)의 분만 틀을 이용하는 것이 경제적이다.

③ 야간에 축사의 온도를 약간 낮추는 자동 기상조절 시스템으로 절약이 되고, 이산화탄소 배출을 줄일 수 있다.

# 제 4 장

# 기후변화에 따른 가축관리

## 1. 고온 환경에서 젖소의 관리

### 1.1 고온 환경에서 열 스트레스

고온 환경은 젖소의 생산성에 직·간접적으로 영향을 미치므로 생산성을 높이려면 환경조건과 급여하는 사료를 조절하지 않으면 안 된다. 열 환경요인은 기온, 습도, 기류, 복사량 등이 있다. 비유중인 홀스타인 암소에 있어서 쾌적한 온도대는 4~24℃(Hahn, 1981)로 알려져 있다. 고온에 의한 영향은 24℃ 이상에서 나타나는데, 27℃ 이상이 되면 산유량이 급격히 줄어든다(Johnson, 1965).

고온 환경에서 산유량, 생식력 및 성장률의 감소는 체온의 증가와 밀접한 관련이 있다. 체온은 열 발생량과 열 손실량 사이의 균형에 의한 결과이다. 습도는 고온 조건에 있는 동물의 열손실에 영향을 미치므로 젖소의 생산성은 고온다습한 여름철에 크게 떨어진다. 더구나 열 발생은 사료섭취 수준과도 관련이 있으므로 고온다습한 기후는 바로 생산성에 영향을 미친다. 열 발생량이 많으면 고온 환경에 의한 영향은 고능력우가 더 현저하다.

고온 환경에서 체온이 높아지는 것을 방지하기 위해서는 다음 3가지 접근방법을 들 수 있다(Shibata, 1996).

① 소가 머무는 장소(shed)의 구조를 변경하거나 냉각장치를 도입하여 환경온도를 낮춘다.

② 소에 물을 뿌리거나 송풍기의 사용 등으로 열 발산을 증가시킨다.

③ 사료 에너지 이용률을 증가시키고 사료섭취로 인한 동물의 열량 증가를 감소시킨다.

이제 비유중인 홀스타인 젖소에 있어서 생산성에 미치는 열의 영향을 명백히 하고, 환경 및 영양적 관리를 수정하는 방법들을 소개하기로 한다.

### 1) 열 스트레스란 무엇인가?

모든 동물은 열적 중성역(熱的中性域 : thermo neutral zone)라고 불리는 주변 환경 온도의 범위가 있는데, 이것은 건강 및 생산성에 도움이 되는 온도 범위를 말한다. 고온임계온도(高溫臨界溫度, upper critical temperature : UCT)는 열에 의한 스트레스가 동물에 영향을 미치기 시작하는 지점이다. 열 스트레스에 영향을 미치는 환경 요인은 여러 가지가 있는데, 높은 온도, 높은 습도 및 복사에너지(radiant energy : 햇빛)가 여기에 포함된다.

열 스트레스는 소가 몸의 열 균형을 유지하기 위해 적절한 양의 열을 소산시킬 수 없는 지점으로 간단히 정의할 수 있다. 열 스트레스는 젖소의 열 부하가 손실되는 열의 용량보다 클 때 발생하는데, 열사병(hyperthermia)이라고도 한다. 비록 열 스트레스의 영향은 더운 기후 지역에서 더 심각하지만, 우리나라에서도 여름철에 더위 스트레스에 의한 영향을 많이 받는다.

### 2) 열 스트레스의 원인

열 스트레스에 영향을 미치는 가장 중요한 요소는 공기의 온도, 습도, 태양열 복사 및 대기의 움직임(기류 : air movement)이다. 공기 온도가 24℃보다 높고 상대습도가 80% 이상일 때 젖소의 열에 의한 사료섭취량의 감소 및 이로 인한 생산성의 저하가 발생하기 시작한다(Flamenbaum et al. 1986).

높은 상대습도는 암소의 수분 증발 감소와 땀과 호흡에 의한 열 손실 능력의 감소를 초래한다. 젖소는 밤 동안에 온도가 낮은 주변으로 열을 방출하므로 온도와 습도가 높은 구름 낀 날 밤은 냉각효율이 감소할 수 있다. 그 외 열 스트레스에 영향을 미치는 요인으로는

① 개별적으로 열 스트레스 상황을 다르게 대응한다.

② 생산성이 높은 소가 생산성이 낮은 소보다 신진대사 활동이 크고 체열생산이 많으므로 더위 스트레스를 더 심하게 겪는다.

③ 다른 품종별로 열 스트레스에 대처하는 능력에 차이가 있다. 즉, 홀스타인 젖소가 저지(Jersey)종 보다 더 영향을 받는다.

④ 그늘은 모색이 검은 소의 호흡속도를 줄이는 방법으로 매우 효과적이다. 검은 소는 흰색 모피보다 빠르게 열을 흡수하지만 또한 빠르게 손실된다.

⑤ 두꺼운 모피를 가진 소 역시 매끄러운 모피를 가진 소보다 열 스트레스로부터 더 많은 영향을 받는다.

더위 스트레스를 유발하는 환경조건은 온습도지수(溫濕度指數, temperature humidity index : THI, discomfort index)를 사용하여 계산할 수 있다. 온습도지수(THI)를 계산하기 위한 방정식은 여러 가지가 있는데, THI를 계산을 위한 방정식에는 일반적으로 온도 및 습도가 포함된다.

한 가지 방정식은 다음과 같다.

THI = [건구온도(乾球溫度), ℃] + [0.36 × 노점온도(露點溫度), ℃] + 41.2

젖소에서 열 스트레스는 온습도지수(THI) > 72일 때 발생하기 시작한다. 표 4-1은 온습도지수가 증가함에 따라 나타나는 소의 몇 가지 징후를 보여주고 있다. 여기에서 나타낸 범위는 신진대사 및 우유생산의 가벼운 변화에서부터 폐사가 가능한 범위까지 나타내었다(부록 참조).

그림 4-1은 열적쾌적성(熱的快適性)에 있어서 상대습도의 중요성을 보여주고 있다. 상대습도가 증가함에 따라 동물에 대한 열적쾌적성을 제공하는 온도영역은 낮아진다.

표 4-1. 열 스트레스가 젖소에 미치는 영향[a]

| THI[b] | 스트레스 수준 | 비 고 |
|---|---|---|
| < 72 | 없 음 | |
| 72~79 | 약 간 | 그늘진 곳을 찾거나 호흡속도의 증가, 혈관의 팽창 등을 통하여 조정된다. 산유량에 미치는 영향은 최소화 된다. |
| 80~89 | 중 간 | 타액 분비량 및 호흡율 모두 증가한다. 사료섭취량이 감소하고, 물 섭취량이 증가한다. 체온이 증가된다. 우유 생산 및 번식성적을 감소시킨다. |
| 90~98 | 심 한 | 매우 높은 체온, 빠른 호흡(panting)과 과도한 타액 생산으로 인해 소가 불편을 느끼게 된다.<br>우유 생산 및 번식성적은 현저하게 감소한다. |
| > 98 | 위 험 | 젖소의 폐사가 발생할 수 있다. |

[a] Adapted from information provided by Monsanto

[b] Temperature humidity index

| 상대습도 (%) | 건구 온도 (℃) | | | | | | | | | | |
|---|---|---|---|---|---|---|---|---|---|---|---|
| | 26 | 27 | 28 | 29 | 30 | 31 | 32 | 33 | 34 | 35 | 36 |
| 20 | 68,0 | 69,3 | 70,6 | 71,9 | 73,2 | 74,5 | 75,7 | 77,0 | 78,3 | 79,6 | 80,9 |
| 30 | 70,1 | 71,4 | 72,7 | 74,0 | 75,3 | 76,6 | 77,9 | 79,2 | 80,5 | 81,8 | 83,1 |
| 40 | 71,6 | 72,9 | 74,2 | 75,6 | 76,9 | 78,2 | 79,5 | 80,8 | 82,2 | 83,5 | 84,8 |
| 50 | 72,8 | 74,1 | 75,5 | 76,8 | 78,1 | 79,5 | 80,8 | 82,1 | 83,5 | 84,8 | 86,1 |
| 60 | 73,8 | 75,2 | 76,5 | 77,9 | 79,2 | 80,5 | 81,9 | 83,2 | 84,5 | 85,9 | 87,2 |
| 70 | 74,7 | 76,1 | 77,4 | 78,8 | 80,1 | 81,5 | 82,8 | 84,1 | 85,5 | 86,8 | 88,2 |
| 80 | 75,5 | 76,9 | 78,2 | 79,6 | 80,9 | 82,3 | 83,6 | 85,0 | | | |
| 90 | 76,2 | 77,6 | 78,9 | 80,3 | 81,6 | 83,0 | 84,4 | 85,7 | | | |
| 100 | 76,9 | 78,2 | 79,6 | 80,9 | 82,3 | 83,7 | 85,0 | 86,4 | | | |

매우 편안함 / 보통 / 불편함

그림 4-1. 온습도 계수 구분

### 3) 열 스트레스에 의한 변화

열 스트레스의 결과 동물에서 다음과 같은 많은 변화가 발생한다.

① 체온의 상승: 39.2℃ 이상(정상체온 38.6℃)

② 호흡수(respiration rate)의 증가: 70~80 / 분 이상

③ 유지에너지 요구량의 증가: 젖소는 과잉의 열을 발산하여 체온을 유지하기 위한 메커니즘을 활성화 한다. 호흡속도의 증가가 한 예이다. 열 스트레스를 받은 동물의 경우 유지에너지 요구량이 20~30% 증가할 수 있다. 이는 우유 생산 등 생산성 기능에 이용할 수 있는 섭취 에너지가 줄어든다. 열을 소산하기 위해서 피부로 혈액의 흐름이 증가한다. 동시에 체심부(體深部 : core of the body)로 혈액의 흐름이 감소한다.

④ 사료영양소 이용률: 일반적으로 열 스트레스에 의해 나트륨과 칼륨의 손실량이 증가한다. 이것은 호흡률의 증가와 관련된 손실 때문이다. 이로 인해 산・염기 평형이 바뀌고, 대사성 알칼리 혈증(alkalosis)을 초래할 수 있다. 따라서 영양소의 이용효율이 감소될 수 있다.

⑤ 건물(乾物, dry matter) 섭취: 더위 스트레스를 받은 젖소의 건물섭취량은 감소한다. 건물섭취량의 감소는 열 스트레스의 기간에 따라 단기 또는 장기가 될 수 있다. 젖소 한 무리에서 10~20%의 감소가 일반적이다.

⑥ 산유량: 일반적으로 젖소의 열 스트레스는 산유량을 감소시킨다. 이 감소는 열 스트레스의 정도에 따라 일시적 또는 더 긴 기간 동안이 될 수 있다. 이러한 우유 생산량의 감소는 10에서 25% 이상의 범위에 달한다. 젖소의 비유초기에 열 스트레스에 의해 산유량이 감소하면, 전체 비유기간의 잠재적인 우유 생산량이 저하될 것이다. 그러나 젖소는 이후 비유기의 진행에 따라 점차 열 스트레스의

영향에서 회복될 수 있다.

⑦ 우유 조성분의 변화: 예를 들면 지방 및 단백질 함량이 하락한다.

⑧ 혈액 호르몬 농도의 변경: 예를 들면 프로락틴(prolactin) 농도가 증가한다.

⑨ 번 식: 열 스트레스에 의한 젖소의 번식과 관련된 많은 변화와 번식성적의 저하가 보고되었다. 열 스트레스에 노출 후 번식성적에 몇 달 동안 연장되어 다음과 같이 영향을 미칠 수 있다.

㉠ 발정기의 길이 및 강도가 줄어든다.
㉡ 수태율이 낮아진다.
㉢ 난포의 발달, 크기 및 성장이 떨어진다.
㉣ 조기배아 사망의 위험이 증가한다.
㉤ 태아성장 및 송아지 크기가 감소한다.

⑩ 행동의 변화

㉠ 그늘을 찾는다.
㉡ 함께 모여서 무리를 짓는다.
㉢ 드러눕기를 꺼린다.
㉣ 태양 방향으로 마주선다.
㉤ 물속에 들어가 서있다.
㉥ 급수통 주변에 머문다.

### 4) 다른 가축은 어떨까?

다른 가축에 대한 온습도 인덱스(THI) 임계값은 아래와 같다.

① 육 우: 22.2～23.9℃
② 돼 지: 22.2～23.3℃
③ 가금류: 21.1～25.6℃

이러한 가축도 역시 열 스트레스 조건하에서 생산성과 번식효율이 감소한다. 그늘, 냉각 및 환기 같은 방법의 실행은 열 스트레스의 영향을 줄이는 데 도움이 된다.

## 1.2 고온 환경이 젖소의 생산성에 미치는 영향

### 1) 온도 및 습도

공기중의 습기는 동물의 피부와 호흡기를 통한 증발열 손실률에 영향을 미친다.

Mukai 등 (1984)은 24℃ 이상의 고온 환경에 있는 젖소의 생산성을 예측하기 위하여 습도를 도입하였다. 표 4-2는 기온 및 상대습도(relative humidity : RH)가 비유중인 젖소의 생산성에 미치는 영향을 보여주고 있다. 28℃-40% RH와 28℃-80% RH 사이에는 생체중(生體重), 체온, 그리고 호흡률이 거의 차이가 없었으나, 28℃에서는 습도가 높을 때(80% RH)가 낮을 때(40% RH)에 비해 사료섭취량(건물기준), 산유량, 우유성분, 열 발생량, 증발에 의한 열 손실, 누워있는 시간 등에 큰 영향을 미쳤다.

열 생산량에 대한 증발열 손실률은 28℃-40% RH일 때 65%인 반면에, 28℃-80% RH일 때 53%를 나타내고 있다. 후자의 경우는 서 있는데 보다 더 많은 시간을 보냈는데, 이는 공기중에 노출되는 체표면적을 증가시켜서 열 손실을 늘리기 위한 수단이다.

표 4-2. 기온 및 상대습도가 홀스타인 젖소의 생산성에 미치는 영향

| 기 온 | 18℃~60% | 28℃~40% | 28℃~80% |
|---|---|---|---|
| 생체중, kg | 642.70 | 585.60(94)[2)] | 588.20(94) |
| 건물섭취량, kg / 일 | 18.14 | 15.87(87) | 12.36(68) |
| 산유량, kg / 일 | 26.50 | 22.80(86) | 19.00(72) |
| 4% FCM[1)], kg / 일 | 25.40 | 22.00(87) | 17.20(67) |
| 우유성분 | | | |
| 지방(%) | 3.79 | 3.77(99) | 3.38(89) |
| 단백질(%) | 3.17 | 3.19(101) | 2.77(87) |
| 무지고형분(%) | 8.73 | 8.73(100) | 8.26(95) |
| 체온, ℃ | 38.62 | 39.76(103) | 39.76(103) |
| 호흡률, 횟수/분 | 27.60 | 64.0(232) | 60.70(220) |
| 열발생량, Mcal / 일 | 26.33 | 24.49(93) | 21.29(80) |
| 증발열손, Mcal / 일 | 10.21 | 15.93(156) | 11.33(144) |
| 누워있는 시간, 분 / 일 | 784.00 | 698.00(89) | 622.00(79) |

1) FCM, fat corrected milk

2) 괄호 안은 18℃~60%에 대한 비율

(Shioya et al. 1997)

## 2) 복 사

태양과 동물 주변으로 부터의 복사열(radiant heat)은 복사(輻射 : radiation), 대류(對流 : convection), 그리고 전도(傳導 : conduction)에 의한 열 손실률에 영향을 미친다. 특히 여름철 축사 지붕에 의한 복사열은 매우 강해 이것이 우유 생산성에 미치는 영향은 매우 중요하다.

표 4-3은 환경온도가 28℃일 때 복사열(0.2 cal/cm$^2$/min)이 착유우의 생산성에 미치는 영향을 보여주고 있다. 복사열에 노출된 소의 피부표면 온도, 체온, 호흡률은 복사열에 노출되지 않은 개체에 비해 뚜렷한 차이를 나타냈다. 반면에 복사열에 노출된 소의 건물섭취량 및 열 생산량(HP)은 감소하였으며, 그 결과 복사열에 노출된 소는 그렇지 않은 무리에 비해 산유량이 17%까지 감소하였다.

## 3) 공기의 움직임

바람(air movement)은 대류와 증발에 의해 동물체 표면으로부터의 열 손실에 영향

표 4-3. 고온 환경에서 복사열이 비유중인 홀스타인 젖소 생산성에 미치는 영향

| 처 리 | 복사열 없음 | 복사열에 노출 | SE |
|---|---|---|---|
| 기 온(℃) | 28.0 | 28.0 | |
| 습 도(%) | 60.0 | 60.0 | |
| 복사열 (J/cm$^2$ / min) | 0 | 0.8(피부표면) | |
| 생체중(kg) | 598.0 | 592.0 | 2 |
| 건물섭취량(kg) | 14.9 | 14.4(97) | 1.0$^*$ |
| 산유량(kg / day) | 24.0 | 19.8(83) | 1.0$^{**}$ |
| 유지율(%) | 3.67 | 3.63(99) | 0.39 |
| 열 발생량(MJ / day) | 106.2 | 102.7(97) | 1.0+ |
| 피부표면 온도(℃) | 35.1 | 35.8(102) | 0.4+ |
| 체 온(℃) | 39.5 | 40.0(101) | 0.6+ |
| 호흡수(회수 / 분) | 62.2 | 69.4(116) | 0.8+ |

1) 괄호 안은 복사열 없음에 대한 비율(Shioya et al. 1997)
+ : $p<0.1$, $^*$ : $p<0.05$, $^{**}$ : $p<0.01$

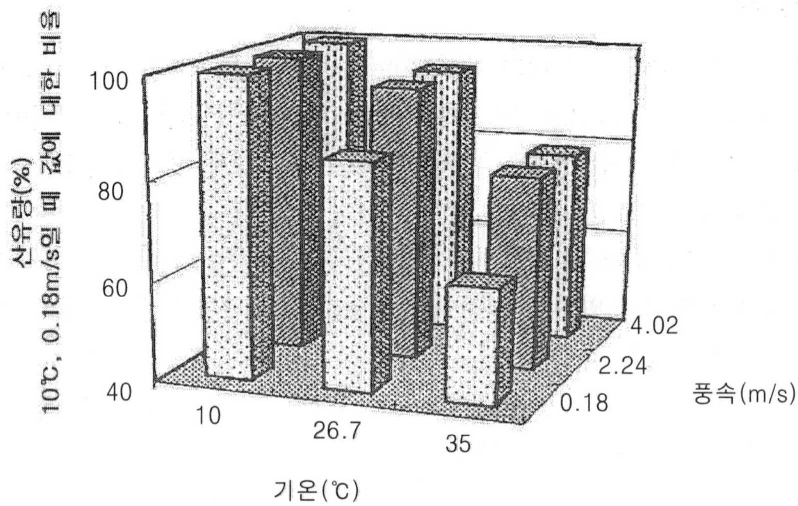


그림 4-2. 외기온도가 산유량에 미치는 영향
(Johnson and Vanjonack, 1976)

을 미친다. 환경온도가 10℃일 때 바람이 홀스타인 암소의 젖 생산량에 미치는 영향은 거의 없었으나, 27℃에서는 단지 2m/초에서도 효과가 있었다(그림 4-2).

### 4) 열 환경의 평가

동물에 미치는 열 환경의 영향은 기온, 습도, 복사 및 바람(air movement)이 조합된 결과이다. 고온에서는 동물 자체에서 생산된 열도 열 스트레스의 한 가지 요인으로 간주된다. 몇몇 과학자들은 열 환경을 측정하는 다음의 모델을 제시하였다.

$$ETE = k1 \times DBT + k2 \times WBT + k3 \times AM + k4 \times RD + k5 \times EI$$

(Yamamoto, 1983)

여기에서 ETE : 유효 열환경(effective thermal environment), k1 - K5 : factors, DBT : 건구온도(dry-bulb temperature, ℃), WBT : 습구온도(wet-bulb temperature, ℃), AM : 바람(air movement), RD : 복사(radiation), EI : 에너지 흡입(energy intake).

$$TH = DBT + 0.36 \times DPT + 41.2$$ (Johnson 1987)

여기에서 THI : 온습도지수(temperature humidity index), DPT : 노점온도(露點溫度, dew point temperature)

$$ET = 0.35 \times DBT + 0.65 \times WBT$$ (Bianca 1962)

여기에서 ET : 유효온도(有効溫度, 實感溫度, effective temperature)

Yamamoto(1983)의 수식은 동물에 미치는 열 영향과 관련된 모든 요인들을 포함하고 있다. 온습도지수(THI)에 의한 연구결과에 의하면, 평균 THI 72(21℃ 적당한 습도에서)부터 산유량은 감소하기 시작해서 현저한 감소는 평균 THI가 76～78 정도에서 나타난다. THI 1단위 증가당 산유량은 0.26 kg/일 감소하고, 건초섭취량은 0.23kg/일 감소하였다.

최근 Toda 등(1998, 1999, 2002)은 유효온도(ET)가 홀스타인 젖소의 산유량과 그 외 다른 생리적 반응에 미치는 영향에 대해 발표하였다. 이에 의하면, 호흡률은 1일 평균 유효온도가 20℃일 때부터 증가하기 시작하는 반면에, 체온은 22℃일 때부터 증가하기 시작하였다. 1일 사료섭취량은 유효온도(ET)가 21.7℃부터 감소하기 시작한 반면에, 산유량은 22.2℃부터 감소하기 시작하였는데, 영향을 미치는 평균 유효온도는 우유생산 수준에 따라 달라진다. 고능력우의 호흡률과 체온은 사료섭취량 및 산유량의 증가에 따라 보다 낮은 유효온도에서 증가하기 시작한다.

비유수준(X)과 1일 평균 유효온도(Y)간에는 부(否)의 상관관계가 있는데, 다음 식으로 나타낼 수 있다.

$$Y = -0.1695 \times X + 25.979.$$

이 식에 따르면, 1일 10kg의 젖을 생산하는 홀스타인 암소의 산유량은 24℃에서 감소하기 시작하고, 1일 30kg의 젖을 생산할 때는 21℃에서 산유량이 감소함을 보여준다.

## 1.3 고온 환경에서 생산수준이 젖소의 생산성에 미치는 영향

### 1) 생리적 반응

Hagiwara 등(2002)은 고능력우(>35kg milk/day)의 호흡률이 증가하기 시작하는 유효온도는 17℃로 저능력우보다 훨씬 낮다고 보고하였다. 고능력우는 저능력우에 비해 체온도 더 높은 수준까지 올라가는데, 이는 더 높은 생산성으로 대사율 및 열 생산량이 증가하기 때문이다.

### 2) 사료섭취와 우유 생산

소의 하루에 보통 20kg 이상(DM basis)의 사료를 섭취하는데, 유효온도가 25℃가 되면 사료섭취량(건물기준)이 감소하기 시작한다(Sinde et al., 1994). 이때는 농후사료에 대한 조사료의 공급비율을 낮춰주는데, 사료섭취량은 20kg/일(건물기준) 미만으로 대체로 일정하다.

이때는 옥수수 사일리지, 티머시 건초, 농후사료 등으로 된 가소화영양소 총량(TDN)이 75～77%인 양질의 사료를 급여하고, NDF 함량이 35% 미만인 조사료를 급여한다. 1일 20kg 이상(건물기준)의 사료를 섭취하는 젖소의 산유량은 유효온도의 증가에 따라 감소하는데, 25℃ 이상에서 현저하다. 반면에 20kg 이하(건물기준) 섭취하는 개체는 높은 유효온도에서도 산유량에 차이가 없다.

고온다습한 여름철에 고능력우에 있어 산유량의 감소가 두드러지게 나타난다. 다시 말해서 고온에서 산유량의 감소는 산유량 높은 개체에서 크게 나타난다. 일일 평균 유효온도(Y, kg/day/℃)의 증가에 따른 산유수준(X, kg/day)과 산유량의 감소를 나타내는 수식은 다음과 같다.

$$Y = -0.04 \times X + 0.18 \ (r = -0.53,\ P = 0.03)$$

이 식은 비유중인 홀스타인 젖소의 유효온도의 증가에 따른 산유량의 감소를 보여주고 있는데, 유효온도가 섭씨 1℃ 증가함에 따라 1일 산유량이 20kg인 개체는 1일 0.6kg, 30kg인 개체는 1일 1.0kg, 40kg인 개체는 1일 1.4kg 감소하는 것을 보여주고 있다.

### 3) 환경의 개선

고온 환경에서 착유우의 높은 생산성을 유지하기 위해서는 열 스트레스를 완화할 수 있는 주의 깊은 관리가 최선이다. 좋은 관리는 환경에 의한 영향을 최소화 하고, 동물로부터 발생되는 열 발산을 촉진하기 위하여 주위환경을 개선하는 것을 포함한다. 국내에서는 선풍기(fan)가 가장 일반적인 형태의 냉각설비인데, 일부 농가에서는 축사 지붕 위나 축사 내부에 스프링클러(sprinkler)를 설치하기도 한다.

#### (1) 그 늘

여름철에 낮 동안 직사광선으로부터 동물을 보호하기 위한 그늘 막의 설치는 기본적인 방법이다. 가장 효과적인 그늘은 나무나 다른 식물에 의한 것이다. 이것은 햇볕으로부터의 보호뿐만 아니라 식물 잎을 통한 수분의 증발로 냉각효과도 제공한다. 그늘은 젖소의 열에 대한 생리적 반응에 유익한 영향을 미친다. 그늘의 제공은 체온, 심박동, 호흡율을 감소시킨다(표 4-4).

#### (2) 선풍기

바람은 소의 체 표면으로 부터의 열 손실률을 증가시킬 뿐만 아니라 기온을 동물의 피부온도 이하로 낮춘다. 표 4-5는 산유기간 동안 주야로 젖소의 머리와 목 주변

표 4-4. 고온 환경에서 버터 모슬린(butter muslin)과 나무그늘이 소의 생리적 반응에 미치는 영향

| 처리 | 기온 (℃) | 일사량 (kcal/hr/m²) | 체온 (℃) | | | 심박동수/분 | | | 호흡수/분 | | |
|---|---|---|---|---|---|---|---|---|---|---|---|
| | | | 10:00 | 14:00 | 차이 | 10:00 | 14:00 | 차이 | 10:00 | 14:00 | 차이 |
| A | 31.9 | 495 | 39.21 | 39.80 | +0.6 | 81.5 | 87.2 | +6 | 52.3 | 96.4 | +44 |
| B | 31.6 | 150 | 39.34 | 39.29 | -0.05 | 71.3 | 66.2 | -5 | 46.0 | 54.4 | +7 |
| C | 30.9 | 95 | 39.22 | 39.06 | -0.16 | 80.5 | 81.1 | -1 | 55.9 | 58.5 | +3 |
| D | 30.9 | 207 | 39.24 | 39.49 | +0.25 | 80.4 | 85.6 | +5 | 56.8 | 53.6 | -3 |

A : 그늘 없음, B : 버터 모슬린(채광율 80%), C : 덩굴나무 그늘(박), D : 덩굴나무 그늘(칡).
기온 및 일사량은 10 : 00 AM 및 2 : 00 PM의 평균 값
(Mori, 1988)

표 4-5. 낮과 밤에 선풍기(fan)가 젖소의 생산성에 미치는 영향

| | 낮 | 밤 |
|---|---|---|
| 생체중(kg) | +1.7 | +9.0 |
| 산유량(kg/day) | +1.03 | +1.12 |
| 유지방(%) | +0.07 | +0.02 |
| 유단백질(%) | +0.02 | +0.01 |
| 체온(℃) | -0.12 | -0.29 |
| 호흡수분 | -3.9 | -4.2 |

(Saitou et al. 1991)

에 송풍(spot wind)한 효과를 젖소의 생산성 측면에서 보여주고 있다. 특정 지역에 대한 송풍으로 체온과 호흡률이 감소하였으며 증체, 산유량 및 유 성분이 개선되었다. 그러나 기온이 피부온도보다 높으면 피부는 주변공기로부터 열을 얻게 될 것이다. 기온이 39℃ 이상에서 공기 움직임(moving air)은 젖소에게 열 스트레스의 원인으로 작용한다.

표 4-6은 냉각된 공기에 의한 동물체의 특정 부위(머리와 목 주변)의 냉각효과가 젖소의 생산성에 미치는 영향을 보여 주고 있다. 머리와 목 주변의 냉각(국소냉각 :

표 4-6. 국소냉각이 젖소의 생산성에 미치는 영향

| | 대조구 | 냉각 |
|---|---|---|
| 사료섭취 시간(분) | 217 | 300 |
| 산유량(kg/day) | 30.4 | 32.3 |
| 유지방(%) | 3.47 | 3.46 |
| 유단백질(%) | 8.31 | 8.41 |
| 체온(℃) | 39.7 | 39.4 |
| 호흡수/분 | 64.1 | 53.5 |

(Saitou et al. 1989)

zone cooling)으로 사료섭취량(사료섭취 시간)과 산유량이 증가한 반면에 체온과 호흡수는 감소하였다.

### (3) 분무와 송풍

다음 그림 4-3은 물 분무와 송풍(fan)에 의한 증발 시스템을 보여주고 있다. 소 몸에 분무된 물 입자에 의해 털이 젖으면 선풍기에 의해 수분이 증발하고, 이어 소의

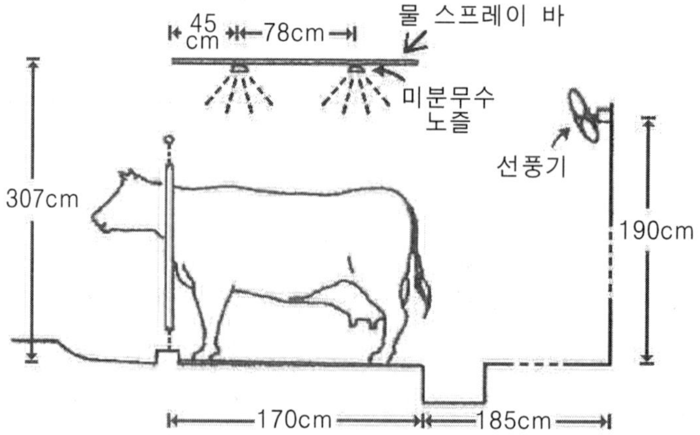


그림 4-3. 젖소의 선풍기(fan)와 미세 물분무(mist) 증발냉각 시스템
(Mitsunori Kurihara & Shigeru Shioya)

표 4-7. 선풍기(fan)와 미세 물 분무(mist) 증발냉각 시스템이 젖소의 생산성에 미치는 영향

| | 미물분무 & 선풍기 | 선풍기 | 대조구 |
|---|---|---|---|
| 체온(℃), 14:00 | 39.3 | 39.6* | 40.1* |
| 체온(℃), 20:00 | 39.1 | 39.6* | 40.1** |
| 호흡수/분 14:00 | 53 | 59* | 69** |
| 호흡수/분 20:00 | 52 | 66 | 77** |
| 생체중(kg) | 597 | 594 | 594 |
| 산유량(kg/day) | 20.3* | 19.4 | 18.4** |

(Aii et al. 1989)

몸이 식는다. 그 결과 1일 산유량이 20～25kg인 개체에서 0.66～1.90kg/일이 증가하였는데(표 4-7), 이 시스템의 손익 분기점은 1일 산유량의 증가는 0.81kg이다.

(4) 야간방목

기온 및 태양 방사(放射 : radiation) 수준은 대개 오후 2시 이후면 떨어지지만, 지붕의 온도는 여전히 높아 체온과 호흡률 모두 더 높아진다. 축사에만 있던 소는 야간에도 빠른 심장 박동을 나타낸 반면에, 야간에 방목지에 있는 소는 이런 생리적 반응이 즉시 감소한다(그림 4-4). 이것은 소 주변의 복사열 감소와 체표면 열 손실의 증가에 따른 결과이다.

(5) 고온 환경에서 젖소의 영양소 요구량

고온 환경에 있는 젖소에 급여할 적당한 사료계산을 위해서 건물섭취량을 예측하는 것은 매우 중요하다. 열적중립권대(thermo-neutral zone)에서 건물섭취량에 관한 신뢰할 수 있는 등식은 다수 있지만, 고온 환경에서의 그것은 많지 않다. Shioya 등(1997)이 제시한 수식을 소개하면 다음과 같다.

$$DMI = 0.0198 \times LW + 0.231 \times FCM + 0.179 \times TMAX - 0.187 \times TDN$$

여기에서 LW : 생체중(live-weight, kg), FCM : 4% 지방정정유(fat corrected milk, kg), TMAX : 최고기온(maximum air temperature, ℃), TDN : total digestible nutrients.

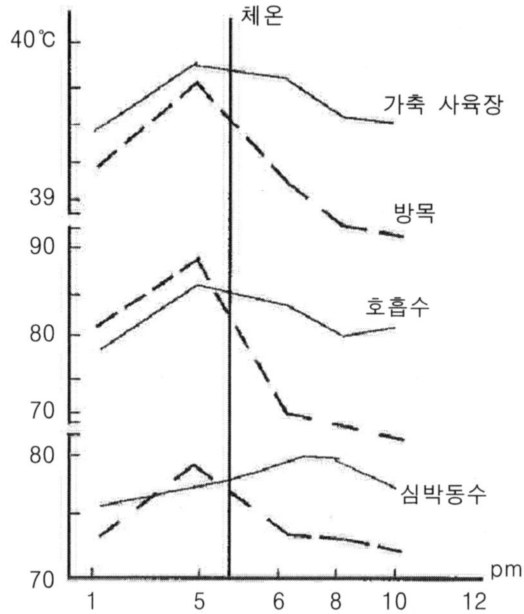


그림 4-4. 야간방목(오후 6시 이후)이 소의 생리지수에 미치는 영향
(Mitsunori Kurihara and Shigeru Shioya, 2005)

분석에 쓴 데이타는 다음과 같다.

DMI, 13.2 - 1.9 kg/일 : LW, 456 - 748 kg : FCM, 16.6 - 30.1 kg/일 : TMAX, 28.2 - 34.4℃ : TDN, 68.9 - 75.5%.

이 식에서 고온 환경에 있는 홀스타인 젖소의 생체중 및 우유생산량(FCM)을 유지하기 위해서는 최고기온(TMAX)이 1℃ 올라갈 때마다 건물섭취량이 0.179 kg 증가하여야 한다. 이것(0.179 kg)은 이 분석에 쓰여진 평균 건물섭취량의 1.05%에 해당하는 값이다. 이것은 더운 환경에서 소의 생체중 및 산유량을 유지하기 위해서는 에너지 요구량이 증가하지만, 총에너지(GE) 효율은 오히려 떨어진다는 것을 의미한다.

에너지 균형 시험 결과들에 의하면, 건유중인 홀스타인 젖소의 유지를 위한 정미에너지(NE) 요구량은 환경온도 18～32℃에 비해 36℃에서 5%까지 증가하는 경향을 보였다. 유지에 필요한 대사에너지(MEm) 요구량은 26～32℃에서 10%까지 증가하였는데, 이러한 현상은 소가 이용(metabolize)하기 쉬운 사료(에너지 함량이 높고, 조사료 비율이 낮음)의 공급에 의해 낮아지는 경향이었다.

비유 중인 젖소의 에너지 요구량도 고온 환경에서 역시 증가하는데, 이것은 주로 유지에너지(MEm) 요구량의 증가에 따른 것으로 보인다. 앞의 식을 이용하면, 건물섭취량(DMI), 생체중(LW) 및 가소화영양소 총량(TDN)이 일정하다면 지방정정유량(FCM)은 최고기온(TMAX)이 27℃ 이상에서 1℃ 증가함에 따라 0.775 kg씩 감소하고, TDN 1% 증가에 따라 지방정정유량(FCM)은 0.81 kg 증가한다.

### (6) 고 에너지 사료의 효과

고온 환경에서 젖소의 유지에 필요한 대사에너지 요구량(MEm)은 증가하지만, 열스트레스는 사료섭취량을 감소시킨다. 이런 이유로 고온 환경에서 에너지 섭취량을 정상으로 유지하기 위해서는 젖소사료의 에너지 함유량을 높여 주는 것이 중요하다. 표 4-8에서와 같이 높은 수준의 에너지를 함유한 사료(77% TDN)를 섭취한 홀스타인 젖소의 체온 및 호흡률이 보다 낮은 에너지를 함유한 사료(70 및 74% TDN)를 함유한 그룹에 비해 유의하게 낮았다.

한편 보다 대사하기 쉬운 사료를 급여하면, 내부의 열 스트레스 요인인 열량증가(HI)가 낮아진다. 따라서 에너지 함량이 낮은 사료에 비해 에너지 함량이 높은 사료의 열량증가가 더 낮다고 할 수 있다. 이것이 TDN 77%인 사료를 섭취한 소의 체온 및 호흡률이 비교적 낮은 이유이다. 반면에 TDN 섭취량과 생산효율(FCM/TDN 섭취량)은 고 수준 에너지 사료(77% TDN)를 섭취한 젖소그룹이 훨씬 높았다.

표 4-8. 사료의 TDN 함량이 비유초기(5~60일) 젖소의 생산성에 미치는 영향

| 사료 TDN 함량, % | 70% | 74% | 77% |
|---|---|---|---|
| TDN 섭취량(kg/day) | 11.6a | 10.1b | 12.1a |
| 산유량(kg/day) | 31.7 | 31.5 | 33.2 |
| 4% FCM(kg/day) | 32.3 | 32.1 | 32.8 |
| 유지방(%) | 4.50 | 4.52 | 3.92 |
| 유단백질(%) | 2.91 | 2.85 | 2.87 |
| FCM/TDN 섭취량 | 2.79a | 3.18b | 2.72a |
| 체온(℃) | 39.63b | 39.59b | 39.40a |
| 호흡수분 | 60.1b | 61.7b | 56.8a |

TDN = Total digestible nutrients : FCM = Fat content of milk
(Shioya, 2002)

이것은 분만 초기(분만 후 10～30일)의 FCM의 증가에 있어 매우 중요하다. 더욱이 지방질 사료나 지방산의 칼슘 소금이 여름철 젖소의 에너지 이용률 향상을 위하여 이용되고 있다. 실제 고온 환경에서 이런 사료를 급여했을 때 소의 산유량은 향상되고, 체온 및 호흡률은 감소하였다.

(7) 우회단백질의 영향

과잉의 단백질 섭취는 열 생산(HP)을 높이고, 번식률을 감소시킨다는 것은 잘 알려진 사실이다. 그러나 고온 환경에서 젖소의 단백질 요구량이 증가하고, 건물섭취량이 감소하므로 여름철 비유 중인 젖소에 공급되는 단백질량은 부족하기 쉽다.

표 4-9는 1일 산유량이 25 kg이상인 젖소에게 조단백질(CP) 함량이 다른 사료(17.5 및 14.4%)를 급여하였을 때 건물섭취량, 산유량, 유지율, 반추위내 암모니아태질소($NH_3$-N)의 농도 등에 미치는 영향을 나타낸 것이다. 조단백질 함량이 17.5%인 편이 14.4%에 비해 모든 항목에서 더 높았다. 더욱이 우회단백질(by-pass protein) 함유율이 높은 어분의 사용으로 산유량 및 유단백질 함유율이 증가한 반면에 반추위내 암모니아태 질소 농도는 감소하였다. 사료에 어분의 보충은 오줌으로 질소의 배출을 줄이고, 체온을 낮추는 효과가 있는데, 이것은 어분 단백질이 산유량의 증가에 효과가 있음을 의미한다.

## 1.4 열 스트레스를 완화하기 위하여 무엇을 할 수 있을까?

젖소의 열 스트레스에 대한 영향을 최소화하는데 도움이 되는 방법은 여러 가지가

표 4-9. 여름철에 조단백질(CP)의 수준과 단백질원이 우유생산에 미치는 영향

| 조단백질 수준(%) | 14.5 | | 17.5 | |
|---|---|---|---|---|
| 단백질원 | 대두박 | 어 분 | 대두박 | 어 분 |
| 건물섭취량, kg / 일 | 16.6 | 16.7 | 16.9 | 17.3 |
| 산유량, kg / 일 | 23.4a | 24.9b | 24.4b | 25.1b |
| 유지방, % | 3.72a | 3.64a | 3.85b | 3.71a |
| 유단백질, % | 3.02a | 3.08b | 3.03a | 3.10b |
| 반추위내 $NH_3$-N, ml / dl | 9.3a | 7.6a | 16.0b | 13.4b |

(Terada, 1996)

있다. 그 중 두 가지 기본 방법은 급여하는 사료의 조정과 젖소가 살고 있는 환경을 변경시키는 것이다.

### 1) 축사 및 시설의 조정

① 과밀하게 사육되고 있는가? 만약 그렇다면, 과밀을 최소화하기 위해 무엇을 할 수 있을까?

② 착유 전 대기소에 얼마나 오래 머무는가? 흔히 많은 농장에서 이 장소는 과밀하고 냉각상태가 매우 저조한 영역이다. 따라서 가능한 한 대기소에 머무는 시간을 줄여야 한다.

③ 모든 젖소가 이용할 수 있는 그늘이 있는가? 이것이 복사열의 영향을 감소시킨다.

④ 유우사(乳牛舍) 주변의 공기 흐름은? 목표는 4～5 mph이다. 환기시설을 열어 더 많은 환기를 유도하고 팬(fan)을 설치하여 공기흐름을 증가시킨다.

⑤ 분무기 또는 스프링클러의 설치가 가능한가? 이것의 목표는 과하지 않게 소의 피부를 적셔 증발냉각을 증가시키는 것이다.

### 2) 급여사료 조정

젖소의 급여사료를 조정하는 목적은 반추위 및 소의 건강을 유지하면서 에너지와 단백질 섭취량을 증가시키는 것이다. 이를 위해 보통 급여사료 중 조사료의 양을 줄이는 반면에 곡류사료의 양을 증가시킨다. 그런데 이러한 변경은 흔히 제 1위 산성증(rumen acidosis)을 유발하여 소의 건강을 해치기 쉽다. 특정 집단에 대한 사료배합을 위한 영양적 측면에서 다음과 같은 사료 조정이 고려되어야 한다.

① 가능한 양질의 조사료를 선택해서 급여한다.

② 유효한 섬유소 수준을 유지하면서 사료 내 섬유소(ADF, NDF) 수준을 약간 낮춘다. 이를 위해 약간의 대두피(大豆皮 : soy hull), 비트펄프(beet pulp), 감귤펄프 등과 같은 비섬유 부산물 사료가 필요할 수 있다.

③ 사료에 추가적인 지방의 첨가를 고려한다. 총 지방 첨가량은 사료건물의 5～5.5%를 초과해서는 안 된다.

④ 소화율이 높은 사료를 선택한다. 이로 인해 영양소 이용에 따라 동물체내에서 생산되는 열 발생량을 낮춘다.

⑤ 사료 내 단백질 균형을 유지하여 높은 수준의 가용성 및 분해단백질을 최소화한다. 동물체에서 여분의 단백질을 배설하는 데 에너지가 소비된다.

⑥ 정상적인 반추위의 환경유지를 위하여 중탄산염, 산화 마그네슘, 세스퀴탄산나트륨(sesquicarbonate) 같은 완충제의 사용을 고려한다.
⑦ 소가 열 스트레스를 받으면 칼륨 손실이 증가하므로 이에 대응하기 위하여 사료 내 칼륨의 증량급여를 고려한다. 사료의 마그네슘 수준 또한 증가시킬 필요가 있다.
⑧ 효모 또는 효모 배양물을 사료에 추가하면 몇 가지 이점이 있을 수 있다.

### 3) 사료급여 관리

사료급여 방법을 변경하여 열 스트레스의 영향을 최소화할 수 있다. 주요 고려사항 중 일부는 다음과 같다.

① 사조(飼槽)에 신선하고 기호성이 우수한 양질의 사료를 항상 비치하여 사료섭취 기회를 최대로 유지한다. 사조 내의 사료가 따뜻해지고, 퀴퀴한 곰팡이 냄새가 나거나 부패한 경우에는 수거하여 폐기하여야 한다.
② 사료를 자주 밀어 올려 주는가? 소가 사료를 쉽게 섭취할 수 있는가?
③ 사료는 매일매일 균일하게 혼합하여 급여되는가?
④ 모든 젖소가 사조에서 동시에 사료를 섭취할 수 있는가?
⑤ 사료를 골라먹어 거친 부분을 남기면 물 또는 당밀을 약간 첨가하여 사료를 점착(粘着)시켜 선택 채식을 줄이는 데 도움이 될 수 있다.
⑥ 사료급여 시간을 젖소의 행동에 일치시키는 것이 도움이 될 것이다. 소는 스스로 사료섭취 양식을 변경시켜 하루 중 시원한 시간에 더 많은 사료를 섭취하는 경향이 있다.

### 4) 급 수

① 급수장치에는 깨끗하고 신선한 물이 담겨 있는가?
② 급수 장소는 소가 자유롭게 물을 섭취할 수 있을 만큼 공간이 충분한가? 소 1두당 수조의 길이는 최소 5～8cm 정도는 되어야 한다.
③ 젖소의 각 그룹에 대해 1개 이상의 급수장치가 있어야 한다. 그래서 물 섭취 자극을 유발하고 경쟁을 줄일 수 있다.
④ 착유 후 젖소가 신선한 물을 자유롭게 섭취할 수 있어야 한다.
⑤ 적절한 압력을 유지하여 물통에는 물이 항상 가득 차 있어야 한다.
⑥ 열 스트레스 조건 중에 물 섭취량은 20～50% 이상 증가할 수 있다. 섭취할 수 있는 물의 양은 충분한가?

## 2. 고온 환경에서 돼지의 관리

돼지에 있어서 열 중립권대(zone of thermoneutrality, comfort zone) 이상의 환경온도는 열대 및 아열대 지역에서, 그리고 온대지역의 여름철 수개월 동안 빈번하다. 일반적으로 이러한 고온 환경조건에서 돼지의 죽음에 의한 손실은 흔치 않지만, 육성 비육돈의 경우에는 성장률이 감소하고 종축(種畜 : breeding herd)의 경우에는 번식 성적의 저하를 초래한다.

돈사(豚舍) 내에서 돼지의 최적온도는 표 4-10에 나와 있다. 일반적으로, 돼지는 월령이 증가하고, 체구가 클수록 최적온도의 영역은 줄어든다. 따라서 열 스트레스의 영향은 어린 돼지보다 비육돈, 암돼지(sow) 및 수돼지(boar)가 훨씬 더 크게 받는다. 암돼지, 수돼지 및 비육돈은 약 20℃부터 열 스트레스의 부정적인 영향이 나타나기 시작한다. 27℃ 이상의 기온이 2～4일 동안 지속되는 경우, 다양한 냉각방법으로 열을 경감시키지 않으면 생산성 및 번식효율에서 상당한 손실이 발생할 수 있다.

### 2.1 열 스트레스에 의한 영향

일반적으로, 돼지는 두 가지 주요 방법으로 열 스트레스의 영향을 최소화 하려고 한다. 이것은 신체대사에서 생산되는 열의 감소와 열 발산의 증가에 의한다. 돼지는 열 배출량을 증가시키기 위하여 차가운 바닥 표면에 드러누워 체 표면적의 접촉면적을 증가시킨다. 돼지는 또한 호흡율이 증가하여 열 발산을 증가시킨다.

호흡율의 증가는 폐에 들락거리는 공기의 양을 증가시키고, 공기 흐름의 증가는 폐에서 물의 증발을 증가시킨다. 따라서 인간은 피부에서 땀을 통해 증발냉각이 일어나

표 4-10. 모든 연령대의 돼지에 대한 돈사 내 최적온도

| | 최적온도(℃) | 열중립권(℃) |
|---|---|---|
| 갓 난 돼지 | 35 | 32～38 |
| 새끼 돼지(2～5 kg) | 30 | 27～32 |
| 새끼 돼지(5～20 kg) | 27 | 24～30 |
| 새끼 돼지(20～55 kg) | 21 | 16～27 |
| 비육돈(55～110 kg) | 18 | 10～24 |
| 임신돈 | 18 | 10～27 |
| 포유돈 | 18 | 13～27 |
| 비거세돈 | 18 | 10～27 |

(Robert Myer 및 Ray Bucklin, 2009)

지만, 돼지는 땀을 낼 수 없으므로 증발냉각 과정을 통해 냉각된다.

사료의 섭취, 소화, 그리고 영양소의 흡수 모두 열을 생성(사료의 열량 증가)하기 때문에 돼지는 사료섭취량을 줄여 대사열(metabolic heat) 생산을 줄일 수 있다. 그러므로 돼지의 자발적인 먹이 섭취량의 감소는 사료의 열량 증가를 낮추려는 노력이고, 그에 따라 환경에 방출될 총 열생산량이 감소한다. 불행히도 사료섭취량의 감소는 성장을 떨어뜨리고, 비유중인 암돼지에 있어서는 젖 생산을 감소시킨다.

## 1) 육성 · 비육돈

고온에 의한 육성 · 비육돈(25～110 kg)의 가장 눈에 띄는 영향은 사료섭취량의 감소이다(표 4-11). 비육돈(>체중 50 kg)의 사료섭취량은 20℃ 이상에서 감소하고, 사료섭취량의 감소는 일당증체량의 감소를 초래한다. 기온이 30℃ 이상에서는 사료효율에 부정적인 영향을 미친다. 성장하는 돼지(育成豚 : 25～50 kg)의 열 스트레스에 의한 부정적인 영향은 비육돈만큼 크지는 않지만, 기온이 30℃ 이상에서는 성장이 저하될 수 있다.

표 4-12는 뜨거운 기후가 육성 · 비육돈의 생산성에 부정적인 영향을 미치는 것을 명확하게 보여준다. 이 부정적인 영향은 성장 중인 돼지보다 비육중인 돼지에서 분명하다. 또한 열 스트레스에 대처하기 위한 돼지의 생리적 변화로 체온의 증가, 호흡수의 증가, 갑상선 호르몬 생산의 감소가 나타난다. 갑상선 호르몬 생산의 감소는 신진대사를 줄여 열 생산을 감소시키기 위한 돼지의 자구적인 노력이다.

또한 미국의 플로리다 북부 한 농장에서 실시한 연구에서도 고온다습한 환경이 육

표 4-11. 비육돈의 생산성에 미치는 환경온도의 영향[a]

| 온도(℃) | 사료섭취량 (kg/일) | 증체량 (kg/일) | 사료효율 |
|---|---|---|---|
| 15 | 3.2 | 0.79 | 3.99 |
| 20 | 3.2 | 0.85 | 3.79 |
| 25 | 2.6 | 0.72 | 3.65 |
| 30 | 2.2 | 0.45 | 4.91 |
| 35 | 1.5 | 0.31 | 4.87 |

[a] Nichols et al. (1980). 개시체중: 70 kg, 28일 사육.
평균 상대습도 50%

성·비육돈의 생산성에 명백히 부정적인 영향을 미치는 것을 보여준다(표 4-13).

이 연구에서 여름 동안 사육된 돼지는 환경 온도가 주로 열 중립권대인 가을에 사육된 돼지(비교그룹)보다 11% 성장률이 낮고, 사료섭취량은 단위 무게당 5% 증가하였다.

표 4-12. 육성·비육돈의 생산성에 미치는 열대기후의 영향[a]

| 구 분 | 육성돈, 20~50kg | | 비육돈, 55~80kg | |
|---|---|---|---|---|
| | 대조구[b] | 열대지방[c] | 대조구[b] | 열대지방[c] |
| 사료섭취량, kg / 일 | 1.56 | 1.50 | 2.55[e] | 2.12[f] |
| 증체량, kg / 일 | 0.56[e] | 0.42[f] | 0.93[e] | 0.57[f] |
| 사료효율 | 2.56[e] | 3.23[f] | 2.50[e] | 3.57[f] |
| 직장온도, ℃[d] | 38.4[e] | 40.6[f] | 39.0[e] | 40.3[f] |
| 호흡율, 회 / 분[d] | 22[e] | 102[f] | 33[e] | 120[f] |

[a] Christon (1988)

[b] 육성기 : 20℃, 비육기 : 17℃, 상대습도 : 73~79%

[c] 평균 저온 : 22℃, 평균 고온 : 29℃, 상대습도 : 69~91%

[d] 13 : 00 hr에서 평균

[e,f] 유의성 (P < .05 및 P < .01)

표 4-13. 미국 플로리다 북쪽지방의 돈사 내에서 사육된 육성·비육돈의 여름과 가을의 생산성 비교[a]

| 구 분 | 여름[b] | 가을[c] |
|---|---|---|
| 평균 일당증체량, kg | 0.85 | 0.95 |
| 평균 1일 사료섭취량, kg | 3.08 | 3.28 |
| 사료효율 (Feed/gain) | 3.63 | 3.46 |

[a] Myer et al. (1998)

[b] 6월 중순에서 9월 중순 ; 평균 고온 : 32℃, 평균 저온 : 21℃, 평균 상대습도 : 81%

[c] 9월 하순에서 1월 중순 ; 평균 고온 : 21℃, 평균 저온 : 8℃, 평균 상대습도 : 84%

## 2) 번식 성적

열 스트레스는 돼지의 효율적인 번식에 해로운 영향을 미친다. 암퇘지에 있어서 환경온도가 27℃보다 더 높으면 발정이 지연 또는 방해되거나 수태율이 감소되며, 조기 배아사망이 증가할 수 있다(표 4-14).

수정란 착상기간 동안(교배 후 처음 13일까지) 열 스트레스에 의해 배아 생존율이 30～40%까지 줄어들 수 있다(Curtis, 1981). 또한 분만하기 전 몇 주 동안의 열 스트레스로 사산(死産)이 증가할 수 있다. 그런데 암퇘지는 임신 중간기(교배 후 14일～90일) 동안은 오히려 열 스트레스에 잘 견딘다.

수퇘지의 생식력도 열 스트레스에 의해 부정적인 영향을 받는다. 29℃보다 높은 온도에서 정자 생산은 감소하고, 정자 질의 저하를 보여 왔다. 또한 열 스트레스의 부정적인 영향은 더위 스트레스가 해소된 후에도 4～6주 동안 지속된다(그림 4-5). 정상으로 회복되는데 이처럼 지연되는 것은 고환(睾丸)과 정소상체(精巢上體) 내에서 정상적인 정자의 생산 및 성숙에는 6주가 소요되기 때문이다.

비유(泌乳)중인 암퇘지에서 환경온도가 25℃ 이상이면 사료섭취량의 감소가 나타난다(표 4-15).

식욕의 감소 결과 암퇘지의 젖 생산이 감소하고 체중감량이 증가한다. 따라서 이유자돈의 체중이 작고 암퇘지의 분만 후 큰 체중감소로 이유 후 발정재귀(發情再歸)가 제대로 이루어지지 못한다.

표 4-14. 환경온도가 암퇘지의 번식성적에 미치는 영향[a]

| 구 분 | 26～27℃ | 30℃ | 33℃ |
|---|---|---|---|
| 암퇘지, 마리 | 74 | 80 | 80 |
| 발정, 마리 | 74 | 78 | 73 |
| 비발정, 마리 | 0 | 2 | 7 |
| 발정재귀, 마리 | 2 | 8 | 8 |
| 수태된 돼지, 마리 | 67 | 67 | 62 |
| 수태율, % | 90 | 85 | 78 |

[a] From Serres, 1992

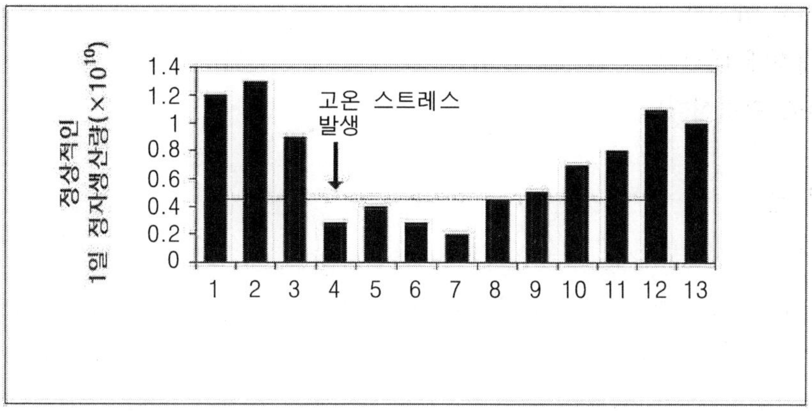


그림 4-5. 고온 스트레스가 수퇘지의 생식력에 미치는 영향[a]
(Curtis, 1981: Stone, 1982)

표 4-15. 분만사(分娩舍)의 온도가 암퇘지와 자돈의 생산성에 미치는 영향[a]

| 구 분 | 온도, ℃ | | |
|---|---|---|---|
| | 18 | 25 | 30 |
| 한 배 새끼들 이유체중, kg | 63[b] | 61[b] | 53[c] |
| 이유 새끼수 | 8.1 | 8.9 | 8.3 |
| 이유시 체중, kg | 7.8[b] | 6.9[c] | 6.4[c] |
| 폐사율, % | 20[b] | 12[c] | 19[b] |
| 어미돼지 사료섭취량, kg / 일 | 6.5[b] | 6.1[b] | 4.2[c] |
| 어미돼지 체중변화, kg / 비유기 | -3.1[b] | -7.9[b] | -24.2[c] |

[a] Stansbury et al. (1987)

[b,c] Means in the same row with different superscripts differ(P <.05)

## 2.2 더위 스트레스를 최소화하는 방법

### 1) 적절한 바닥 공간

육성・비육돈에 대한 권장된 최소 바닥공간은 표 4-16에 제시하였다. 열 스트레스

조건하에서 돼지에 대한 허용되는 최소 바닥공간을 증가시키는 것이 바람직한데, 특히 큰 돼지에 대해서 더욱 그렇다(표의 괄호 안에 주어진). 또한 돈방(豚房 : pen)당 돼지 수도 감소시킨다.

### 2) 그 늘

목초지나 돈사 밖에서 그늘은 돼지의 몸을 식히는데 효과적인 방법 중 하나이다(표 4-17). 그늘은 태양으로부터의 복사열을 40% 정도까지 감소시킬 수 있다. 짚은 단열성이 높고, 반사표면을 갖고 있으므로 짚으로 만든 그늘이 가장 효과적이다. 단열 처리된 알루미늄이나 밝은 아연 도금된 강철 지붕도 또한 좋다. 그늘은 흰색 또는 상단이 반사되는 표면을 가진 것이 가장 좋다.

### 3) 적절한 단열

폐쇄된 건물에서는 지붕 또는 천장에 단열처리를 하는 것이 바람직하다. 단열처리는 태양열의 증가를 최소화하는 데 도움이 된다.

### 4) 적절한 환기

주변의 빠른 공기의 움직임은 동물의 열 분산을 돕는다. 폐쇄된 건물에서 환기를 증가시키는 것은 특히 중요하다. 따뜻한 날씨 동안 돈사 내부의 풍속은 최소 5 kph (km/h)이상 유지하는 것이 바람직하다.

표 4-16. 육성・비육돈에 대한 마리당 권장 최소 바닥 공간[a]

| 체중 (kg) | 일부 또는 전체 틈바닥 ($m^2$) | 콘크리트 바닥 ($m^2$) | 마리수 / Pen, 최대 |
|---|---|---|---|
| 10~20 | 0.25 | 0.35 | 20~30 |
| 20~50 | 0.35 | 0.55 | 20~30 |
| 50~70 | 0.55 | 0.80 | 10~20(8~12)[b] |
| 70~110 | 0.75(0.85)[b] | 1.10(1.20[b]) | 10~20(8~12)[b] |

[a] Pork Industry Handbook PIH-55, and Pond and Maner(1984)

[b] 괄호 안 숫자는 더운 날씨에 권장 값
(평균 온도 25℃ 이상)

표 4-17. 목초지와 권장 그늘 공간[a]

| 목초지(강우량, 토양형 및 경사도에 따라 달라짐) : |
|---|
| 20 임신 중인 암돼지 / ha |
| 14 포유 중인 암돼지 / ha |
| 100～200 육성・비육돈 / ha |
| **그늘 공간 :** |
| 1.5～2.0 $m^2$ / 암돼지 |
| 2.0～2.5 $m^2$ / 포유 중인 암돼지 |
| 0.35 $m^2$ / 50 kg 이하 돼지 |
| 0.55 $m^2$ / 50 kg 이상 돼지 |

[a] Pork Industry Handbook PIH-55.

## 5) 급 수

돼지는 고온의 환경에 처해있는 동안 많은 양의 물을 접할 수 있어야 한다. 돼지가 몸을 식히기 위해 호흡을 통해 증발열로 손실된 수분을 보충하기 위해 많은 양의 물이 필요하다. 표 4-18은 따뜻한 조건에서 사육된 돼지의 물 요구량을 나열하였다.

표 4-18. 전형적인 따뜻한 날씨에서 돼지의 물 요구량[a,b]

| 유 형 | 물 요구량 / 두 / 일, ℓ |
|---|---|
| 포유모돈 | 32 |
| 어린 돼지 (5～20kg) | 4 |
| 육성돈 (20～55kg) | 12 |
| 비육돈 (55～110kg) | 20 |
| 임신돈 | 24 |

[a] Pork Industry Handbook PIH-87

[b] 음용수와 중간 정도의 냉각수 사용

### 6) 젖은 피부 냉각

돼지의 피부를 물로 적셔 물의 증발에 의해 실질적으로 열을 줄일 수 있다. 자연조건에서 돼지는 진흙에 뒹굴어 진흙의 건조에 의한 증발냉각을 통해 스스로 자신의 몸을 식힌다. 동시에 진흙은 태양으로부터 돼지의 피부를 보호한다. 그러나 여러 돼지생산 시스템에서 진흙에서 뒹구는 것은 돼지의 건강상 많은 문제가 발생할 수 있다. 콘크리트로 뒹구는 장소가 꽤 효과가 있으며 훨씬 깨끗하다. 스프링클러 시스템도 피부냉각(wet-skin cooling) 방식으로 효과가 상당히 크다.

안개분무(fogging)보다 물 뿌림(sprinkling)을 더 선호하고 있다. 물 뿌리는 방식별 비육돈의 냉각효과 및 생산성에 관한 시험연구 결과가 표 4-19에 요약되어 있다. 스프링클러로 시원해진 돼지는 그 후 햇볕에 그을리지 않도록 그늘도 제공해야 한다. 또한, 돼지에 마주치는 기류의 양을 증가시켜 증발률을 높이고 냉각을 향상시킨다.

대부분의 스프링클러 시스템은 자동온도 조절장치에 의해 작동되어 돼지에게 물을 끼얹고 건조되게 한다. 스프링클러 시스템은 일반적으로 설정한 온도(일반적으로 25～30℃ 범위)가 초과될 때 매 30분 간격으로 1～2분간(소수의 경우에 각 10분 간격으로 1～2분간) 실행되도록 설계되어 있다.

### 7) 적수기에 의한 물방울 냉각

분만사에서 비유중인 암퇘지의 목과 어깨에 기류의 이동과 함께 적수기(滴水機)로 물을 떨어뜨리는 것은 경제적이고 효과적인 냉각방법으로 알려져 있다. 최상의 결과를 얻으려면 일반적으로 시간당 2～3리터의 물이 매 1～2분마다 짧은 시간 동안(즉, 10～15초) 떨어지는 물방울 속도에서 얻어진다.

표 4-19. 더운 날씨 동안 젖은 피부냉각(wet-skin cooling)이 비육돈의 생산성에 미치는 영향[a]

| 구 분 | 대조구 | 안개분무 | 물 뿌림 |
|---|---|---|---|
| 증체량, kg / d | 0.65 | 0.71 | 0.79 |
| 사료섭취량, kg / d | 2.67 | 2.66 | 3.22 |
| 사료효율(Feed/gain), kg / kg | 4.05 | 3.94 | 4.06 |

[a] Kansas State University(1978). 평균 개시체중: 65 kg, 42일 사육.
평균기온: 29℃, 평균 상대습도 50%

한 대학의 연구에서 물방울 냉각으로 암돼지의 1일 사료섭취량이 1.7kg 증가했고, 포유기간 동안 암돼지의 평균 체중 손실이 대조구의 33%에 불과했다(표 4-20). 상업적으로 시스템을 만들어 상대적으로 저렴한 비용으로 구입하고 설치될 수 있다. 이러한 시스템이 분만사에서 최고의 효과를 얻기 위해서는 암돼지를 분만틀에 수용하고, 돈사바닥이 천공되어 있어야 항상 건조한 상태로 유지된다.

### 8) 영양 조절

고온 환경에서는 돼지의 사료섭취량이 감소하므로 높은 온도에 따른 생산 손실을 최소화 하기 위해서는 영양소 밀도를 더 높인 사료의 급여가 도움이 된다. 돼지의 사료에 지방질 사료(예: 우지, 식물성 기름)의 혼합은 사료의 에너지 밀도(칼로리)를 증가시켜 고온 환경에서 에너지 섭취량을 유지하는 데 도움이 된다. 지방에는 탄수화물보다 무게 단위당 훨씬 더 많은 에너지(칼로리)가 포함되어 있다.

일반적으로 지방은 사료의 2～6% 수준으로 추가된다. 지방을 추가하여 사료의 에너지 밀도를 증가시킨 경우에는 영양소의 결핍을 방지하기 위해 다른 영양소(예: 단

표 4-20. 더운 날씨 동안 포유모돈 및 자돈의 적수기에 의한 냉각 효과[a]

| 구 분 | 대조구 | 적수기 냉각[b] |
|---|---|---|
| 어미돼지의 일일 사료섭취량, kg | 5.0[c] | 6.6[d] |
| 어미돼지의 체중변화, kg / 비유기 | -27.1[c] | -9.2[d] |
| 호흡수, 회수 / 분 | 79[c] | 42[d] |
| 산자수 | 10.2 | 10.6 |
| 이유자돈 수 | 8.5 | 8.8 |
| 평균 이유자돈 체중, kg | 6.6 | 7.0 |
| 이유 한배새끼 체중, kg | 55.0[c] | 60.3[d] |
| 이유 전 사망률, % | 18 | 14 |

[a] McGlone et al. (1998). 각 처리당 암돼지 32마리 및 한배 새끼.
평균기온 30℃, 평균 상대습도 45%

[b] 10분 간격으로 3분간 적수

[c,d] Differ significantly ($P<.05$)

백질) 또한 증가시켜야 한다(즉, 일정한 에너지 영양소 비율 유지). 반대로, 열 스트레스의 기간 동안에는 섬유질 사료의 이용을 최소화 하여야 한다. 돼지에게 건초분말, 밀부산물 같은 섬유질 사료는 소화과정 중 많은 열이 생산되는 반면에, 지방은 열 생산량이 적다. 미국 남동부에서 더운 계절과 시원한 계절에 돼지에 섬유질 및 지방질을 첨가한 사료를 급여하여 시험결과가 표 4-21에 요약되어 있다.

표 4-21. 계절 및 사료의 유형이 육성・비육돈의 성장 성적에 미치는 영향[a]

| 계 절[b] | 섬유질 사료가 추가된 사료, kg / d[c] | 지방질 사료가 추가된 사료, kg / d[d] |
|---|---|---|
| 봄가을 | 0.76 | 0.74 |
| 여 름 | 0.69 | 0.79 |

[a] Coffey et al. (1982). 평균 체중: 22～94 kg

[b] 추운 계절 동안 평균 외부 저온 및 고온 1℃ 및 12℃, 더운 계절 동안 20℃ 및 31℃, 평균 상대습도 75%

[c] 5～10% 분쇄 bemudagrass 건초나 5% 알팔파 분말을 함유한 사료급여

[d] 5% 동물성(가금) 지방함유 사료

표 4-22. 열대 기후에서 급이방법이 비육돈의 성적에 미치는 영향[a]

| 구 분 | 대조구[b] | | 고온환경[c] | |
|---|---|---|---|---|
| | 제한급이 | 무제한 급이 | 제한급이 | 무제한 급이 |
| 사료섭취량, kg / d[d] | 2.06 | 2.56 | 2.16 | 2.12 |
| 증체량, kg / d[e] | 0.72 | 0.93 | 0.69 | 0.57 |
| 사료효율(Feed/gain), kg / kg[f] | 2.63 | 2.50 | 2.86 | 3.57 |

[a] Christon (1988). 54～79 kg 돼지

[b] 17℃, 상대습도: 73～79%

[c] 평균 저온: 22℃, 평균 고온: 29℃, 상대습도: 69～91%

[d] 온도 및 급여방법 간에 유의한 차가 있다(P<.01)

[e] 온도에 따른 차가 있다(P<.01). 온도 및 급여방법 간에 유의한 차가 있다(P<.05)

[f] 온도에 따른 차가 있다(P<.05)

영양조절에 의한 사료급여 방법은 고온 환경에서 돼지의 성장효율에도 영향을 미칠 수 있다. 일반적으로 육성·비육돈은 무제한급이 한다. 사료의 제한급이(무제한급이 사료섭취량의 80~90%) 방식은 성장속도가 떨어져 널리 쓰이지 않는다. 그러나 연구결과에 의하면, 더운 기후에서 제한급이 방식은 돼지에 생리적으로 상당히 이점이 있으므로 더운 여름철의 돼지생산에 실질적인 관심이 있을 수 있다는 것을 나타내고 있다(표 4-22).

### 9) 습도의 영향

높은 습도 그 자체가 돼지의 생산성에 부정적인 영향을 미치지는 않는다. 그러나 높은 온도와 더불어 높은 습도는 고온의 부정적 영향을 증가시킨다. 돼지는 고온 환경에서 체온을 유지하는 데 거의 전적으로 증발열 손실에 의존하므로 습도가 매우 중요하다. 공기의 습도가 높을수록 증발에 의한 냉각효과는 더 떨어진다(수분의 증발은 외기가 건조한 곳이 습한 곳보다 더 높다).

따라서 돼지는 상대습도가 50%보다 더 높아지면, 건조한 공기 때보다 더 낮은 온도에서도 열 스트레스를 받는다. 온도가 30℃ 이상에서 상대습도의 18% 증가는 기온이 1℃ 상승하는 것과 동일하다. 예를 들어, 기온이 28℃이고, 상대습도가 80%일 때 유효온도(effective temperature)는 약 30℃에 해당된다(NRC, 1981).

고온다습한 기간에는 앞에서 설명한 젖은 피부 냉각방법의 효과에 대한 의문이 발생한다. 이러한 시스템의 효율성은 습도의 상승으로 감소하지만, 미국의 플로리다에서 실시한 연구에서 물 뿌리기는 여전히 더운 여름 동안 돼지의 열을 식히는 방법으로 효과적임을 나타낸다(Harrison et al., 1983).

# 제 5 장

# 축산폐기물 관리

농업폐기물 관리 시스템의 첫 번째 목표는 폐기물 자원에서 경제적 이익을 최대화하고 적합한 환경기준을 유지하는 것이다. 또한 실용적인 면에서 시스템이 경제적이고 작업에 적합하여야 한다. 농업폐기물이 제대로 처리되지 않을 경우 지표수 및 지하수를 오염시키고 대기오염의 한 원인이 될 수 있다.

대부분의 사람들은 농업폐기물이라 하면 먼저 가축분뇨를 생각한다. 가축분뇨는 농업 폐기물 가운데 중요한 요소이지만 축산업에서는 그 외에도 버려진 사료, 죽은 가축, 사일리지 침출수(silage effluent), 착유사 폐기물 등도 포함된다. 이 외에 모든 농업 현장에서 사일리지 랩(silage wrap), 농약이나 약물 용기에 이르기까지 플라스틱 폐기물이 발생된다.

농업폐기물의 처리는 4 Rs의 원칙에 따라 발생량 감소(Reduce), 재사용(Reuse), 재활용(Recycle) 및 복구(Recover)를 실천하는 관리가 최고의 선택이다. 농업폐기물은 다음 4개의 Rs를 고려한 후에 처분한다.

① 폐기물의 발생량을 줄인다.
② 농장에서 발생된 폐기물을 재이용하거나 재이용할 수 있는 다른 곳에 제공한다.
③ 농업폐기물 발생량의 감소 및 폐기물의 재이용을 고려한 후, 가축분뇨 등 유기성 폐기물은 농지에 환원하고, 플라스틱 등은 농장 밖에서 재활용한다.
④ 가축분뇨에서 메탄가스를 수집하여 이용한다.

대부분의 농업 부산물은 올바르게 관리하는 경우 경제적으로 귀중한 자원이 될 수 있다. 예를 들어 가축분뇨는 유기비료로 토양의 특성을 개선하는 귀중한 자원이다. 또한 농장에서 발생되는 플라스틱은 재활용하거나 재사용할 수 있다. 그러나 농업폐기물의 보관 및 취급에 대한 시스템이 표준 이하일 경우에는 이러한 폐기물이 농장 내외의 환경을 악화시킬 수 있다.

갈수록 우리 사회는 모든 활동의 환경에 미치는 영향을 함께 우려하고 있다. 농업도 예외가 아니다. 환경 도전을 받아들이고 좋은 환경 파수꾼이라는 공공 이미지의 투영으로 생산자 경쟁 우위를 제공받을 수 있다.

정부 및 국제기구에서 공식적인 해결책을 제시하고, 소비자는 시장에서 고무적으로 변화하고 있다. '녹색 소비'는 많은 나라의 가정에서 더욱더 중요한 요소로 인정되는 추세이다. 따라서 유력한 소비자의 활동이 가격이나 제품의 시장성에 영향을 미칠 가능성이 있다. 광범위한 경제 맥락에서 글로벌 시장은 환경을 희생시켜 가며 경쟁력을 허용하지는 않는다.

농업 활동은 온실가스(greenhouse gases)를 흡수하고 생산한다. 주요 온실가스인 이산화탄소($CO_2$), 메탄($CH_4$)과 아산화질소($N_2O$)는 지구의 대기권에서 열에너지의 방출을 차단하여 지구의 온난화를 초래한다. 작물의 성장에는 이산화탄소가 소비되는 반면에 동물생산 및 차량 운영에서는 이산화탄소가 방출된다. 가축분뇨의 효과적인 처리, 취급 및 활용은 농업 원료에서 생산되는 이러한 가스의 발생량을 감소시키는 데 가장 중대한 잠재력을 제공한다.

# 1. 가축분뇨 관리

## 1.1 가축분뇨 영양소 관리

### 1) 가축분뇨의 경작지 시용

가축분뇨는 토양의 질을 향상시키고 토양 침식과 유거수(流去水 : run-off)의 발생을 줄여주는 유기자원인 동시에 지표수의 유익한 이용을 제한하는 병원균의 공급원이 되기도 한다. 또한 작물 생산에 화학비료의 이용을 줄일 수 있는 필수 영양소의 재활용 수단인 동시에 지표수와 지하수를 오염시키는 오염원이 될 수도 있다. 또한 가축분뇨는 토양에서 탄소의 재활용 및 격리수단이 되고, 악취와 대기오염 문제를 발생시키는 가스 배출의 원천이기도 하다.

#### (1) 가축분뇨의 시용 장소, 수준 및 시기에 따른 이익과 위험

가축분뇨는 식물의 바람직한 비료이며 토양의 건강에 긍정적인 영향력을 가지고 있지만, 농지에 시용(施用)되었을 때 가축분뇨로서 유발되는 환경과 관련된 혜택이나 위험은 관리자의 결정에 따라 달라진다. 따라서 가축분뇨의 시용시기, 장소, 그리고 시용 수준은 신중히 고려하여야 한다.

그림 5-1. 가축분뇨 액비의 시용

가축분뇨의 시용 수준은 작물의 영양소 요구량과 일치시키는 것이 수질보호의 기본이다. 가축분뇨의 기본적 시용시기는 작물의 영양소 이용시기와 가축분뇨 시용 후 강우(降雨)의 가능성 등 여러 요인들과의 균형을 맞춰야 한다. 또한 분뇨의 시용장소는 반드시 대상 경지의 특성을 고려하여 환경적 위험의 영향을 최소화 하여야 한다.

### (2) 영양소 관리계획

영양소 관리계획이란 가축분뇨의 시용시기, 수준, 장소 그리고 다른 비료의 시용요소 등을 말한다. 수질(水質)과 관련해서 직접적으로 가장 중요한 영양소는 인(燐 : phosphorous)과 질소(窒素 : nitrogen)이다.

#### 가) 가축분뇨의 시용량

영양소 관리계획을 개발하는 데 맨 처음 해야 할 일은 농가에서 생산되는 가축분뇨의 양을 예측하는 것이다. 다음으로 퇴비 테스트로 확인된 영양소 함유량과 그 퇴비의 질소 이용성이다. 마지막으로 중요한 것은 각각의 포장에 실제 필요한 양의 가축분뇨 퇴비를 균일하게 시용하기 위해 퇴비 시용기구들을 적절히 조정하는 것이다.

#### 나) 가축분뇨의 시용장소

가축분뇨를 시용하는 장소는 우물, 개울, 호수, 배수구나 환경적으로 민감한 다른 요소들과 떨어져 있어야 한다. 대부분의 지방자치들은 정확히 이 거리가 얼마가 되어야 하는지 규정을 가지고 있다.

배수관(排水管 : tile-drained)이 설치된 포장에 가축분뇨를 시용할 경우는 특별한 주의가 필요하다. 만약 가축분뇨를 흠뻑 젖은(혹은 포화상태) 상태의 토양이나 강우 전에 시용하면 가축분뇨는 배수관을 통해서 공용수역(共用水域 : water body)으로 흘러갈 것이다.

### 다) 가축분뇨의 시용시기

일반적으로 가축분뇨의 시용시기는 작물을 파종하기 바로 전인 이른 봄이 권장되고 있다. 그것은 이 시기가 영양소의 용탈이나 유거수(runoff)에 의한 영양소의 손실이 가장 적기 때문이다. 그러나 과수나 채소작물에 가축분뇨를 시용할 때는 이 권장시기가 달라질 수 있다. 작물이 성장하는 동안에 가축분뇨의 시용은 작물의 영양소 요구량과 거의 일치하지만, 작물의 성장에 해를 끼칠 수도 있다. 작물의 피해를 막는 하나의 방법은 관개 시스템을 통하여 배수(排水 : effluent)하는 것이다.

주 작물이 수확된 후 가을에 가축분뇨 퇴비를 시용하는 것은 일반적인 관행이다. 이에 따라 퇴비 저장소를 미리 비워두어 겨울에 퇴비 저장소가 넘치는 것을 예방한다. 근래에 들어서는 비료의 가격과 수질에 대한 높은 관심으로 가을에 피복작물(被覆作物 : cover crop)과 함께 가축분뇨 퇴비를 시용하는 사례가 증가하고 있다.

겨울철에 가축분뇨의 시용은 많은 지역에서 논의의 여지가 있다. 눈으로 덮이거나 언 토양에 가축분뇨를 시용할 경우 특정 상황에서는 지표면에서 더 쉽게 유출될 수 있다. 겨울철에 가축분뇨의 시용은 오직 액상분뇨 저장소가 넘치는 것을 방지하거나 살포 대상지의 경사가 거의 없어 유출될 가능성이 낮은 지역에서만 시행되어야 한다. 가축분뇨를 시용할 때 주의할 점은 다음과 같다.

- 겨울철에는 살포를 피한다.
- 얼거나 눈 덮인 토양에는 가축분뇨의 시용을 피한다. 이런 상태에서 시용된 분뇨는 영양가치가 매우 낮고, 지표수를 오염시킬 수 있다.
- 지나치게 습기가 많은 토양에는 가축분뇨의 시용을 피한다.
- 암반(巖盤)이 노출되어 있는 지역에는 가축분뇨의 살포를 피한다.
- 가축분뇨는 경사가 10% 이하인 경지에만 시용하도록 한다. 더 가파른 경사지에 시용할 경우에는 유거수(runoff)에 의한 손실이 발생하지 않도록 더욱 신중한 주의가 필요하다.
- 가축분뇨 살포기는 잘 조정하여 균일하게 살포되도록 한다.
- 가축분뇨 살포의 최소 분리거리를 지키도록 한다(표 5-1).

표 5-1. 분뇨살포를 위한 최소 분리거리

| 수 원 | 분리거리[1] |
|---|---|
| 우 물 | 식양토 30 m<br>사력(砂礫) 60 m |
| 배수로 | 3 m |
| 개울, 강, 호수 | 5 m |

[1] 이런 분리거리는 물 보호지역 같은 규제지역으로 대체될 수 있다.
(Nova Scotia Agriculture, 2006)

### 라) 최소 경지면적

영양소 관리계획(Nutrient Management Plan : NMP)은 가축분뇨의 이용에 있어 기본 요구사항인 최소 경지면적을 결정하는 데 일반적으로 쓰이는 방법이다. 여기에서 가축단위(livestock unit : LU)는 지표수나 지하수의 오염위험 없이 가축이 생산한 분뇨를 토지에 시용하는 데 필요한 경지 1헥타르(hectare)당 사육가축의 마리수를 나타낸다. 표 5-2는 가축단위 수로 나눈 각 가축의 마리수이다.

▶ 토지기준 가축두수 계산

농장의 가축수를 표 5-2의 가축단위(livestock unit : LU) 수로 나눈다.

〈예〉

• **유 우**: 경산우 60두와 미경산우 50두

60두(경산우) ÷ 1.5 / LU = 40 LU
50두(미경산우) ÷ 2 / LU = 25 LU
60두(경산우)의 요구면적 : 40 LU × 1 ha = 40 ha
50두(미경산우)의 요구면적 : 25 LU × 1 ha = 25 ha

• **가 금**: 60,000 육계사 면적

60,000수 ÷ 1,000수 / LU = 60 LU
60,000수의 요구면적 : 60 LU × 1 ha = 60 ha

이 계산에 의하면, 주어진 마리수의 유우와 가금 전체를 효과적으로 사육하기 위해서는 최소 125 ha가 필요하다.

표 5-2. 가축분뇨 시용에 필요한 농지(1 ha)의 1 가축단위(LU)에 해당되는 가축 수

| 가축의 종류 | 가축 수 |
|---|---|
| 젖 소 | 1.5 |
| 젖소(미경산우) | 2 |
| 육우 암소 | 2 |
| 육우(150~500 kg) | 4 |
| 양 | 10 |
| 번식모돈 | 5 |
| 암돼지(포유모돈, 이유시까지 자돈 포함) | 1 |
| 암돼지(분만~이유) | 4 |
| 이유자돈 | 50 |
| 육성돈 | 10 |
| 산란계 | 500 |
| 육용계(축사면적) | 1,000 |
| 칠면조 브로일러(5 kg), 계사면적 | 300 |
| 밍 크 | 200 |
| 송아지 | 25 |

(Nova Scotia Agriculture, 2006)

## 1.2 분뇨시용의 환경적 영향 및 이익

### 1) 분뇨시용의 환경적 이익

지난 몇 세기 동안 가축분뇨 퇴비는 토양 특성을 향상시키는 데 기여하여 왔기에 토양 개선제(builder)로 여겨져 왔다. 가축분뇨 퇴비는 작물의 요구량에 맞게 적절한 시기 및 장소에 시용하고, 시용 후 적절한 관리에 의해 환경적 이득들이 가능하다. 농지에 적절히 시용된 가축분뇨 퇴비는 기존의 여러 비료들에 비해 아래와 같은 잠재적인 환경적 이익을 가지고 있다.

① 토양 탄소의 증가와 대기 중 탄소수준의 감소

② 토양 침식 및 유거수(流去水)의 감소

③ 질산염(窒酸塩) 용탈(溶脫)의 감소

④ 질소비료 생산에 소요되는 천연가스 수요의 감소

### (1) 토양 유기물에 미치는 가축분뇨 퇴비의 효과

가축분뇨 퇴비는 식물성장에 필요한 질소(N), 인(P), 칼리(K)와 미량성분들을 함유하고 있다. 그러나 퇴비의 잠재적인 환경적 가치를 제공하는 것은 유기탄소(有機炭素)이다. 토양 유기물(土壤有機物)은 자연의 생산적인 토양으로 여겨진다. 가축분뇨 퇴비에서 유래한 유기탄소는 토양 미생물의 활동에 필요한 에너지의 원천이 되고, 건강한 토양 미생물의 환경을 조성하여 영양원들을 안정시켜 작물의 영양소 이용률을 높여 준다.

또한 식물의 영양원으로서 가축분뇨 퇴비는 시판되는 화학비료들과 비교될 뿐만 아니라 정확한 식물 영양계획에 따라 시용하면 화학비료보다 환경적으로 훨씬 많은 이득을 준다. 또한 가축분뇨 퇴비의 유기물은 토양구조(土壤構造)를 개선시켜 토양의 물 침투성과 물 보수능(保水能)이 향상되어 작물의 수분 스트레스 및 토양 침식이 줄어들고, 토양의 영양소 보존능력이 향상된다.

가축분뇨를 이용해서 토양유기물 함량을 높이려면 분뇨의 특성을 아는 것이 중요하다. 분뇨는 몇 가지 부류가 있는데, 사양형태 및 깔깃체계가 분뇨의 성상에 영향을 미친다. 표 5-3은 분뇨 성상별 건물함량을 보여주고 있다. 표 5-4는 고형 젖소분뇨 퇴비를 11년간 시용하고 관행경운(慣行耕耘)한 포장의 결과를 보여주고 있다.

그림 5-2. 가축분뇨 퇴비는 정상적인 영양소 관리계획에 의해 시용하면 식물의 영양원으로서 화학비료와 비슷하고, 화학비료 이상의 환경혜택이 있다. 고형(固形, 왼쪽) 및 액상(液狀, 오른쪽) 퇴비의 표면살포 시용

표 5-3. 가축분뇨의 건물함량 (단위: %)

| 분뇨 유형 | 유 우 | 육 우 | 가금(산란계) | 비육돈 |
|---|---|---|---|---|
| 고형(solid) | 20 | 28 | 20 | 9 |
| 액상(liquid) | 6 | 6 | 10 | 6 |

(Adam Hayes, 2003)

표 5-4. 분뇨퇴비의 시용이 토양의 특성에 미치는 영향

| 토양 특성 | 원 수준 | 무시용 | 25톤/ha/년 | 50톤/ha/년 | 75톤/ha/년 |
|---|---|---|---|---|---|
| 유기물 | 5.2 | 4.3 | 4.8 | 5.2 | 5.5 |
| *CEC me/100g) | 17.8 | 15.8 | 17.0 | 17.8 | 18.9 |
| pH | 6.4 | 6.0 | 6.2 | 6.3 | 6.4 |
| P(ppm) | 4.0 | 6.0 | 7.0 | 14.0 | 17.0 |
| K(ppm) | 129 | 121 | 159 | 191 | 232 |
| 총 공극(%) | - | 44 | 45 | 47 | 50 |

*CEC : cation exchange capacity (양이온 치환용량)

(Magdoff and Amadon, 1980)

### (2) 토양침식에 미치는 가축분뇨 퇴비의 영향

가축분뇨 퇴비의 토양표면 시용은 포장의 작물잔사(作物殘渣)와 비슷한 효과를 낸다. 작물잔사는 토양입자를 분리하여 유거수(runoff)와 함께 흘러가게 하는 빗방울에 의한 영향을 줄여 토양침식을 현저히 감소시킨다. 토양표면에 가축분뇨 퇴비의 시용은 토양표면의 피복효과를 가져와 빗방울에 의한 영향을 감소시켜 토양침식을 줄여주고, 결과적으로 환경보호에 좋은 영향을 미친다.

### (3) 유기질소

유기질소(有機窒素 : 유기화합물과 결합된 가축분뇨 퇴비의 N)는 화학비료로 시용된 질소보다 더 안정적이다. 가축분뇨 퇴비에 함유된 질소의 상당량은 유기적 형태로 저장된 후 토양의 온기(溫氣)에 의해 서서히 방출되어 작물의 질소요구에 쓰인다.

화학비료 질소는 요소(urea), 질산염(nitrate) 또는 암모늄(ammonium)의 형태로

시용된다. 질산태질소(窒酸態窒素)는 물에 용해되기 쉬우며 유동성이 있다. 이러한 형태의 화학비료는 비가 많은 기간(성장초기 이전의 봄비)이나 관개(灌漑)에 의해 용탈이 증가된다. 그러나 가축분뇨 퇴비의 질소는 질산염으로 느리게 전환되므로 작물의 질소 요구에 더 시기 적절하게 이용되고, 그 결과 용탈 가능성이 줄어들게 된다. 따라서 가축분뇨 퇴비의 질소는 천연 저속방출 형태의 질소이다.

#### (4) 에너지 유용성

작물재배에서 새로운 영양원의 개발이나 발굴과는 대조적으로 가축분뇨에 함유된 영양소를 재활용하는 것은 에너지의 유용성을 증가시킨다. 시판되는 질소비료는 공급원료로 상당히 많은 양의 에너지를 소모하고, 제조과정에서 온실가스를 방출한다. 옥수수 0.4 ha 당 질소 요구량(N 시용량을 90 kg으로 추정)을 무수 암모니아(anhydrous ammonia)로 충당한다면 천연가스 93 $m^3$가 소요된다. 인(phosphorus)과 칼리(potassium) 비료도 채광과 처리를 위한 에너지가 필요하다. 화학비료에 비해 가축분뇨퇴비는 작물 생산의 에너지 비용을 현저히 감소시킨다.

가축분뇨퇴비의 시용에 따른 환경적 이익은 최적관리로 토양의 침식을 줄이고, 적절한 수준의 영양소를 함유한 가축분뇨 퇴비를 적절한 수준으로 시용하였을 때에만 효과가 있다는 것을 아는 것이 매우 중요하다.

### 2) 인과 지표수 보존

가축분뇨에 함유된 영양소를 환경 및 경제적으로 책임 있는 방식으로 관리하는 것은 상호 배타적인 노력이 아니다. 여기에서는 수질에 미치는 인(隣)의 잠재적 영향들에 관해 논한다.

#### (1) 인과 수질

인은 가축분뇨에 함유된 생물학적으로 이용할 수 있는 주요 영양소의 하나이다. 수중 생태계(水中生態系)에서 인은 일반적으로 가장 제한적인 영양소이다. 인이 수중 생태계로 유입되면 수생식물 바이오메스(aquatic plant biomass)가 현저하게 증가하고 녹조(綠潮 : algal bloom)현상이 자주 나타나게 된다. 수생식물 및 녹조의 증가는 다른 영양소들을 결합시키거나 침투되는 빛의 양을 감소시켜 수중 생태계에 부정적인 영향을 끼칠 수 있다.

과잉의 영양소는 수생식물 및 조류(藻類 : algae)의 성장주기 말에 자연 영양계(營養界)를 압도하는 수준으로 생태계 내로 다량 방출되어 이 과잉의 영양소가 분해되는 동안 산소를 묶어서 물고기의 죽음을 초래하고, 썩어가는 식물들이 물 표면에 축척되어 악취를 발생시켜 지표수의 질을 저하시킨다.

### (2) 인이 어떻게 물로 유입되는가?

작물재배 과정에서 식물이 흡수할 수 있는 충분한 수준의 인을 제공하는 것은 적절한 수준의 질소(N)와 칼리(K)를 제공하는 것만큼이나 중요하다. 인은 질소나 칼리와 달리 토양입자와 결합되므로 토양의 단면을 통해서 용탈될 위험은 낮다. 토양에서 인이 손실될 수 있는 가장 큰 위험성은 육상에서 인이 풍부한 토양 침전물이나 가축분뇨입자를 함유한 유거수에 의한 것이다. 이것은 인 함량이 높은 토양이 낮은 토양에 비해 인의 손실이 훨씬 많다는 것을 시사한다.

유거수에 함유되어 있는 총 인의 일부는 용해된 형태로 존재한다. 침전물에 부착된 인과 용해된 형태의 인은 수중 생태계에 약간 다른 영향을 끼친다. 침전물에 부착된 인은 수중 생태계에 장기간에 걸쳐 인을 추가하는 반면에 용해된 인은 동화(同化) 속도가 빨라 수생식물과 조류(藻類)에 바로 이용될 수 있다.

인이 용탈될 위험이 있을 만큼 극단적으로 인 함량이 높은 토양의 경우도 있지만, 일반적으로 토양에 함유된 인은 토양입자와 단단히 결합되어 있어 용탈될 위험이 적다. 그러나 극단적으로 인 함량이 높은 토양의 경우에는 토양의 무기이온 교환부위(exchange site)가 최대 용량에 있어 인이 용탈될 위험이 높아진다.

그림 5-3. 영양장애 물에서 남조류(blue- green algae)의 발생
(사진 : Ron Wiederholt, NDSU Extension)

### (3) 인에 의한 환경위험을 줄이는 관리방법

토양침식을 줄이는 작부체계(作付體系)의 이용은 인의 외부 유출 위험성을 줄이는데 가장 효과적인 수단이다. 이 관리는 토양침식 외에도 포장에서 인의 유실위험을 줄이기 위해서는 다음과 같은 요인들을 확인할 필요가 있다.

- 지표수(地表水)까지의 거리
- 주변의 경사
- 토양 침식지수
- 토양의 인 함량

가축의 사료는 면밀하게 관찰하여 인이 과급(過給)되지 않도록 하고, 배출된 가축분뇨는 다른 농가에 판매 또는 교환하거나 보다 집중적인 분뇨처리 시스템을 채택하여 퇴비를 보다 저렴하게 장거리 운반하여 이용할 수 있도록 한다.

3.5%의 지방과 3.0%의 순 단백질을 함유한 우유를 1일 25, 35, 45, 및 55kg을 생산하는 홀스타인 암소의 1일 인 요구량을 충족시키기 위해서는 건물기준으로 각각 0.32, 0.35, 0.36 및 0.38%의 인을 함유한 사료가 필요하다. 그런데 많은 낙농가는 NRC(2001)에서 권장하는 이 수준을 크게 초과하여 급여하고 있다.

표 5-5. 일반적인 젖소 단백질 보충사료의 단백질 및 인 함량

| 사 료 | 단백질(%/DM) | 인(%/DM) | 단백질 : 인 |
|---|---|---|---|
| 혈 분 | 95 | 0.30 | 317 |
| 옥수수글루텐 밀(건조) | 65 | 0.60 | 108 |
| 대두박(추출) | 46 | 0.66 | 65 |
| 대두(볶음) | 43 | 0.64 | 67 |
| 맥주박(건조) | 29 | 0.67 | 44 |
| 면 실 | 23 | 0.60 | 38 |
| 옥수수 주정박 | 29 | 0.83 | 35 |
| 휘트 미드(wheat midds) | 18 | 1.02 | 18 |
| 밀기울 | 17 | 1.18 | 14 |
| 육골분 | 54 | 4.73 | 11 |

젖소사료로 일반적으로 쓰이는 단백질 보충사료의 인 함량은 많은 차이가 있다(표 5-5).

## 3) 배수관이 설치된 포장

### (1) 지하 및 지표에 배수관이 설치된 경작지에서 가축분뇨액비의 시용 지침

가축분뇨액비(liquid animal manure)는 작물생산에서 영양소와 유기물의 귀중한 공급원으로 살수관개(撒水灌漑 : spray irrigation), 지표면 살포(地表面撒布 : land surface spreading) 및 얕은 지중주입(shallow subsurface injection)을 포함해 다양한 방법으로 시용될 수 있다. 가축분뇨액비는 영양소 함량이 낮기 때문에 비교적 다량으로 시용된다.

그러나 일반적인 토양 침투율을 초과하지 않는 범위에서 시용할 것을 권장하고 있으며, 토양이 포장에서 가져올 총 보수능(保水能 : water holding capacity)을 넘지 않아야 한다(Johnson and Eckert, 1995). 비록 비슷한 지침에 따르더라도 지하 배수구를 갖춘 포장에서는 농업배수가 유입된 토양에서 대공극흐름(macropore flow)으로 인해 가축분뇨액비의 배출물이 보고되었다(Geohring et al., 2001).

지표 아래 배수시설을 갖춘 포장에 가축분뇨액비의 시용에 의한 배수(排水 : effluent)의 오염은 영양소, 입자유기물, 에스트로겐(estrogen), 박테리아, 항생물질 등과 관련이 있다. 그러나 이러한 발견은 전 세계적으로 공통적인 것은 아니므로 가축분뇨액비는 수질에 어떤 악영향 없이 시용될 수 있다.

그림 5-4. 지표수를 오염시키고 있는 오수 (사진 : Rick Wilson, OEPA)

예를 들면, Randall 등(2000)은 광물질비료(mineral fertilizer)와 유우분뇨액비(liquid dairy manure)를 시용한 비교시험에서 배수에 함유된 질소, 인 및 분원성 지표세균(fecal indicator bacteria)에 차이가 없다고 하였다. 그러나 가축분뇨액비의 영양소가 농경지에서 안전하게 시용되더라도 어떤 특정한 상황에서는 지하 배수(subsurface drainage water)를 통해 배출될 수 있으므로 복합적인 관리 시스템이 필요하다. 그 외에도 시용되는 가축분뇨액비의 종류, 시용수준, 시용방법, 시용 후 강우시기 외에도 토성(土性), 보수능(保水能), 경작내력 또한 가축분뇨액비 시용의 결과에 영향을 미친다.

### (2) 지하에 배수관이 설치된 경작지에 가축분뇨액비의 시용

토양 상부 20 cm 이내의 유효 보수량은 추가적인 물, 퇴비, 영양소가 토양 단면(土壤 斷面)을 통해 이동할 수 있는 물의 최대량을 나타내는 추정치이다. 가축분뇨액비의 시용수준은 토양이 유효 보수량에 도달하는 것을 피하기 위해 액비를 시용하는 날에 조절하여야 하고, 액비 시용수준은 시용 최대량을 결정하는 요인의 하나이다.

가축분뇨액비의 시용수준은 영양소 제한수준, 토양의 유효 보수량 또는 $100m^2$당 1,215 ℓ 를 초과해서는 안 된다. 가축분뇨액비는 일시에 다량을 시용하는 것보다 적은 양을 낮은 수준으로 자주 시용하는 것이 토양이 가축분뇨액비를 흡수하기에 더 유리하다.

### (3) 가축분뇨액비 유출의 최소화를 위한 제안

#### 가) 비상계획을 가질 것

지하 배수관(地下排水管)의 배출구를 확인하여 가축분뇨액비시용 전에 액비의 배출을 제어 혹은 규제하거나 지하 배수관으로부터의 배출을 막을 수 있는 현장의 방법을 강구한다. 지하 배수구들은 잠재적인 가축분뇨액비의 배출을 방지하기 위하여 액비시용 전, 시용할 때 그리고 시용한 후에 반드시 감시되어야 한다.

배수제어 구조물(drainage control structure)과 인라인 타일 중지(inline tile stop)는 배수에 의한 위험을 방지할 수 있는 제어방법들이 요구된다. 작동할 때는 역류되는 물(back-up water)에 의해 인접 지하 배수 시스템의 기능에 피해를 주지 않도록 주의하여야 한다. 그리고 가축분뇨액비의 배수가 배수로나 개울로 유입되었을 때의 상황을 제어할 수 있도록 비상계획을 세워둔다.

#### 나) 배출위험이 낮은 지역 선택

가축분뇨액비는 범람이 예상되는 기간 동안에 범람하기 쉬운 토양에는 시용되어서는 안 된다(그림 5-6). 그러나 범람이 예상되지 않는 기간에는 액비를 시용한 후 바로 토양과 섞거나 토양표면 아래에 주입하는 방식으로 시용될 수 있다.

### 다) 기상 관측(과거와 미래)

강우가 예측되거나 강우 직후에는 가축분뇨액비의 시용을 피한다. 많은 비가 온 후에는 아래쪽 경작지로 배수가 되도록 허용하여 토양이 추가적인 물이나 가축분뇨액비를 흡수할 수 있도록 한다. 가축분뇨액비 시용의 일부로써 날씨 예보의 기록과 액비시용 24시간 전후의 실제 날씨의 기록을 잘 보관 관리하도록 한다.

### 라) 양호한 배수 유지

가축분뇨액비의 시용 전에 배기구(blowhole)와 망가진 배수관들을 보수하고, 잘 유지하도록 한다.

### 마) 배수관의 흐름

가축분뇨액비를 배수로가 넘치는 시기에 지하 배수관이 설치된 경작지에 시용하여서는 안 된다. 지표 밑 배수구가 넘치는 것은 일반적으로 토양의 함유수분 수준이 수분보유 능력을 초과했거나 그에 근접했음을 나타낸다. 이러한 상황에서 추가적인 가

그림 5-5. 적절히 설치된 조절 구조물(control ructure)과 타일 중지(tile stop)에 의해 지표수 오염이 감소된다. (사진 : Agri-Drain, Adair, IA)

축분뇨액비의 시용은 가축분뇨가 아래쪽으로 이동할 가능성, 배수로를 통한 방출, 또는 흘러넘치는 지표 유출수(suface runoff)로의 이동을 증가시킨다.

### 바) 시용하는 가축분뇨액비의 농도 고려

가축분뇨액비의 시용수준은 작물의 영양소 요구량 및 토양의 보유가능 용량과 거의 일치하여야 한다. 시용방법은 시용수준에 영향을 미칠 수 있다. 예를 들면, 75cm 간격으로 4개의 노즐이 있는 지중주입기(injection toolbar)는 각각의 칼날 및 노즐에 의해 가축분뇨액비가 작은 영역에 집중적으로 시용되게 한다.

이런 집중적인 시용조건에서의 효과적인 시용수준은 보통 시용수준과 상당히 다르다. 효과적인 시용수준은 노즐(nozzle)당, 단위 면적(unit area)당 시용되는 가축분뇨액비의 양으로 계산된다. 예를 들면, 100 $m^2$당 935 ℓ 의 시용량이 추정되면 75 cm 간격의 지중주입기로 시용할 경우 효과적인 가축분뇨액비의 시용량은 100 $m^2$당 4,675 ℓ 로 동일한 면적의 지표 위에 고르게 살포한 경우에 비해 5배 이상 많은 양이 시용된다.

### 사) 물고임 방지

가축분뇨액비는 작물에 영양소를 공급할 필요가 있더라도 시용한 액비가 고이거나 인접한 구역으로 넘치거나 배수로 또는 지표수로 흘러갈 수 있는 곳에 시용하여서는

그림 5-6. 범람한 포장 (사진 : Norm Widman, NRCS)

안 되고, 정해진 양을 균일하게 시용하여야 한다. 가축분뇨액비의 관개장비(灌漑裝備)나 지표면 시용장비에 의한 시용은 액비가 고이는 현상이 발생하기 쉽다.

### 아) 경 운

과거에 액비가 흘러넘친 적이 있거나 척박하고 표면이 딱딱한 토양의 경우에는 시용된 가축분뇨액비의 흡수와 침투를 향상시키기 위해 가벼운 경운(耕耘 : tillage)이 필요하다. 이러한 조건에서는 미리 얕은 갈이(淺耕 : shallow tillage)를 하여 벌레 구멍의 연속성, 토양의 대공극(macro pores) 및 뿌리의 경로(root channel)를 파괴하여 가축분뇨액비가 배수관으로 유출될 위험을 줄이거나 시용되는 가축분뇨액비의 흡수량이 증가되도록 토양을 10～15cm 깊이로 경운한 후에 가축분뇨액비를 시용한다. 경운은 배수구가 얕은 경우(60cm 이하)에 특히 중요하다. 가축분뇨액비 시용에 앞서 시행하는 경운은 경운 후 가능한 한 지표에 많은 양의 식물잔사(植物殘渣)를 남겨 토양침식을 최소화 하도록 한다.

### 자) 식토의 고려사항

식토(植土 : clay soil)는 높은 팽창 및 수축률을 갖고 있어 건조한 조건에서 크고 깊은 균열(crack)이 생기는 경향이 있다. 이러한 토양은 균열과 대공극의 파괴를 위해 가축분뇨액비를 시용하기 전에 경운이 필요하고, 액비의 시용은 토양의 균열이 메

그림 5-7. 흠뻑 젖어있는 토양에는 액비살포를 피해야 한다.
(사진 : Rick Wilson, OEPA).

워지도록 시용초기에는 낮은 수준으로 시용한다. 또한 토양구조와 액비의 영양소 흡수를 향상시키기 위해 피복작물(被覆作物 : cover crop)을 재배할 수도 있다. 가축분뇨액비의 시용수준은 포장의 상태와 제한된 영양소를 기준으로 최소량으로 정한다.

### 차) 주입의 깊이

가축분뇨액비의 시용은 얕은 주입(注入)이 권장된다. 액비를 시용하기 전에 지표면에서 적어도 10cm 이상의 깊이로 경운하고 액비시용 전후 및 시용하는 동안에 모든 배수구로부터 가축분뇨액비의 유출을 방지하여야 한다.

### 카) 다년생 작물 및 무경운 포장에서 주의사항

모든 다년생 작물(건초나 목초)이나 무경운(無耕耘 : no-till) 영년 포장에 가축분뇨액비를 시용한 경우에는 액비를 시용한 후 경작지의 지표 밑 모든 배출구를 면밀히 관찰해야 한다. 만일 가축분뇨 입자가 포함된 흐름이 관찰되면 유출수를 통제하여야 한다. 알팔파(alfalfa) 같은 심근성(深根性) 작물들은 시용된 액비가 직근(直根)을 따라 흘러내려 지표 아래 배수구를 통해 지표수로 유입될 수 있으므로 섬유근(纖維根 : fibrous root)을 가진 화본과 작물보다 시용된 가축분뇨액비의 유출 가능성이 더 높은 경향이 있다.

그림 5-8. 팽창-축소 용량(shrink swell apacity)이 큰 흙토양은 경운 후에 시용하거나 처음에는 소량의 액비를 시용하여야 열을 해소하는 데 도움이 된다. (사진 : Jim Lopshire, The Ohio State University)

그림 5-9. 가장 효과적인 액비의 시용을 위해서 토양표면에 얕고 균일하게 시용하여야 한다. (사진 : Jon Rausch, The Ohio State University)

(4) 표면 배수 포장에 가축분뇨액비의 시용

표면 배수 포장에서 가축분뇨액비의 시용방법은 다음과 같다.

- 가축분뇨액비를 시용하기 7일 이전에 최소 10∼15cm 깊이로 포장을 예비 경운한다.
- 가축분뇨액비가 토양 표면에 잘 흡수될 수 있도록 미리 경운된 토양의 표면에 전체적으로 균일하게 살포한다.
- 지하 배수관이 없는 포장에서는 사전에 경운하지 않고 가축분뇨액비를 지표면에 직접 주입할 수 있다. 지표 배수로뿐만 아니라 지하 배수관이 설치되어 있는 포장에서는 앞의 지하 배수관이 설치되어 있는 경작지의 경우가 적용된다.
- 가축분뇨액비의 시용수준은 가장 제한된 요인들에 의해 조정되어야 하고, 토양의 액비, 물 그리고 영양소의 수용 및 저장능력도 함께 고려되어야 한다.

## 1.3 가축분뇨 처리기술

### 1) 가축 및 가금류 분뇨처리의 선택

과거 오랫동안 고형물로 다루어져 온 동물의 분뇨(糞尿 : manure)는 직접 목초지에 배설되거나 축사에서 깔깃(bedding)과 함께 모아져 작물의 영양소로 경작지에 뿌

그림 5-10. 거대공극을 파괴하기 위하여 8~13 cm 깊이로 경운하거나 8cm 깊이로 지표 주입한다. (사진 : Jon Rausch, The Ohio State University)

려져 왔으나, 농장에서 사육되는 가축의 사육규모가 증가되면서 더 효과적인 분뇨 관리 방법들이 개발되어 왔다.

### (1) 가축분뇨는 왜 처리하여야 하는가?

가축이 배설한 분뇨는 매우 습기가 많고 부피가 큰 물질로 90% 정도의 수분을 함유하고 있으며, 건물(乾物 : dry matter)의 대부분은 탄소이다. 가축분뇨의 관리체계는 가축분뇨의 수분함유 특성에 영향을 줄 수 있다.

개방된 지역에서 모아진 분뇨는 상당히 높은 비율의 토양이 섞여 있을 수 있는 반면에, 액상 가축분뇨 관리체계에서는 98% 이상의 수분을 함유하고 있기도 한다. 결과적으로, 가축분뇨에 함유되어 있는 식물 영양소의 함량은 부피에 비해 매우 낮다. 따라서 가축분뇨의 형태로 경작지로 운반되는 영양소는 화학비료에 함유된 동량의 질소나 인에 비해 훨씬 비싸질 수 있다.

가축분뇨의 영양소 불균형 분포를 시정하기 위해서는 가축이나 가금류 농장의 초과영양소 공급을 경제적으로 변화시켜야 한다. 그동안 많은 가축분뇨 관리기술들이 하나의 형태나 다른 형태로 수년간 사용되어 오는 동안 가축 종류, 농장관리, 기후 또는 다른 요인에 맞는 체계를 갖추기 위해 보통 복합적으로 사용되어 왔다. 따라서 가축분뇨 관리기술은 어떤 농장에 굉장히 성공적인 것도 다른 농장에는 적절하지 않을 수도 있다.

### (2) 가축분뇨 관리기술은 일률적이지 않다.

가축분뇨 관리기술은 일반적으로 농장의 특정한 처리목표를 충족시키기 위해 선택된다. 이러한 처리목표는 배출되는 영양소의 감소(첫째로 질소와 인), 악취 절감, 부피 감소, 에너지 전환 그리고 가축분뇨의 가치 향상 등이 있다. 가축분뇨 관리기술들은 흔히 동물 생산자들이 직면한 상황들, 예를 들면 농장의 과다한 분뇨발생, 가축분뇨의 유출, 악취발생 문제 등과 관련되어 있다. 결국 가축분뇨 관리기술의 시행은 부유성 고형물(浮遊性固形物)이나 온실가스(greenhouse gas) 감소 같은 초기의 관리목표를 뛰어넘는 추가적인 이득을 가져온다.

그림 5-11. 인근의 경작지에 살포할 수 있는 혐기 산화지(anaerobic lagoon)를 갖춘 양돈장 (사진 : Mark Rice, North Carolina State University)

표 5-6. 분뇨처리 목표 및 잠재적 처리기술

| 질소 저감 | 인 저감 | 악취 감소 | 에너지 재생 | 고부가가치화 |
|---|---|---|---|---|
| 호기처리<br>식생처리시스템 | 첨가제<br>식생처리시스템 | 고-액분리<br>첨가제<br>호기처리<br>덮개<br>혐기분해 | 가스화/연소<br>혐기분해 | 퇴비화<br>지렁이이용퇴비 |

## 2) 가축분뇨의 처리기술

### (1) 가축분뇨의 호기적 처리

'호기처리(好氣處理 : aerobic treatment)'라는 용어는 산소의 실재 안에서 일어나는 생물학적 분뇨처리 과정을 일컫는다. 이 과정에서 호기성 세균(好氣性細菌)이 생물학적으로 이용 가능한 화합물 및 질소화합물을 산화시킨다. 이러한 산소 수요 화합물(oxygen demanding compound)의 제거는 악취의 발생과 암모니아 가스의 방출을 줄이는 수단이 된다.

호기처리는 호기성 세균의 증식을 위한 산소의 공급을 위해 필요한 모터와 에어컴프레서나 팬을 작동시키는 데 소요되는 비용 때문에 액체(liquid)나 슬러리(slurry) 형태의 분뇨처리에는 많이 이용되지 않고 있다. 필요한 산소 공급량은 단지 냄새를 줄이기를 원하는가, 유기물의 분해에 필요한 산소를 완벽하게 공급하고 싶은가 또는 암모늄(ammonium)에서 질산염(窒酸鹽 : nitrate)으로의 질화(窒化 : nitrification)를 위해 충분한 양의 산소를 공급해주길 원하는가에 따라 달라진다.

완벽한 호기처리로 분뇨에서 발생되는 악취를 제거할 수 있다. 호기처리는 보통 분리된 슬러리나 희석된 오수(汚水)의 처리에 적합하다. 분뇨에 함유된 고형물의 양이 증가할수록 산소요구량이 증가하고, 혼합하는 데 필요한 에너지 양도 증가한다. 또한 산화의 정도는 공급된 산소의 양과 처리과정에서 반응시간에 따라 달라진다. 슬러리

그림 5-12. 발전(發電)을 위한 분뇨 분해기와 소형 터빈 발전기
(사진 : Mark Rice, North Carolina State University)

의 통기(通氣)에 의해 악취발생과 관련이 있는 대부분의 유기산, 페놀(phenol), 인돌(indole), 질소 및 황화합물, 저분자량 단백질 등의 화합물은 미생물에 의해 용해된다. 그러나 호기처리에 의해 가축분뇨의 완전한 안정화가 경제적으로 불가능하므로(Zhang and Westerman, 1997) 부분적인 악취제거를 위해 보다 낮은 수준의 통기가 권장된다. 그림 5-14는 전형적인 호기처리 시스템을 보여주고 있다.

그림 5-13. 돼지 슬러리 분뇨처리용 연속회분식 반응기(sequencing batch reactor)에 쓰이는 표면 폭기장치와 혼합기

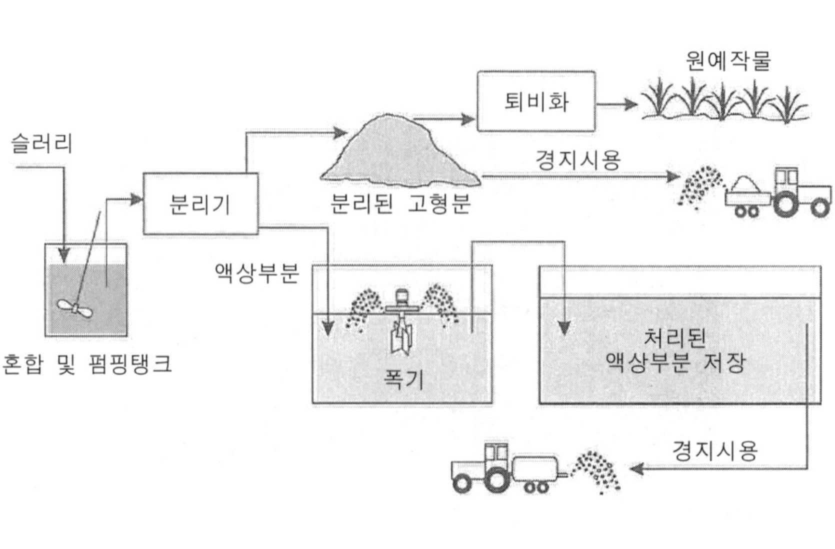


그림 5-14. 호기처리 시스템 (Jacobson et al., 2000)

### 가) 가축분뇨 호기처리의 장점

호기처리의 이점으로 악취발생의 감소와 메탄(온실가스) 및 암모니아 방출의 잠재적인 감소 등이 있다. 질산염은 용탈의 경향이 있지만, 암모니아를 식물이 이용하기 쉬운 형태의 질소원인 질산염으로의 질화(窒化 : nitrification)도 이점의 하나이다. 또한 질산염은 생물학적으로 유기화합물이 존재하는 가운데 질소가스로 전환될 수 있으므로 액상이나 슬러리 형태의 분뇨로부터 질소가 제거되는 결과를 가져온다.

### 나) 가축분뇨 호기처리의 단점

호기처리는 산소공급 장비의 높은 구입비용, 많은 운영비(특히 펌프나 산소발생기 가동을 위한 에너지) 및 유지비가 필요하고 또한 액상분뇨에 용해되어 있는 산소의 농도를 점검하기 위한 모니터링 장비도 구입하여야 한다. 산소공급을 위한 다양한 방법과 종류의 장비들이 있는데, 이들은 탱크 반응기(tank reactor)에 설치하거나 산화지(aeration pond)에 설치하던지 가장 효율적인 장비와 방법을 찾는 것은 어려울 수도 있다. 그리고 호기성 세균의 충분한 양을 유지하기 위하여 부유(浮遊) 물질이나 고정 메디아(fixed media)에 부착하는 등 디자인도 다양하다.

## (2) 가축분뇨의 퇴비화

퇴비(堆肥 : compost)는 단지 재료의 혼합물이 완전히 분해된 것만을 말하는 것이 아니라 퇴비가 되는 과정도 뜻한다. 실행 가능한 정의로서 퇴비는 안정화된 부식(腐植)으로 인체에 해가 없고, 식물 병원균 및 잡초종자가 함유되어 있지 않으며, 해충

| 퇴비화의 장점 | 퇴비화의 단점 |
|---|---|
| • 잡초 종자 및 병원균을 파괴한다.<br>• 투입재료의 부피가 감소한다(50~70%).<br>• 완숙된 퇴비는 흙과 비슷하여 취급 및 시용이 간편하다.<br>• 유기화합물로서 영양소가 안정된다.<br>• 안정된 유기 영양소는 더 천천히 방출되고 식물이 성장하는 동안 더 지속적으로 영양소를 공급한다.<br>• 불쾌한 냄새가 없어 잠재적으로 시장성이 있는 상품이다. | • 특히 초기단계에 암모니아, 이산화탄소, 메탄, 아산화질소의 배출<br>• 퇴적더미에서 발생된 유출액(run-off)이 지하수나 지표수로 유입되지 않도록 반드시 통제해야 한다.<br>• 퇴비화 동안 내내 통기 및 수분조절이 이루어져야 한다.<br>• 시간, 장비 및 토지가 필요하다.<br>• 작물의 요구량을 충족시키기 위해 약간의 추가 비료가 필요할 수 있다. |

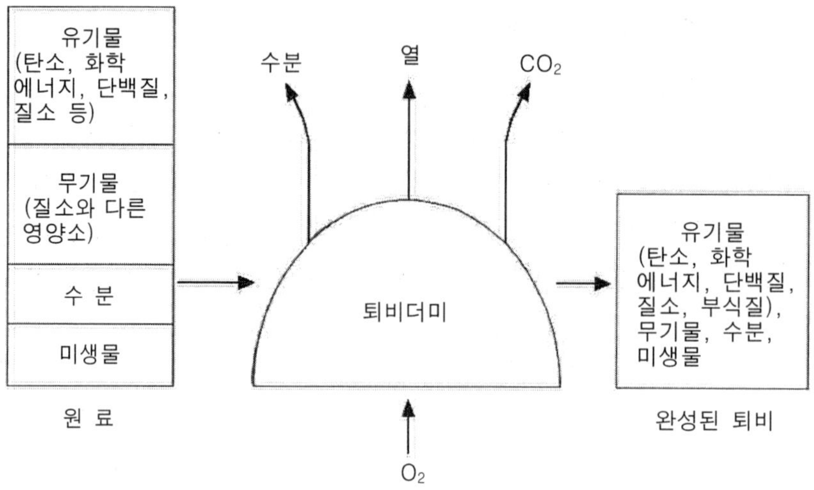


그림 5-15. 퇴비화 과정 (On-Farm Compositing Handbook, NRAES-54, Natural Resource, Agriculture, and Engineering Service, Cooperative Extension, Cornell University, 1992)

이나 질병의 매개체들을 끌어들이지 않아 성가시지 않게 관리하고 저장할 수 있는 식물의 성장에 이로운 유기 토양 개선제이다. 퇴비화(堆肥化 : composting)의 과정에 대해 더욱 유용하게 설명하면, 퇴비화는 토양 개선이나 침식관리 기법으로 유익하게 이용되어질 수 있도록 재료 내 유기물질을 부식이 풍부한 산물로 분해하는 통제된 생물학적 분해과정이라고 할 수 있다.

퇴비는 산소, 수분 및 영양소를 필요로 하는 호기성 세균의 활동을 통해 생산된다. 이런 미생물들은 퇴비원료를 퇴비로 변환시킬 때 열, 수증기, 이산화탄소를 발생시키고, 그 결과 퇴적더미의 부피가 크게 줄어든다(그림 5-15). 효과적인 퇴비화는 원재료 및 공급 원료의 특성, 분해의 일반 원칙과 과정의 제어방법에 대한 기초지식으로부터 시작된다.

### 가) 가축분뇨 퇴비화의 방법

퇴비화 시스템의 기본 목적은 자연분해 과정을 이용하기 위한 것이다. 여기에는 일반적으로 이용되는 다음과 같은 방법들이 있다. 퇴비회 방식들은 공기주입 방법, 온도조절, 혼합/교반 등에 따라 달라지며, 각 공정에 대한 원리 및 차이점은 다음과 같다.

#### ① 통기퇴적식 퇴비화

통기퇴적식 퇴비화(aerated static pile composting)는 송풍기를 이용하여 퇴적더미의 원료에 공기를 공급하는 방식으로 수동적인 퇴비화 방식을 일부 변경한 것이다.

퇴적더미는 퇴비화공정 중에 공기를 주입하기 위해 송풍기를 퇴적더미 내부에 연결시킨다. 공기주입은 강제송풍에 의하는데, 퇴적더미 내부에 공기를 주입하는 동안은 양압이 형성되고, 외부로 공기를 배출하는 동안은 음압의 상태가 된다. 퇴비화 공정 중 퇴적더미 내부의 공기순환은 미생물의 활성도를 유지시켜 주고 내부의 열을 조절해 준다. 퇴적더미 내부의 초과 열을 제거하는 것은 최적의 온도를 유지하기 위해

그림 5-16. 양질의 가축분뇨퇴비

그림 5-17. 통기퇴적식 퇴비화
(Animal Manure Management, 2011)

서이다. 통기퇴적식 퇴비화 과정은 원료의 최초 혼합 이후에는 퇴적더미를 섞거나 뒤집지 않는다.

일반적으로 퇴적더미의 다공성 구조를 유지하기 위하여 통기를 도와주는 수분조절제(bulking agent)가 사용되고, 퇴적더미의 온도조절과 송풍기의 작동은 자동조절장치(electronic feedback control)에 의한다.

### ② 퇴비단식 퇴비화

퇴비단식 퇴비화(windrow composting)는 수동적 퇴비화(passive composting)와 비슷하지만, 재료의 퇴적더미가 최적 상태를 유지하도록 기계장비로 뒤집거나 공기를 공급한다. 퇴적물은 긴 열로 배치되는데, 여기서 뒤집는 장비의 종류와 퇴적 원료에 따라 퇴비단(堆肥壇 : windrow)의 실제 사이즈와 모양이 달라진다. 보통 퇴비단의 폭은 높이의 2배로, 1～3.6 m의 높이에 2.4～6 m의 너비가 확보되어야 한다.

기계적 반전(反轉 : turning)은 주로 정면 적재기(front-end loader)나 특별히 설계된 기계로 행해진다. 퇴비단식 퇴비화의 전형적인 예는 그림 5-18, 5-19와 같다. 앞에서 언급했듯이 퇴적단의 크기는 퇴비화공정 동안 충분한 열이 발생할 수 있어야 하고, 퇴적더미의 깊은 부분까지 공기가 주입되어야 한다. 퇴적단은 퇴적더미의 뒤집기가 용이하도록 단단한 지표면에 조성하도록 한다.

퇴적더미의 뒤집는 장치는 오거(auger), 패들(paddle), 타인(tine)이 결합되어 있다. 퇴적더미를 뒤집을 때 주기적으로 물을 보충해 주기도 하는데, 이때 퇴적더미 내의

그림 5-18. 퇴비단식 퇴비화
(Animal Manure Management, 2011)

그림 5-19. 퇴비단 터널의 표면을 높이고 있는 퇴비단식 퇴비화
(On Farm Composting Handbook, 1992)

열이 대기중으로 방출된다. 만약 퇴적더미 내부의 산소농도가 낮으면 퇴적더미를 뒤집는 동안 악취가 발생할 수도 있다. 그리고 퇴비화 과정 중 발생되는 침출수는 반드시 재처리하여야 한다.

③ 기계식 퇴비화

기계식 퇴비화(in-vessel composting)는 적절한 교반, 통기, 습도를 유지하기 위해 용기(vessel)나 컨테이너(container) 구조물 안에서 행해지는 모든 종류의 퇴비화를

그림 5-20. 자동화된 퇴비화 시스템 - 기계식 퇴비화
(Animal Manure Management, 2011)

그림 5-21. 가금분뇨를 처리하는 기계식 퇴비화
(Animal Manure Management, 2011)

일컫는다. 드럼(Drum), 사일로(silo), 분해 빈(digester bin), 터널은 기계식 퇴비화의 대표적인 형태이며, 단일 또는 다단 공정단위로 구성될 수 있다. 용기 자체가 회전되거나, 그렇지 않은 경우 기계적인 교반으로 처리하고자 하는 재료를 이동시킨다.

기계식 방식은 한 벌식(batch)으로도 이용되나 대부분이 연속 주입공정이다. 모든 기계식 방식은 용기에서 배출된 후에도 2차 퇴비화 공정이 요구된다. 각 시스템은 퇴비화 기간의 연장이나 단축은 기계적 통풍과 뒤집기에 의한다. 기계식 퇴비화 시스템의 목적은 다른 형태의 퇴비화 방식이 갖고 있는 고유의 약점을 최소화하고, 장점을 이용함으로써 다양한 퇴비화 기술들을 하나의 제어된 방식으로 결합시키는 것이다. 이 공정은 대부분의 환경에서도 적용 가능하며, 빠른 퇴비화가 가능하다는 장점이 있다.

④ 수동식 퇴비화

수동식 퇴비화(passive composting)는 재료를 간단히 퇴적하고 오랜 기간 그대로 두는 방식으로 오늘날 가장 일반적으로 이용하는 방법일 것이다. 이 방법은 퇴적더미가 일단 만들어진 후 약간의 분해활동이 일어나지만, 초기의 퇴비화 요소들은 제어되고, 전체 과정 동안 퇴비화의 조건이 유지되지 않는다.

이 과정은 퇴적더미에서 더운 공기가 방출될 때 퇴적더미 내로 찬 공기와 산소를 끌어들이는 것은 전적으로 자연환경에 의지하는데, 이것을 굴뚝효과(chimney effect, 그림 5-23)라고 한다.

그림 5-22. 수동/퇴적 퇴비화
(Animal Manure Management, 2011)

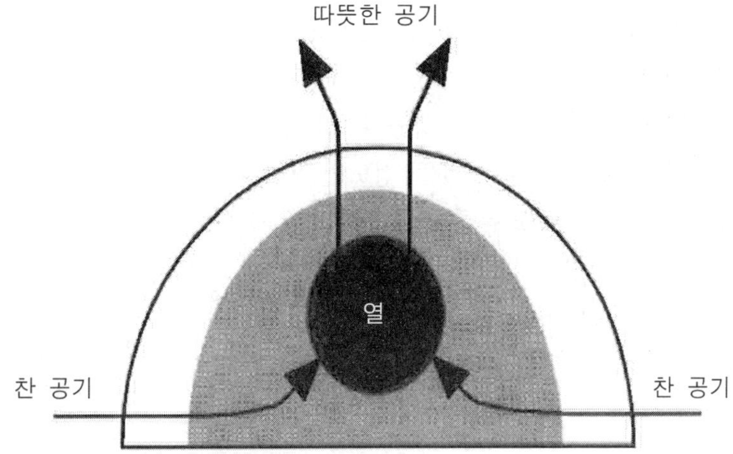


그림 5-23. 퇴적더미 내 굴뚝효과

### 나) 퇴비화에 영향을 미치는 요인들

공급 원료의 몇 가지 특성은 퇴비화 과정에서 원료의 퇴비화에 크게 영향을 미치는데, 이들은 질소에 대한 탄소의 비율(carbon to nitrogen ratio : C/N비), 수분함량, 그리고 원료의 입자크기 및 분포 등이다. 퇴비화의 재료는 활발한 퇴비화를 위하여 C/N비가 25 : 1에서 30 : 1 사이가 되도록 혼합하는 것이 이상적이다. C/N비가 이 범위 밖에 있으면 악취문제가 발생되고, 퇴비화의 기간이 더 길어질 수 있다.

수분함량은 너무 높거나 너무 낮아도 퇴비화 과정의 조건이 불량해지고, 미생물의 활성도가 떨어진다. 퇴비기질(compost matrix) 내부의 필요한 공극(孔隙 : air pore space)이 포화되지 않고, 미생물이 요구하는 수분농도를 유지하기 위한 수분함량은 40~60% 범위이다. 입자크기의 분포를 고려하면, 일반적으로 5~7.5cm 구멍을 통한 누적 통과량이 90% 정도 되는 크기가 미생물 분해를 위한 적절한 표면적을 제공하고, 산소 저장을 위한 적당한 다공성을 지녀 퇴비기질로서 적당하다.

① 시간 및 재료

퇴비화는 시간을 요하는 생물학적 과정이다. 퇴비화에 소요되는 기간은 C/N비, 수분함량, 날씨, 퇴비화 작업의 유형, 관리, 그리고 퇴비화에 투입된 재료 등 여러 가지 요인에 의해 달라진다. 처리하기 전 가축분뇨는 깔깃, 물 및 사료 폐기물이 함유되어 있으며 C/N비는 주로 분뇨와 혼합되어 있는 깔깃의 종류 및 양에 달려 있다. 일반적으로 짚류와 톱밥은 분과 뇨에 비해 탄소함량이 높고 질소함량은 낮다. 퇴비생산자는 분뇨와 깔깃의 C/N비, 밀도 및 수분함량을 분석하여야 한다. 퇴비화에 좋은 조건의 범위를 표 5-7에 요약하였다.

결과적으로 가축분뇨의 퇴비화를 위해서는 C/N비가 적당하도록 재료의 비율을 결정하여야 한다. 일반적인 기후조건에서 잘 관리된 퇴비단(windrow)이나 퇴적더미(static pile)는 퇴비화가 완성되는 데 평균 4개월이 소요되고, 보다 정교한 기계식(in-vessel) 방식(폐쇄나 개방형)은 1~4주 정도면 퇴비화 작업을 완료할 수 있다.

이러한 방식들은 퇴비화 후 보통 1~ 2개월 정도 후숙기간이 필요하다. 수분 부족,

표 5-7. 고형분뇨의 빠른 퇴비화를 위한 조건

| 조 건 | 허용범위 | 바람직한 범위 |
|---|---|---|
| C/N 비 | 20 :1~40 :1 | 25 :1~30 :1 |
| 수분함량(%) | 45~65 | 50~60 |
| 산소농도(%) | > 5 | >5 |
| 입자크기(지름, cm ) | 0.5~5.0 | 0.5~2.5 |
| pH | 5.5~8.0 | 5.5~8.0 |
| 온도(℃) | 43~66 | 54~60 |

(On-Farm Composting Handbook, 1992)

높은 C/N비, 낮은 온도, 불충분한 통기, 큰 입자, 그리고 분해되기 어려운 성분의 과잉에 의해 퇴비화의 기간이 길어질 수 있다.

퇴비의 최종 용도도 퇴비화의 기간에 영향을 미칠 수 있다. 예를 들어 경작지에 시용할 경우에는 퇴비를 시용한 후 포장에서 숙성시키면 퇴비화의 기간을 효과적으로 줄일 수 있다. 그러나 특정 시장상황에 맞게 매우 건조하거나 안정된 퇴비를 제조할 때는 퇴비화의 기간이 길어지게 된다.

② **영양물질**(C/N비)

많은 원소 중에서 탄소와 질소는 미생물에게 매우 중요한 원소로 작용하며, 또한 분해 정도를 가늠하는 중요한 지표로 이용된다. 이들의 함량비를 C/N비로 나타내게 된다. 재료에 따라 최적의 값이 달라질 수 있으나, 일반적으로 퇴비화에서 있어서 가장 이상적인 C/N비는 50 이하로 25～30 : 1이다. 만약에 C/N비가 25～30 : 1 이하일 경우에는 질소성분의 유실이 커져 암모니아 등의 발생으로 악취가 심하게 발생하게 된다. 반면에 C/N비가 25～30 : 1 이상에서는 미생물의 성장에 필요한 질소원이 부족하여 미생물의 성장에 장애를 초래하여 퇴비화의 반응속도가 느려지게 된다.

③ **통기 양**

성공적인 퇴비화 반응을 위해서 필수적인 성분이 산소이다. 미생물이 에너지를 얻기 위하여 탄소를 산화시키는 과정에서 산소를 사용하고 이산화탄소가 생성된다. 산소량이 충분치 않으면 이 과정은 혐기적으로 되고 저급지방산, 황화수소 등의 생성으로 심한 악취가 발생하게 된다. 황화수소 가스가 발생하여 계란 썩는 냄새가 나면 혐기적으로 전환되었다는 것을 알 수 있다. 반대로 산소가 너무 많으면 미생물의 산화열이 냉각되어 퇴비화 장치 내부의 온도가 올라가지 않으며, 저온에서의 분해속도는 고온에서 보다 상대적으로 더 느려지게 된다.

대기 중의 산소농도는 21%이지만, 퇴비화에 유용한 호기성 미생물은 5%보다 낮은 영역에서도 살아남을 수 있다. 따라서 가능한 내부온도의 냉각을 방지하면서 10% 이상의 산소 농도를 유지하여야 호기적 조건의 유지가 가능하다. 이러한 산소공급을 위하여 외부에서 송풍기를 통하여 공기를 공급하기도 하고, 주기적으로 퇴비더미를 뒤집기도 하는 등 여러 퇴비화 장치에서 다양한 방법으로 접근하고 있다.

퇴비화는 호기적 분해과정으로 5% 이상의 산소가 필요하므로 공기의 보충이 필요하다. 산소의 농도가 낮아지면 퇴적더미의 온도는 최적 온도인 60℃ 이하로 낮아지고 혐기상태로 전환된다. 다른 세균에 의한 혐기적 반응은 호기적 과정보다 느리고 악취유발 성분을 생산한다. 악취의 발생은 퇴비더미의 통기시기를 알려주는 좋은 지표가 된다. 퇴적더미의 반전 및 재 혼합에 의해 산소가 공급된다. 퇴적더미를 통기하거나, 콘크리트 인 베슬 시스템(concrete in-vessel system) 같은 더 복잡한 시스템에서는 송풍기를 통해 퇴적더미 안으로 공기를 공급하거나 흡입시킨다.

④ 온 도

퇴비화 과정 중 자연 발생하는 열에 의해 퇴적더미 내부 온도가 적절하게 유지되지만, 온도가 높거나 낮을 때에는 분해율이 저하된다. 보통 대형 퇴비화 시설에서는 온도제어를 하지 않지만 경우에 따라 제어가 요구된다. 일반적으로 퇴비화 과정 중 내부 온도가 70℃ 이상까지도 상승되지만, 제어 온도인 50℃~60℃로 유지되며 유기물 분해에 좋은 온도는 60℃ 정도로 알려져 있다.

퇴비화의 초기에는 미생물에 의하여 분해되기 쉬운 당류, 단백질, 지방 등이 분해되어 발열반응에 의하여 온도가 상승한다. 온도가 상승되면 반응속도는 수배로 되며 다시 온도상승을 가져온다. 온도가 높은 상태에서는 고열균이 우점종으로 나타나며, 유기물이 분해되고 수분함량이 저하되면 온도가 떨어지게 된다.

온도는 퇴비화 과정에서 미생물 활성의 지표이므로 가능하면 매일 관찰하여야 한다. 온도 측정기를 이용하여 퇴적더미의 중심을 향하여 1/3지점까지 충분히 깊게 관통하여 온도를 측정한다. 퇴적더미의 온도는 외기온도에서 시작되지만, 미생물의 증식이 시작되면서 급격히 상승한다. 퇴비화의 과정은 3단계로 구분되는데 저온성(psychrophillic)은 10℃ 미만, 중온성(mesophillic)은 10~60℃, 고온성(thermophi-

그림 5-24. 이 퇴적더미는 최적 온도인 146°F(63℃)에 있다.
(Saskatchewan Mistry of Agriculture. 2008)

phillic)은 60℃를 초과한다.

퇴비화는 미생물의 활성이 거의 없는 온도인 30℃ 이하나 퇴비화 세균이 사멸하는 60℃ 이상의 온도에서는 정지할 수 있다. 대부분의 병원균 및 잡초종자의 사멸(실험적 확인이 필요)을 위해서는 55℃로 14일 이상 유지되어야 한다. 그러나 고온유지에 실패하면 파리 및 악취문제가 발생하게 된다. 일반적으로 퇴적더미 내부의 수분이나 산소가 부족하거나 탄소원이 고갈되면 퇴비더미의 온도가 낮아진다. 표 5-8에 퇴적더미의 평균 뒤집는 횟수가 나와 있지만, 가장 좋은 접근 방법은 퇴적더미를 자주 관찰하여 퇴비화의 진행을 확인하는 것이다.

### ⑤ 수 분

수분은 미생물의 세포구성 인자로서 퇴비화 세균의 영양분 공급에 필수적이며, 미생물은 양분을 유동상태에서만 흡수할 수 있다. 유기물의 함수율이 30% 미만일 경우 미생물의 활동에 지장을 주게 된다. 또한 함수율이 높을 경우 산소의 확산을 저해하고, 공기의 통기성을 저하시켜 반응속도가 저하된다.

수분은 퇴비화 세균의 증식에 필수적이다. 너무 건조한 퇴적물은 퇴비화 과정이 정

표 5-8. 전형적인 퇴비화의 기간

| 방 법 | 퇴비화 기간 | 뒤집기 | 후숙기간 |
|---|---|---|---|
| 퇴비단식 퇴비화 | 약 4개월 | 시행하는 경우 :<br>① 온도가 60℃ 이상 올라간다.<br>② 온도가 30℃ 정도로 떨어진다. 경험상 : 첫째 달은 한 주에 한 번씩, 다음 3개월간은 2주에 한 번씩, 네 번째 및 다섯 번째 달에는 한 달에 한 번씩 뒤집은 다음에 후숙시킨다. | • 1～ 3개월<br>• 퇴적더미의 온도가 일정하게 유지되는 때가 후숙시기이다. |
| 통기퇴적식 퇴비화 | 약 4주 | 일반적으로 시행하지 않는다. | 1～ 2개월 |
| 기계식 퇴비화 | 7～ 30일 | • 베슬 및 뒤집기 장치의 종류에 따라 다양하다.<br>• 이 시스템에서는 자동화된 연속 뒤집기가 일반적이다. | 1～ 2개월 |

(Saskatchewan Mistry of Agriculture. 2008)

지될 수 있다. 너무 다져지거나 젖은 퇴적더미에서는 빠르게 악취가 발생하고 파리가 들끓을 수 있다. 경험에 의하면 수분함량이 40% 이하에서는 퇴비화 과정이 느려지고, 65% 이상에서는 물이 퇴비더미 공극(孔隙)에 존재하는 다량의 공기를 대체한다. 이런 조건에서는 공기의 이동이 제한되어 퇴적더미는 산소가 부족한 혐기상태로 이행된다.

퇴비화에 적당한 50~60%의 수분함량을 유지하는 것은 도전이 될 수도 있다. 중온성 단계(mesophillic stage)와 관련이 있는 고온은 많은 양의 수분손실을 초래하므로 퇴적더미의 적당한 수분상태를 유지하기 위해서는 반드시 물을 보충하여야 한다. 반대로 퇴적더미가 너무 젖어 있으면 짚이나 톱밥 등 수분 조절제의 보충이 필요하다.

수분 수준은 퇴비화 과정 중에 비나 눈의 형태로 더해지는 물이나 퇴적더미로 부터의 증발에 의해서도 변할 수 있다. 일반적으로 퇴적더미의 수분함량은 퇴비화가 진행되는 동안 보충되는 수분보다 증발되는 양이 더 많으므로 감소하는 것이 일반적이다. 퇴적더미는 물로 흥건하지 않고 축축하게 유지되어야 한다. 수분함량을 측정하는 가장 간단한 방법은 손으로 쥐는 시험(hand test)일 것이다. 재료를 한 줌 쥐었을 때 물이 손가락 사이로 짜져 나오면 수분함량이 너무 높은 상태이고, 촉촉한 느낌이 들지 않으면 수분이 부족한 것이다. 가장 이상적인 것은 재료를 한 줌 쥐었을 때 손안의 압착된 덩어리가 쉽게 부스러지지 않고 여전히 함께 뭉쳐져 있는 상태이다.

그림 5-25. 건초수분측정기(hay moisture probe)를 이용하여 퇴비더미의 상대함수율(relative moisture)을 측정할 수 있다. 이 퇴비더미의 수분함량은 약 45%로 적당한 수준이다. (Saskatchewan Mistry of Agriculture. 2008)

이 방법을 이용하면 퇴비더미가 매우 뜨거울 수 있으므로 퇴비를 옮길 때는 기계삽을 이용하도록 한다. 수분 측정기도 유용하게 쓰일 수 있다.

### ⑥ 입자크기, 다공성, 조직 및 질감

입자의 크기, 모양 및 균일성은 통기에 영향을 미쳐 결과적으로 퇴비화 과정에 영향을 끼친다. 퇴비화는 필수적으로 재료의 입자가 크고 비교적 균일하여야 퇴적더미 전체적으로 공기가 잔존할 수 있는 공간이 확보되어 빠르게 진행된다. 일반적으로 분뇨와 짚의 혼합물은 충분한 부피성으로 퇴비화가 성공적으로 이루어진다. 퇴비재료가 너무 빽빽한 상태에서는 적절한 퇴비화를 위한 충분한 산소의 공급을 위해 볏짚, 왕겨, 톱밥, 나무껍질 등의 증량제(bulking agent)나 수분 조절제(amendment)의 보충이 필요하다. 증량제는 종류에 따라 혼합하거나 적당한 크기로 분쇄하여 퇴비더미(compost pile)에 보충한다.

퇴비더미의 구조도 중요하다. 좋은 구조는 퇴비더미 내 공극(porosity, air space)의 유실을 방지한다. 재료의 입자를 감소시키면 표면적의 증가로 호기소화율도 증가하여 분해과정이 더욱 빨라진다. 그러나 입자가 너무 작거나 부피성이 부족하면 퇴비화 과정은 느려진다. 좋은 퇴비화를 위한 입자크기는 일반적으로 0.5~5.0cm가 적당하다. 뒤집기(turning) 후 꾸준히 열이 발생되는 퇴비더미는 퇴비가 될 때까지 계속되며 악취가 거의 발생되지 않는다. 이것은 퇴비더미 내부의 미생물이 증식하는 데 필요한 영양소와 산소가 충분함을 나타낸다.

### ⑦ 수소이온 농도

미생물은 생육에 알맞은 수소이온 농도(pH)를 가지고 있다. 일반적으로 미생물은 pH 5~9 범위에서 생육되며, 중성 부근에서 활력이 전반적으로 높아진다. 퇴비화 과정에서 관찰되는 pH의 범위는 5.5~8.5로 일반적으로 초기에는 낮게 유지되지만, 퇴비화 과정이 진행됨에 따라 약알칼리성으로 변한다.

퇴비화 반응의 초기에는 원료입자의 내부에 산소가 충분히 공급되지 않아 내부물질이 혐기적으로 분해됨으로써 저급지방산 등이 생성되지만, 시간이 지남에 따라 산소공급이 원활해지면서 분해가 활발히 진행되어 암모니아가 발생하게 된다. 이러한 암모니아의 발생이 활발해지면서 물질 내에 암모늄이온이 잔존되어 약알카리성을 띠어 pH 8 이상을 유지하게 된다.

퇴비화 과정 중 자주 발생되는 현상 중의 하나가 공기의 공급이 부족할 때 pH가 4.5 이하로 떨어지는 것으로, 이러한 현상이 발생되면 공기공급을 원활하게 함과 동시에 소석회와 같은 중화제를 사용하여 pH를 높여 주어야 한다.

### ⑧ 후 숙

퇴비화에 소요되는 기간에는 퇴비화 후에 후숙(後熟 : curing)시키고 저장하는 데 소요되는 기간도 고려하여야 한다. 퇴적더미를 반전한 후에 더 이상 온도가 상승하지 않으면 후숙시기가 된 것이다. 후숙은 식히는(cool) 과정으로 이 단계에서는 곰팡이가 퇴비화 과정에서 분해되지 않은 탄소를 분해하여 더 안정된 상태의 영양소로 만든다. 이 과정은 1~2개월 정도 소요되는데 이 기간에는 퇴적더미를 흩뜨려서는 안 된다.

표 5-9. 퇴비화 방법별 장점 및 단점

| 방 법 | 장 점 | 단 점 |
|---|---|---|
| 퇴비단식 퇴비화 | • 큰 부피 처리 가능<br>• 낮은 자본 비용<br>• 비교적 공간 효율적<br>• 높은 수준의 병원균 및 잡초 종자 사멸<br>• 악취제어 우수<br>• 제품의 안정화 양호 | • 공간 이용성 비효율적<br>• 송풍기와 팬의 운영 및 유지 보수 비용<br>• 하역(荷役) 장비 필요<br>• 폭기 시스템의 배치에 따라 운영상 어려움 발생 가능성<br>• 기후 변화에 취약(비, 눈, 가뭄, 추위) |
| 통기퇴적식 퇴비화 | • 큰 부피처리 가능<br>• 낮은 자본 비용<br>• 고온으로 빠른 건조<br>• 높은 수준의 병원균 및 잡초 종자 사멸<br>• 건조 제품으로 취급의 수월성<br>• 제품의 안정화 양호 | • 공간 이용성 비효율적<br>• 뒤집기 및 관찰에 장비(가격에서 크게 차이)와 노동이 소요<br>• 뒤집을 때 악취 발생<br>• 증량제 필요 |
| 기계식 퇴비화 | • 공간 이용성 효율적<br>• 폐쇄 및 자동화된 과정으로 퇴비화 과정의 양호한 제어<br>• 예측 가능하고 균일한 제품.<br>• 높은 수준의 병원균 및 잡초 종자 사멸<br>• 잠재적으로 악취제어 우수.<br>• 기후로부터 보호<br>• 잠재적으로 덜 노출된다.<br>• 한 벌씩(batch) 처리보다 연속과정으로 설계할 수 있다. | • 자동 반전기, 송풍기 및 모니터링 시스템을 갖춘 정교한 구성단위에 대한 높은 자본 비용<br>• 세심한 취급관리 필요<br>• 다른 방법보다 작업의 유연성이 떨어진다. |

(Saskatchewan Mistry of Agriculture. 2008)

퇴비의 사용 및 취급과 관련하여 퇴비화가 완료되었다고 간주되는 몇 가지 특성이 있다. 이러한 특성들을 표 5-9에 요약하였다. 일단 후숙된 퇴비는 필요에 따라 검사하여 분해되지 않은 혼합물이 있으면 제거한 뒤 비료성분을 분석하여 퇴비의 가치를 결정한다. 퇴비는 일정기간 동안 저장할 수도 있으므로 퇴비화 장소에 필요한 총 부지면적을 결정할 때는 저장 공간도 고려하여야 한다.

### 다) 가축분뇨 퇴비화 방법의 선택

퇴비화 방법의 선택은 특정 가축의 사육형태 및 필요와 관련이 있다. 즉, 적용되는 관리의 수준, 장비와 노동력의 유용성, 운송 및 접근을 위한 필요 공간, 요구되는 퇴

그림 5-26. 퇴비단 터너(windrow turner)

그림 5-27. 기계식(in-vessel) 퇴비화

그림 5-28. 사이드 암 퇴비단 터너(side arm windrow turner

그림 5-29. 퇴비단 퇴비화(windrow method of composting)

(Saskatchewan Mistry of Agriculture. 2008)

비의 질, 그리고 기후와 비용에 의한 잠재적 문제 등을 고려하여야 한다. 가축분뇨는 보통 퇴비단식, 통기퇴적식, 기계식 방식으로 퇴비화한 후 완성된 퇴비는 야적하여 후숙시킨다.

### 라) 생 분뇨와 퇴비의 비교

경험으로 보아 퇴비화에 의해 수분의 손실 및 입자크기의 감소로 부피가 50% 정도 줄어든다. 또한 퇴비화 과정에서 질소가 손실되지만, 손실되는 건물(乾物)량도 비슷하므로 퇴비의 질소함량은 퇴비화 전과 비슷하다. 그러나 인은 질소와 달리 퇴비화 과정에서 손실되지 않으므로 퇴비의 인 함량은 증가된다.

표 5-10. 생 분뇨와 퇴비의 비교

| | 생 분뇨 | 퇴 비 |
|---|---|---|
| 전체 무게 | 1,000 kg | 1,000 kg |
| 수 분 | 600 kg | 400 kg |
| 건 물 | 400 kg | 600 kg |
| 질 소 | 6.8 kg/tone<br>(1.7% N기준 ) | 10.2 kg/tone<br>(1.7% N기준) |
| 인 | 1.3 kg/tone<br>(0.33% P기준) | 3 kg/tone<br>(0.5% P기준) |

Saskatchewan Mistry of Agriculture, 2008

표 5-11. 트럭 한 대 분량의 생 분뇨 및 퇴비(트럭용적 : 12m$^3$)

| | 생 분뇨 | 퇴 비 |
|---|---|---|
| 습식 밀도 | 500 kg/m$^3$ | 650 kg/m$^3$ |
| 하중(荷重) | 6 톤 | 7.8 톤 |
| 습중량(濕重量) | 6,000 kg | 7,800 kg |
| 건물중량(乾物重量) | 2,400 kg | 4,860 kg |
| 질 소 | 40 kg/트럭 | 80 kg/트럭 |
| 인 | 8 kg/트럭 | 24 kg/트럭 |

Saskatchewan Mistry of Agriculture, 2008

가축의 종류, 포함된 깔깃의 종류 및 양, 사료의 종류, 동물의 연령, 퇴비화의 과정 등 많은 요인들이 퇴비의 영양소 함량에 영향을 주므로 퇴비화 된 가축분뇨의 최종 영양소 함량을 예측하는 것은 쉽지 않다. 퇴비의 정확한 성분함량은 실험실 분석에 의해 얻을 수 있는데, 이것은 퇴비의 시용수준을 계산하는데 중요한 정보가 된다. 표 5-10 및 5-11은 완성된 가축분뇨퇴비와 처리되지 않은 분뇨의 부피, 질소 및 인 함량, 운송의 차이점을 보여주고 있다.

### 마) 장소 선정

성공적인 퇴비화를 위해 적절한 장소의 선정은 매우 중요하다. 좋은 장소를 선정하기 위해서는 토양의 형태, 지형, 수원(水源)의 위치, 처리 및 운반에 대한 접근성, 이웃과의 거리, 풍향, 그리고 시각적 관점에 대한 고려가 필요하다. 단지 최소한의 개발만으로도 퇴비화의 조건에 알맞은 장소가 있는 반면에 더 많은 토목공사가 필요한 장소도 있다. 그리고 시설의 운영적인 면에서는 연중 축사를 깨끗이 유지하고 가축분뇨 퇴적더미는 가능하면 벽으로 차단하거나 덮개를 씌워야 한다.

처리의 간소화를 위해 퇴비화 시설은 분뇨발생 장소와 가까운 위치에 있어야 한다. 그리고 비록 잘 관리되고 있는 퇴비장소라 하더라도 적어도 퇴비화 초기에는 악취가 발생하므로 퇴비장소를 선정할 때는 풍향 및 가까이 있는 이웃이 고려되어야 한다. 지형도 중요하다. 퇴비화 시설이 경사진 곳에 위치하는 것은 유거수(run- off) 문제가 있을 수 있고, 함몰지대에는 유거수와 퇴비로 포화될 수 있으므로 이런 장소는 피해야 한다.

일반적으로 퇴비화 및 숙성 장소는 하층토(下層土)가 점토(clay: 粘土)나 경점토(硬粘土 : till)인 곳에 위치하여야 한다. 퇴비화 시설의 장소는 배수가 되도록 약간 경사져 있어야 한다. 유거수는 본래 비탈의 턱에 고이거나 정체되는 특성이 있다. 강우량이 많은 지역에서의 퇴비화 시설은 과다한 유거수나 용탈이 발생되지 않도록 덮개를 씌울 필요가 있다. 적절한 위치선정과 설계에 의해 유거수나 침출수에 의한 지하수나 지표수의 오염을 최소화할 수 있다.

퇴비화 방법의 선택은 필요한 공간의 크기에 영향을 미친다. 퇴비단식 공법(windrow method)이 가장 넓은 면적을 필요로 하고, 그 다음이 통기퇴적식 퇴비화이며, 기계식 퇴비화 방법이 가장 작은 면적을 필요로 한다. 퇴적더미의 크기도 토지 요구면적에 영향을 미친다. 큰 퇴적더미는 부피에 대한 표면적의 비율이 낮기 때문에 소요면적이 적게 필요한 대신에 관리가 더 어렵고, 잠재적으로 더 크고 더 전문화된 장비가 필요하다.

그 외에도 퇴비의 비축, 작업 통로, 유거수 방지시설, 후숙과 저장을 위한 공간이 필요하다. 일반적으로 후숙장소는 퇴비화 시설 소요면적의 절반 정도가 필요하고 저장 장소의 크기는 퇴비의 저장기간에 따라 달라진다. 가축분뇨 저장장소를 설계할 때는 반드시 퇴적더미 주변에서 장비가 작업하기에 충분한 공간을 확보해야 한다. 가능하면 시각적 완충지역 조성에 바람직한 식재(植栽)나 시각적 차폐시설의 설치를 위한 여유 공간이 필요하다.

### 바) 필요 면적의 결정 및 퇴비장 구획 배치

① 퇴비장: 퇴비장의 면적은 처리할 가축분뇨의 양, 퇴적더미나 퇴비단의 모양과 길이, 그리고 가동장비에 따라 달라진다.

② 후숙과 저장: 후숙(curing)과 저장에 필요한 면적은 퇴비의 양, 퇴적더미의 높이 및 간격, 퇴비가 후숙되고 저장되는 기간에 따라 달라진다. 생산된 퇴비의 부피는 일반적으로 퇴비화에 쓰인 본래의 양에 비해 약 절반으로 줄어든다. 후숙시키는 데 필요한 면적을 계산할 때는 차량에 의한 적재 및 운송도 고려하여야 한다.

③ 퇴비화와 후숙에 어느 정도의 공간이 필요할까?

표 5-12는 사육하는 가축의 종류별 퇴비화 및 후숙에 필요한 면적의 계산치를 보여주고 있다. 이 계산은 다음에 의한다.

- 퇴비단의 높이 및 너비는 각각 1.8m 및 3.7m로 한다.
- 퇴비단은 0.6m 간격으로 둘씩 짝을 지어 그룹으로 나란히 배치한다.
- 퇴비단의 각 쌍은 6m 간격으로 떨어져 배치한다.

표 5-12. 퇴비화 및 후숙에 필요한 면적

| 가축 종류 | 마리 수 | 면적(m) | 분뇨생산(개월) | 분뇨량 (L/일/마리) |
|---|---|---|---|---|
| 암소 / 송아지 | 100 | 55 × 55 | 6 | 63 |
| 육성우 | 1,000 | 110 × 110 | 8 | 25 |
| 브로일러 | 100,000 | 45 × 45 | 4 | 0.07 |
| 육성돈 | 1,000 | 70 × 70 | 4 | 18 |

Saskatchewan Mistry of Agriculture, 2008

- 퇴비더미 주변의 장비 가동에는 3m가 필요하다.
- 후숙에 필요한 면적은 퇴비화 지역 공간의 1/4을 차지한다.
- 정면적재기(front-end loader)가 퇴비를 뒤집고 운송할 수 있는 공간이 필요하다.

그림 5-31은 100마리의 소(cow/calf) 사육장을 가정한 경우를 보여주고 있다. 이런 표와 그림은 단지 참고 자료일 뿐이다. 실제 필요한 면적은 발생되는 분뇨의 양,

그림 5-30. 퇴비단 퇴비화

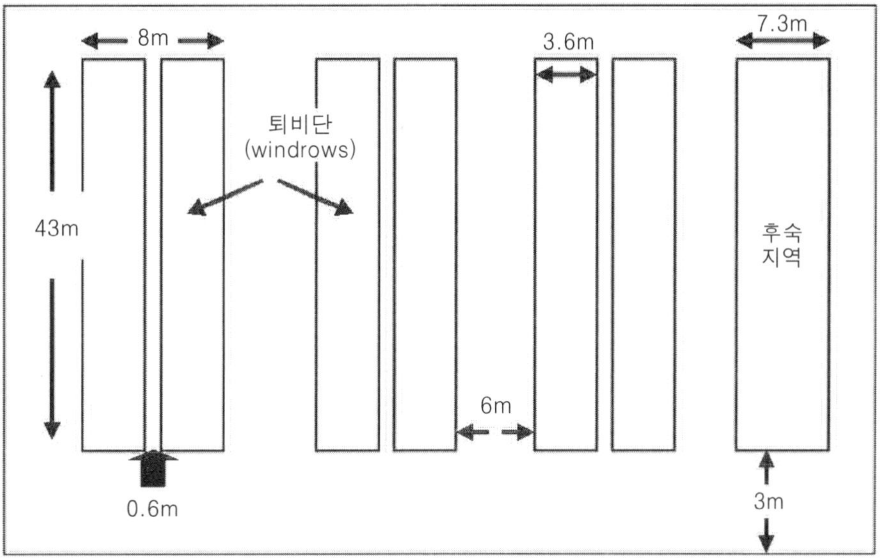


그림 5-31. 퇴비단 퇴비화에 대한 일반 배치
(Saskatchewan Mistry of Agriculture, 2008)

청소의 빈도, 통기의 빈도, 퇴비단의 높이와 너비, 퇴비단의 간격, 장비의 종류, 후숙 퇴적더미의 높이, 퇴비화 및 후숙 지역의 배치에 따라 달라진다.

### 사) 퇴비의 질

퇴비의 질은 실험실에서의 실험에 의해 측정될 수 있다. 좋은 퇴비는 낮은 수분함

표 5-13. 퇴비의 분류

| 퇴비의 품질 기준 | A등급 퇴비 | B등급 퇴비 |
|---|---|---|
| 퇴비 시용을 제한 | • 모든 유형의 시용에 사용할 수 있다.<br>• 농지, 주택 정원, 묘목장, 그리고 원예업 | 제한된 사용 : 규정에 따라 제어될 수 있다. |
| 미량원소(微量元素)<br>mg / kg(ppm)<br>풍건기준<br>(최대 허용수준) | 비소(砒素), As 13<br>카드뮴, Cd 3<br>코발트, Co 34<br>크롬, Cr 210<br>구리, Cu 100<br>수은, Hg 0.8<br>몰리브덴, Mo 5<br>니켈, Ni 62<br>납, Pb 150<br>셀레늄, Se 2<br>아연, Zn 500 | Arsenic, As 75<br>카드뮴, Cd 20<br>코발트, Co 150<br>크롬, Cr 언급되지 않음<br>구리, Cu 언급되지 않음<br>수은, Hg 5<br>몰리브덴, Mo 20<br>니켈, Ni 180<br>납, Pb 500<br>셀레늄, Se 14<br>아연, Zn 1,850 |
| | A 및 B등급 퇴비 | |
| 후숙기(後熟期) | 퇴비는 다음 중 두 가지가 충족되면 후숙된 것으로 간주한다.<br>• C / N비가 25 : 1<br>• 산소흡수속도가 150 mg $O_2$ / kg 휘발성 고형물질/시간 이상<br>• 갓(cress)이나 무(radish) 씨앗의 발아율이 90% 이상<br>• 후숙시키는 21일간 상온에서 20℃ 이상 재발열 되지 않아야 한다. | |
| 이물질 | 퇴비는 어떤 경우에도 3 mm 이상 크기의 날카로운 이물질이 함유되지 않아야 한다. 이것은 퇴비의 저장이나 시용과정에서 사람, 동물 및 식물의 부상이나 손상을 초래할 수 있다. | |
| 병원균 | • 분변계 대장균(fecal coliform)의 양이 건물기준으로 총 고형물의 1,000 MPN/g(Most Probable Number per gram) 이하여야 한다.<br>• 살모넬라균이 검출되지 않아야 한다(<3 MPN/4g 총 고형물). | |

Saskatchewan Mistry of Agriculture, 2008

량, 검정에서 암갈색, 흙냄새, 높은 경작 적성(질감 및 입자크기 때문), 그리고 균일하고 안정된 영양소 함량 등이 그 특징이다. 퇴비화 기간, 저장조건 및 퇴비화의 재료도 생산된 퇴비의 질에 영향을 미친다. CCME(Canadian Council of Ministers of the Environment)에서 4가지 기준, 즉 퇴비의 안전성과 질, 숙기, 이물질, 그리고 미량성분과 병원균에 기초하여 퇴비의 질을 평가하는 기준을 발표하였는데 참고로 가이드라인을 표 5-13에 요약하였다.

### (3) 지렁이 퇴비화

지렁이 퇴비화(worm composting : vermicomposting)는 분해되기 쉬운 유기물을 안정시켜 가치가 높은 식물 영양원 및 토양 개량제로 변화시키기 위해 지렁이와 미생물을 이용하는 과정이다. 지렁이는 동물의 분뇨, 농산부산물, 산업 유기부산물, 정원 쪼가리들(yard trimmings), 음식물 찌꺼기, 파지(破紙), 오니(汚泥) 등을 포함해 대부분의 유기물들을 소비한다. 전 세계적으로 4,000종(種 : species) 이상의 지렁이 중 오직 6종의 지렁이가 퇴비화에 이용되는데, 그 중 주로 이용되는 지렁이는 보통 줄지렁이(red wiggler)라고 불리는 *Eisnenia fetida*이다.

#### 가) 지렁이 퇴비화 시스템의 선택

지렁이를 이용하여 다량의 유기적 잔류물을 처리하기 위해 토지 및 노동 집약적인 기술에서부터 완전히 자동화된 최첨단 시설까지 다양한 방법들이 이용되고 있다. 시설의 종류는 퇴비단(windrow), 단(壇 : bed), 통(bin), 자동 생물반응장치 등이 있다. 지렁이를 이용한 퇴비화 시설을 선택할 때는 다음의 사항을 참고하도록 한다.

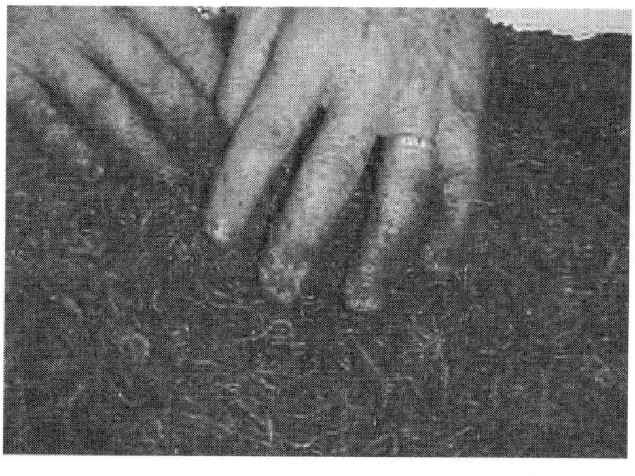

그림 5-32. 지렁이 퇴비화

(Animal Manure Management, 2011)

- 투입되는 원료의 총량
- 가용자금
- 장소 및 공간의 제한
- 기후와 기상
- 지역의 규제 제한
- 시설 및 장비의 보유량
- 저가 노동의 이용 가능성

### 나) 지렁이 퇴비화의 장점

지렁이의 똥은 그들의 소화관에서 분비된 점액으로 덮여 있다. 이 점액층은 토양미생물이 이용하기 쉬운 탄소원(炭素原)을 제공하여 신선한 똥에서 미생물활성(微生物活性)을 왕성하게 한다. 그리고 지렁이 이용 퇴비(vermicompost)는 토양구조를 개선하고 침식을 줄여주며 토양의 산도를 개선하여 안정시킨다. 또한 지렁이 퇴비는 토양의 수분 침투를 증가시키고, 토양의 수분 보유능력을 향상시킨다.

지렁이 퇴비는 식물의 성장을 크게 증진시킨다. 이것은 차 재배(vermicompost tea)를 위한 토양 첨가제로 쓰이거나 토양을 쓰지 않는 원예농업에서 배지(培地 : container media)의 성분으로 사용된다. 또한 이것은 씨앗의 발아시기를 앞 당겨 묘목이 더 빨리 자라게 하고, 잎이 더 크게 자라게 하며 더 많은 꽃, 과실이나 채소가 생산되도록 한다. 이러한 효과들은 식물성장 배지 전체 양의 10～40% 정도일 때 적은 양을 잘 섞어서 사용할 때 가장 크다. 또한 지렁이 이용 퇴비는 식물 병원균(plant patho-

그림 5-33. 돼지분뇨 지렁이 퇴비화 (Vermicycle Organics, Tarboro, NC)

그림 5-34. 유우분뇨 지렁이 퇴비화 (Worm Power, Geneseo, NY)

그림 5-35. 순무우(turnip) : 0%, 10%, 20% 지렁이 퇴비 이용
(Biological & Agricultural Engineering NC State University)

gen), 기생선충(寄生線蟲 : parasitic nematode) 그리고 절지동물 해충(arthropod pest)도 감소시켜 준다.

### (4) 바이오가스와 혐기성 분해

농장에서 바이오가스(biogas) 생산은 농민에게 오랜 기간 동안 흥미로운 주제가 되어 왔으며, 바이오가스 생산의 역사적 기록은 수백 년을 거슬러 올라간다. 현대의 가축생산 체계에서 바이오가스의 생산은 다음과 같은 이점이 있어 매우 중요하다.

- 재생 가능한 에너지의 제공
- 악취 감소
- 온실가스 배출의 감소
- 병원균 억제
- 유기폐기물의 생물안정화(biostabilization)

그러나 바이오가스 생산은 수반되는 환경적 이익과 다른 부산물이 고려되지 않을 경우에는 경제성의 타당함을 입증하기 어려울 때도 있다.

### 가) 혐기성 소화조와 여과장치

혐기성 소화조(嫌氣性消化槽, anaerobic reactor)는 산화지(lagoon)보다 훨씬 통제된 조건에서 박테리아에 의한 유기물의 분해를 최대로 유지할 수 있게 계획되고 관리된다. 완전한 혐기성 소화공정은 그림 5-36과 같다. 분뇨의 처리에 이용되는 가장 일반적인 혐기성 소화조는 플러그 플로 소화조(plug-flow reactor)이다.

이 시스템에서는 분뇨가 소화조의 한쪽 끝으로, 투입되고 배수(排水)는 다른 쪽 끝

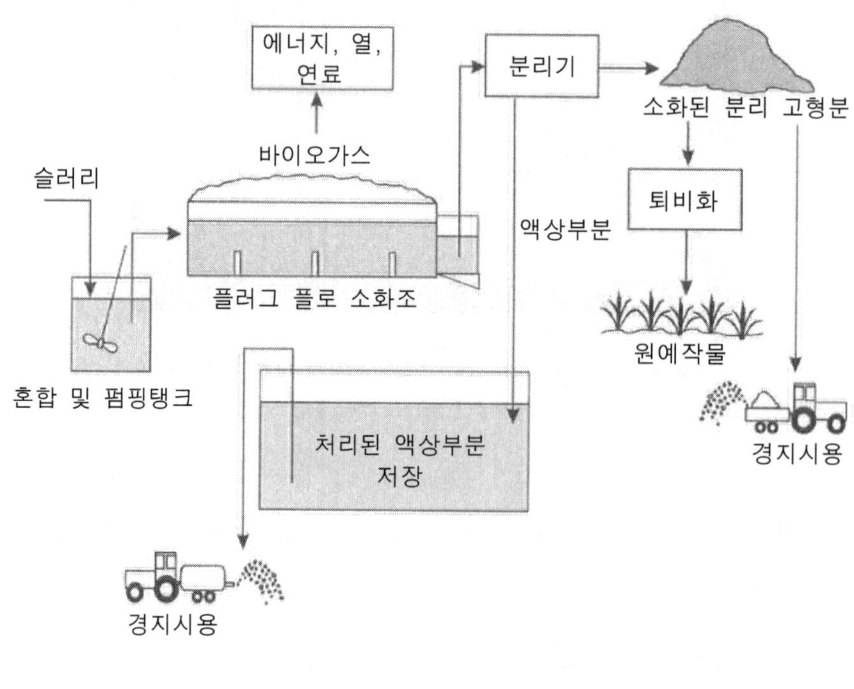


그림 5-36. 전형적인 혐기분해 시스템에서 플러그 플로 소화조 (plug- flow reactor, plug- flow digester)

선택적 분리 및 분해된 고형물의 퇴비화를 보여주고 있다(Jacobson et. al., 2000).

으로 넘쳐흘러 저장시설로 들어간다. 배수에 함유된 고형물은 액체로부터 분리하여 퇴비로 활용할 수 있다. 그 외 혐기성 소화조로 완전혼합소화조, 접촉소화조, UASB (upflow anaerobic sludge blan-ket) 공법 등이 있다.

혐기성 소화조는 그 내부에서 유기물의 혐기성 분해가 일어나는 밀폐된 용기(vessel)나 컨테이너이다. 분해기 안의 박테리아는 분뇨를 연료로 이용하는 과정에서 부산물로 바이오가스를 방출한다. 이 과정을 혐기성 소화라 하고, 밀폐된 통이나 컨테이너를 보통 혐기성 소화조라 한다. 혐기성 소화는 개방되어 있거나 밀폐되지 않은 늪, 습지, 오수처리 산화지(wastewater lagoon) 등에서도 일어난다.

오늘날, 선진국의 많은 농부들이 퇴비의 질을 향상시키고, 분뇨에서 발생되는 냄새를 줄이며, 메탄의 에너지를 쉽게 이용하기 위해 혐기성 소화조를 최우선적으로 사용한다. 그리고 에너지의 가격 상승으로 혐기성 소화를 이용한 보충 열과 전기를 발생시키는 방법에 대한 관심이 더 높아지고 있다. 이런 측면에서 혐기성 소화조는 전기와 석유 연료를 구하기 어렵거나 감당할 능력이 안 되는 개발도상국의 농촌 지역에서 적합한 기술이다.

### 나) 바이오가스

바이오가스(biogas)는 유기물의 혐기성 분해에 의한 부산물이다. 농장에서 발생되는 유기물은 다양하지만, 주로 동물 분뇨나 다른 농산폐기물이다. 바이오가스의 가장 중요한 성분은 메탄(methane)으로, 메탄은 요리를 위한 화덕(furnace)이나 심지어 엔진 연료로도 쓰일 수 있는 인화성 가스이다. 그 외에도 바이오가스는 이산화탄소, 소량의 수소, 황화수소, 질소, 그리고 수증기도 포함하고 있다.

- 바이오가스의 성분

바이오가스는 대체로 60%의 메탄과 40%의 이산화탄소 그리고 낮은 수준의 황화수소와 다른 가스들로 구성되어 있다. 이러한 가스들은 산소를 치환할 수 있다.

#### ① 메 탄

메탄(methane)은 공기보다 가벼워 건물의 위쪽 공간으로 모인다. 이것은 5~15% 농도에서 폭발성을 가진다. 비록 메탄이 독성 가스는 아니지만, 메탄은 밀폐된 공간에서 공기를 대체하여 산소 부족의 환경을 만들 수 있다. 이것이 메탄에 의한 질식사를 초래하는 원인이다.

#### ② 이산화탄소

이산화탄소(carbon dioxide)는 공기보다 무거운 무취의 가스이다. 정지된 공간에서 이산화탄소는 바닥 근처에 층을 이룰 수 있다. 이산화탄소의 약간 높은 수준에서는 맥박수와 호흡수가 증가한다. 그리고 이보다 더 높은 수준에서는 혈류의 산소 공급을 방해하여 혼수상태나 죽음을 초래할 수 있다.

### ③ 황화수소

황화수소(hydrogen sulfide)는 공기보다 무거운 높은 독성을 가진 가스이다. 이 가스는 아주 낮은 수준에서 썩은 달걀과 비슷한 냄새가 나며, 눈에 염증을 일으키기도 한다. 위험한 수준에서는 후각을 마비시켜 호흡마비를 초래한다. 그러므로 말 그대로 급사할 수 있는 위험하고 치명적인 수준에서도 그 위험성을 경고하는 냄새는 없다는 것을 의미한다. 표 5-14는 황화수소가 사람의 건강에 미치는 영향을 보여주고 있다.

### ④ 암모니아

암모니아(ammonia)는 공기보다 가벼운 가스이며, 몹시 자극적인 냄새를 갖고 있어 눈과 호흡기를 자극할 수 있다. 암모니아는 혈류에서 산소를 대체할 수 있다.

## 다) 혐기성 소화조의 형태

혐기성 소화조는 외관상 간단한 흙 라군(earghen lagoon)에서 부터 강철과 콘크리

표 5-14. 황화수소의 인간 건강에 대한 영향

| 농도(ppm) | 건강에 미칠 수 있는 영향 |
|---|---|
| 0.01~0.3 | 냄새 감지 가능 |
| 1~10 | 강한 냄새<br>메스꺼움<br>눈 물<br>두 통<br>수면부족 |
| 10~150 | 눈에 자극<br>폐에 자극 |
| 150~750 | 심각한 건강 영향<br>죽음의 가능성이 높아짐 |
| >750 | 몇 분 내에 죽음을 초래할 수 있음 |

트 복합 구조물까지 모양과 크기가 다양하다. 대부분의 상업 농장의 소화조는 두꺼운 플라스틱 커버를 갖춘 콘크리트 탱크로 땅에 묻혀있는 것이 일반적인 형태이다.

### 라) 혐기성 소화조의 작동

혐기성 소화조로 들어가는 신선한 바이오매스(biomass)는 혐기성 세균이 엄청나게 풍부한 기존의 분해된 바이오메스로부터 혐기성 세균을 공급받는다. 소화조(digester tank)는 혐기성 세균이 바이오메스를 고형물, 물, 그리고 바이오가스(biogas)로 분해하는 데 도움이 되는 환경을 제공한다. 일반적으로, 혐기성 소화는 좋은 환경(온도, 수분함량, 산소배제, pH)을 요구하는 살아있는 과정으로 미생물이 잘 자라기 위해서는 꾸준한 영양소의 공급이 필요하다.

그림 5-37. 커버로 덮인 라군 소화조(lagoon digester)
(Animal Manure Management, 2011)

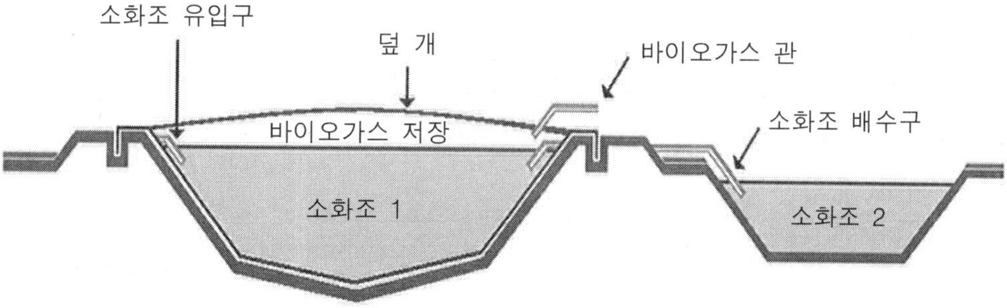


그림 5-38. 커버가 되어 있는 혐기 라군 모식도

농장에서 혐기성 소화에 가장 적절한 재료는 가축분뇨이지만, 그 외에도 음식 찌꺼기, 임업 잔여물, 동물가공 폐기물, 농작물 등 거의 모든 종류의 유기물들은 이용될 수 있다.

### 마) 혐기성 소화조의 문제점

혐기성 소화조에서 발생될 수 있는 가장 큰 문제점은 소화조의 pH가 너무 낮게 떨어질 때일 것이다. 일반적으로 산 생성균(酸生成菌)은 메탄 생성균보다 더 빨리 자란다. 산 생성균이 메탄 생성균에게 적합하지 않은 수준까지 pH를 떨어뜨릴 수 있으므로 그에 따라 메탄 생성균의 활동은 억제된다. 이것을 산성화(souring)라 하는데, 혐기성 소화조의 고장이나 실패를 초래한다.

그림 5-39. 1,000마리의 젖소에서 발생되는 분뇨를 이용해 2,270 $m^3$의 바이오가스를 생산하는 플러그 흐름 소화조(plug-flow digester)이다.
(Animal Manure Management, 2011)

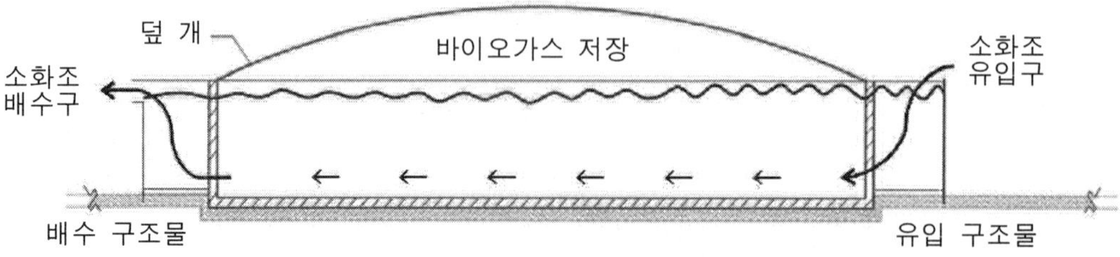


그림 5-40. 플러그 흐름 소화조의 모식도

그러나 대부분의 경우에 pH는 자동으로 조절되지만, 때로는 일정한 pH를 유지하기 위하여 중탄산염(bicarbonate)이 쓰이기도 한다. 소화조의 최적 pH 범위는 6.8~8.5이다. 이미 산성화되어 버린 소화조를 재가동하는 것이 쉬운 일이 아니다.

일반적인 접근 방법은 소화기를 열어 산성화된 재료를 꺼낸 후 다시 채워 소화기를 재가동하는 것이다. 이것은 비용과 노동이 소요되는 일이므로 가능하면 피해야 한다. 그리고 바이오가스를 다루는 데에는 폭발, 질식, 질병 또는 황화수소 중독의 위험

그림 5-41. 완전혼합 소화조(complete mix digester)

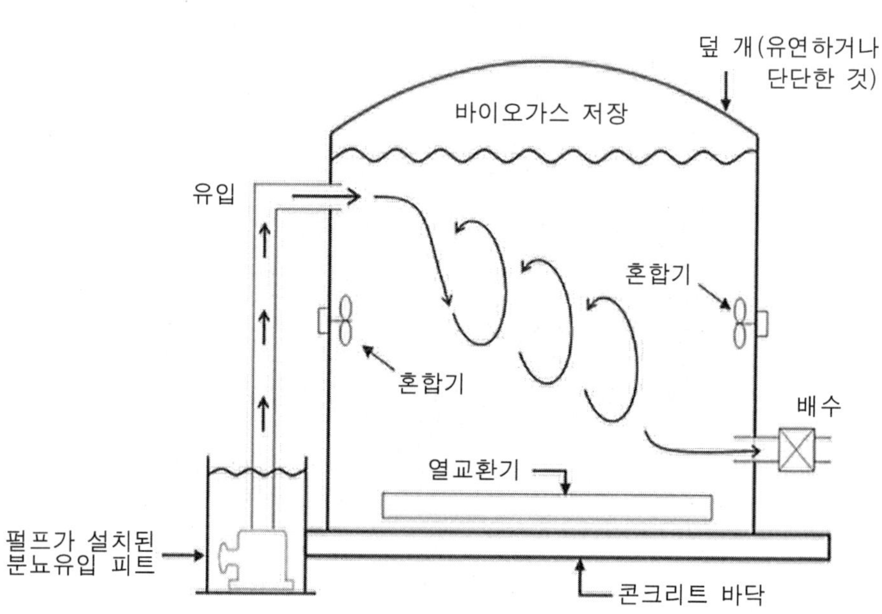


그림 5-42. 완전혼합 소화조의 모식도

이 있으므로 운전하는 사람은 반드시 잠재적인 위험요소를 염두에 두고 예방책을 세워야 한다.

### 바) 바이오가스의 용도

혐기성 소화공정에서 발생된 바이오가스는 깨끗하고 환경 친화적인 재생 가능한 연료이다. 이 연료는 엔진, 발전, 난방 및 급탕 설비, 심지어 냉동에도 사용할 수 있다.

그림 5-43. 낙농 축사에서 배출된 분뇨는 자동으로 모아져 혐기성 소화조로 옮겨진다.

그림 5-44. 유우 1,000두에서 발생되는 분뇨 소화조에서 발생된 바이오가스를 사용한 발전기

### 사) 혐기성 소화조와 바이오가스 안전

분뇨가 혐기성으로 소화될 때 생산된 바이오가스는 주로 메탄과 이산화탄소이며 적은 양의 황화수소, 암모니아, 그리고 다른 가스들이 있다. 이 가스들은 저마다 안전 문제를 가지고 있다. 종합적인 바이오가스의 위험에는 폭발, 질식, 질병, 그리고 황화수소 중독이 포함된다. 바이오가스와 함께 작업할 때는 극단적인 주의가 필요하다. 적절한 환기, 적절한 예방조치, 안전한 작업절차, 공학적 제어수단, 그리고 적절한 개인용 보호구에 의해 바이오가스와 관련된 손상을 최소화할 수 있다. 가능하면 분해와 관련된 작업 및 유지를 할 때는 피트(pit)를 포함하여 한정된 공간에 혼자 들어가지 않는 것이 좋다.

#### ① 바이오가스 위험

㉠ 화재 및 폭발

바이오가스의 약 60%를 차지하는 메탄(methane)은 공기중에서 폭발성 혼합물 형태로 존재한다. 공기중에 바이오가스가 10∼30%를 차지하면 폭발 위험이 있다. 2003년에 캐나다의 양돈장에서 발생한 여러 건의 바이오가스 폭발은 메탄이 원인인 것으로 알려졌다(Choinière, 2004). 황화수소 및 암모니아도 폭발 가능성이 있다.

바이오가스에 의한 폭발 위험이 있으므로 소화조 가까이에서 불꽃을 사용하면 안 된다. 또한 대형 엔진이나 발전기 등과 같은 장비는 불꽃에 의해 가스에 점화될 위험이 없는 환경에 적합해야 하고, 비점화 도구뿐만 아니라 방폭(防爆) 장비 및 전기 서비스(electrical service)가 바이오가스 생산 소화조 주위에 비치되어 있어야 한다. 그리고 소화조 또는 관련된 바이오가스 라인 및 장비 근처에서는 금연해야 한다.

㉡ 질 식

바이오가스로 인한 질식은 가축분뇨가 저장되어 있는 밀폐공간에서의 문제이다. 밀폐된 공간에서 돼지의 분뇨가스에 의해 사망한 세 사람의 사례도 보고되어 있다(Osbern & Crapo(1981). 지붕이 없는 분뇨 피트에서도 공기를 분뇨 위로 밀쳐내고 산소가 결핍된 공간을 초래할 만큼 충분한 양의 메탄을 생성해 낼 수 있다.

분뇨가 저장되어 있는 시설이나 자연 환기 정도가 미흡하여 폭발의 위험이 없다고 충분히 확신할 수 없을 정도로 바이오가스의 유출이 의심되는 곳은 절대로 들어가서는 안 된다. 발생된 일부 가스는 공기보다 무거우므로 시설에 공기를 쏘이는 것만으로 안전을 보장해 주지는 않는다. 만약 이러한 시설에서 의식을 잃은 사람을 발견한다면 당신도 압도될 수 있으므로 들어가서는 안 된다. 응급서비스에 연락하여 독립적 호흡장치(self-contained breathing apparatus : SCBA)를 착용한 소방관이 안전하게 구조할 수 있게 하여야 한다.

㉢ 질 병

바이오가스는 분뇨의 혐기성 발효에 의해 생산되는데, 동물의 분뇨는 박테리아와 바이러스를 가지고 있고, 기생충도 함유할 수 있다. 이 중 일부는 감염원이 될 수 있다. 가축분뇨를 다룰 때에는 개인적 보호 장비를 착용하여 분뇨와의 직접적 접촉을 피하는 적절한 예방책을 강구해야 한다.

소화조 주변에서 작업한 후에는 잘 씻도록 한다. 특히 눈이나 다른 점막을 만지기 전이나 무엇을 먹거나 마시기 전에 반드시 손을 씻도록 한다. 분해설비를 깨끗하게 유지함으로써 분해시설에서 파리의 증식 및 악취발생이 줄어들 뿐만 아니라 질병의 위험성도 감소될 것이다.

아) 혐기성 분해의 환경적 이익

어떤 농장이든지 이용되는 분뇨처리 시스템은 각자 다른 기능과 목적을 위해 다양한 구성요소로 이루어져 있다. 혐기성 소화조는 단지 시스템 중 한 개의 구성요소일지라도 전체 시스템의 친환경성과 효율을 크게 향상시킬 수 있다. 혐기성 소화의 주 효과는 유기물이 바이오가스로 전환되는 것이다. 이 전환은 환경 및 관리 측면에 있어 잠재적으로 많은 부수적 이익을 가져다준다.

① 악취 감소

유기물의 제거로 소화조가 하류의 분뇨처리 구성요소에 부하되는 유기물 및 관련 산소 소비량을 감소시킨다. 이로써 하류의 구성요소들은 더 작아질 것이고 더 효율적으로 작동되어 환경적인 영향이 줄어들게 된다.

혐기성 전처리는 기계식 통기(mechanical aeration)에 비해 혐기저류조(anaerobic lagoon)를 호기저류조(aerobic lagoon)로 전환하는 것이 더 경제적인 방법이다. 소화 배출수(digester effluent)는 생 분뇨(raw manure)보다 더 안정적이다. 이 배출수는 더 안정적인 유기물을 함유하고 있어 휘발성 악취성분이 더 적다. 그러므로 소화배출수를 저장하여 토양에 시용하는 것은 생 분뇨에 비해 악취발생을 크게 감소시킨다.

② 분해된 고형물의 이용

분뇨 고형물은 혐기성 소화를 통해 안정된다. 일단 반응했던 것과 부분적으로 소화된 물질은 안정적인 미생물 생체량(microbial biomass) 및 침전 영양소로 되지만, 대부분의 영양소는 액체와 함께 남아 있다. 분해된 고형물은 건조 및 운송 잠재력이 생

분뇨보다 훨씬 향상된다. 분해된 고형물은 재활용되어 농장에서 깔깃이나 토양 계량제로 사용할 수 있다. 또한 소화된 고형물은 수분함량이 감소되므로 먼 거리에 있는 농장에 판매할 수 있을 뿐만 아니라 퇴비화로 시장에서 바로 팔리는 부가가치가 향상된 제품이 될 수 있다.

③ 식물영양소

분뇨가 혐기적으로 소화되는 동안 식물 영양소들이 보존되고 다른 형태로 바뀐다. 암모늄(ammonium)은 분뇨 단백질로부터 만들어진다. 이것은 유용한 것이 될 수 있으나 불쾌한 것이 될 수도 있다. 만약 암모늄이 풍부한 소화배출수를 토양에 곧바로 주입하면 식물성장에 매우 유용하다. 반면에 소화배출수가 혐기적 환경에 저장되면 암모늄은 암모니아가스로 변환되어 대기로 빠져나갈 수 있다. 소화조도 환원환경(還元環境)이므로 스투루바이트(struvite)로서 침전을 통한 암모늄과 용해성 인산(soluble phosphorus)의 포획 잠재성이 있다.

혐기적으로 분해되는 동안 많은 금속들이 침전된다. 황은 황화수소로 환원되어 황화수소 가스로 빠져나갈 수 있으므로 일반적으로 나쁜 것이다. 그러나 소화조의 환경은 잘 조종될 수 있으므로 황화수소는 니켈과 아연 같은 잠재적으로 해로운 금속들과 함께 침전된다.

④ 온실가스

혐기성 소화는 온실가스 배출량을 줄인다. 이것은 역설적일 수 있지만, 생산된 바이오가스에 포함된 메탄이 강력한 온실가스이다. 혐기성 소화조는 메탄을 포획하는 제어된 환경이다. 포획된 후 메탄은 즉시 연료로 쓰이거나 전기나 열을 발생시키는데 사용된다.

연소 중 형성되는 이산화탄소는 기존 메탄보다 열차폐(熱遮蔽 : heat trapping) 잠재성이 낮다. 그리고 이것은 근본적으로 대기중 탄소로 재순환된다. 메탄의 산화를 통해 대기로 방출되는 것은 한때 대기중의 이산화탄소로부터 광합성을 통해 형성된 식물 재료였다. 에너지 생산을 위해 사용될 때 바이오가스는 다른 경우에 화석 연료의 전환을 통해 생산되었어야 할 동력을 대체한다.

⑤ 농장에서 혐기성 소화의 이용

모든 잠재적 이익을 볼 때, 어떤 이는 왜 극소수의 농장만이 혐기성 소화공정을 이용하고 있는지 궁금해 할 수도 있다. 주요 이유 중 하나는 혐기성 소화조를 설치하고 작동시키는 데 비용이 많이 들기 때문이다.

소화조의 설치 결정에는 흔히 악취문제와 같은 추가적 고려사항들이 따른다. 소화조의 설치는 분뇨저장 중 악취 발생 가능성을 크게 줄여준다. 이는 또한 이웃들의 불평과 이후에 일어날 수 있는 분쟁을 줄여줄 것이다. 현재 국내에서 혐기성 소화에 의한 분뇨처리 공정은 조금씩 증가하고 있는 추세이다.

## (5) 식생처리 방식

### 가) 식생처리 방식이란?

가축 운동장(barnyard)이나 사육장(feedlot)에서 발생한 유거수(runoff)는 호수와 개울에서 물고기를 죽 일 수 있으며, 녹조발생(algae bloom)의 원인이 될 수 있다. 식생처리 방식(vegetative treatment system : VTS)은 가축 폐기물 처리시설에서 발생된 유거수를 관리하기 위한 저류지(貯留池 : holding pond)의 경제적인 대안이 될 수 있다.

VTS는 지표 유거수의 관리를 위한 처리단계들의 조합을 지칭한다. 이 방법은 지표 유거수를 침전(settling), 침투(infiltration), 그리고 영양소 이용의 단계로 처리한다. VTS는 침전구조, 방류구조, 분배계통, 그리고 식생처리영역(vegetative treatment area: VTA)으로 구성되어 있으며, 이것들을 한데 모아 식생처리 방식이라 한다.

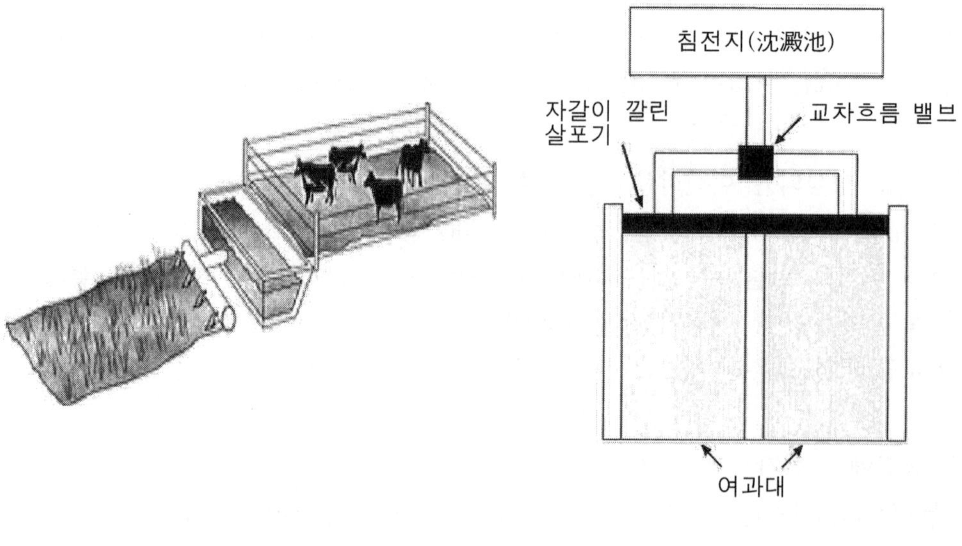


그림 5-45. 식생처리 방식(Vegetative treatment system : VTS)

### 나) 식생처리 영역

식생처리 영역(VTA)은 목초, 사료작물 등 다년생 식생지역이다. VTA은 가축 운동장이나 사육장에서 발생한 유거수를 침전, 침투 및 영양소이용을 통해 처리한다.

VTA은 보통 식생완충대(植生緩衝帶 : vegetative buffer strip)와 혼동되곤 하는데, 완충대(buffer stip)은 농경지와 개울이나 다른 지표수 사이의 좁은 띠(帶 : strip)모양의 식생(일반적으로 1～2m의 넓이)으로 유거수가 완충지대를 통과하면서 오염물질의 일부가 걸러지긴 하지만, 고체물질이나 흐름을 제어할 수는 없다. 그러나 VTA은 가축 운동장이나 사육장에서 발생한 유거수를 모아 액상으로부터 고형물을 분리하고, 분리된 액체를 식생지역 전체에 걸쳐 균일하게 분배하는 방식이다. 따라서 식생처리 영역(VTA)을 직접 통과하는 유거수는 소량이거나 거의 없다.

VTA에서 첫 번째 단계는 옥외 사육장이나 축사에서 발생된 유거수 침전물을 퇴적시키는 구조물, 일반적으로 침전조(settling basin)에 수집하는 것이다. 이러한 침전지는 대부분의 고형물을 제거하는 데 매우 효과적이다. 그 후 유거수는 VTA로 흘러들어 VTA의 토양이 유거수를 관리하고 저장한다. 이 기술의 일반적인 배경은 식물이 유거수에 함유되어 있는 영양소를 흡수하고 자연적 환경 인자에 의해 병원균과 같은 바람직하지 않은 요소들이 제거된다고 생각하는 것이다.

펌프나 스프링클러 VTA는 배출수를 펌프나 기계장치를 이용하여 분산장치까지 이송한다(그림 5-46). 스프링클러 VTA는 스프링클러를 이용하여 배출수를 분배하고 펌프 VTA는 문형 파이프(gated pipe)나 콘크리트로 된 분배기 등 저압 메커니즘을 이용하여 배출수를 VTA로 분배한다. 펌프나 스프링클러 VTA의 장점은 침전

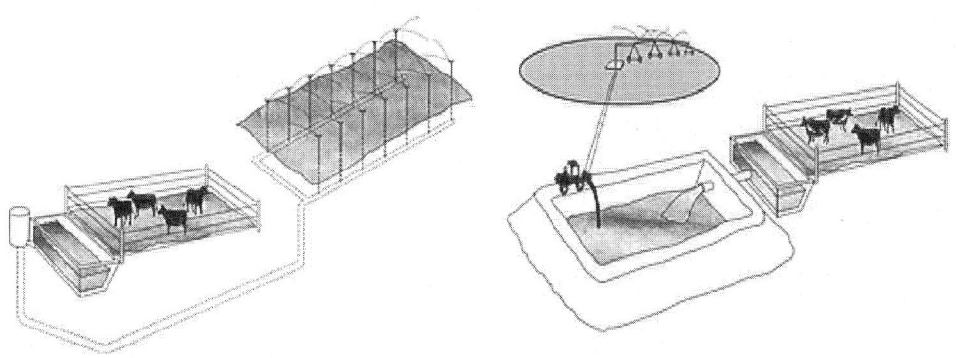

그림 5-46. 스프링클러 및 펌프 VTA

조보다 높은 위치에 VTA를 설치하여야 할 상황에서도 설치가 가능하다는 것이고, 단점은 설치비가 많이 들고 펌프와 분배장치를 유지하는 데 많은 비용을 필요로 하는 것이다.

#### 다) 질소의 제거

유거수(runoff)에서 제거되는 질소의 비율은 유거수가 VTA를 가로질러 흐르는 거리뿐만 아니라 가축 운동장이나 사육장의 크기와 관련이 있는 VTA의 크기와 직접 관련이 있다. VTA의 크기와 흐름 거리가 증가할수록 더 많은 질소가 제거된다. 따라서 사용된 설계에 따라서 80%까지 질소제거를 기대할 수 있다. 식생처리 방식의 기능을 효율적으로 유지하기 위해서는 VTA를 통과하는 흐름을 균일하게 유지하는 것이 매우 중요하다. 또한 VTA에서 식물을 정기적으로 수확함으로써 식물이 영양소를 제거하는 기능이 유지된다.

#### 라) 인의 제거

인(隣 : phosphorus)의 제거는 고형물의 제거와 직접적으로 연관이 있다. 다수의 문헌에 의하면 식생처리 방식으로 평균 70%의 인이 제거된다. 유거수(runoff)가 VTA로 들어가기 전 침전조를 거침으로 해서 본래 처리되어야 할 양보다 훨씬 적은 양의 인이 VTA에서 처리된다. 침전조의 효율을 높이기 위해 침전조를 정기적으로 깨끗이 치우고, 수거된 침전물은 적절히 토양에 뿌리거나 다른 방법으로 활용하도록 한다. 고형물이 제대로 침전되지 않은 상태에서 유거수가 VTA로 유입되어 흐르게 되면 VTA 자체의 관리비가 증가되고, 유거수에 함유된 고형물에 의해 식생이 피해를 입을 가능성이 있다.

VTA는 과거에는 통제되지 않은 소규모의 사육장에서 주로 적용하는 방법이었다. 그러나 오늘날에는 보다 큰 규모의 사육장에서도 VTS에 대한 관심이 증가하고 있으며, 적절히 감독되고 유지된 VTS가 전통적인 처리방법만큼 작동할 수 있음을 입증하는 일련의 증거들이 있다.

### (6) 가축분뇨의 고-액체 분리

#### 가) 고-액체 분리 관점에서 가축분뇨의 구분

대부분은 아닐지라도 많은 가축분뇨처리 시스템은 적절한 고-액체 분리에 의존한다. 가축분뇨는 물과 미네랄 그리고 유기물의 혼합물로 생각할 수 있다. 미네랄 중 가용성인 몇 가지는 물속에 용해되어 있는 반면에 나머지는 저장시설의 밑바닥에 깔리거나 윗부분에 떠 있게 된다. 유기물 성분은 그 밀도에 의해 저장장치의 바닥에 가

라앉거나 부유의 상태로 남아있거나 떠다니는 크러스트(crust)의 형태로 존재한다. 이러한 추세의 정도는 가축분뇨의 수분함량, 분뇨의 발생원 그리고 분뇨관리 시스템에 의해 결정된다.

가축분뇨의 고-액체 분리에 영향을 미치는 가장 중요한 요소는 분뇨에 함유된 수분의 양이다. 저수분(solid) 분뇨는 명백한 분리가 거의 이루어지지 않는다. 따라서 수분함량이 증가할수록 고-액체 분리도 증가하는 경향이 있다. 분뇨의 물리적 특성을 특징화 할 때 보통 고형(固形 : solid), 반고형(半固形 : semisolid), 슬러리(slurry)나 액체(liquid) 상태일 것으로 생각된다. 그러나 실용적인 관점에서의 분리는 액체, 슬러리, 그리고 고형 분뇨로 분류한다.

가축분뇨는 가축사육 시설에 따라 액상(液狀, 건물함량이 5% 이하), 슬러리(건물함량이 5~20%), 그리고 고형(건물함량이 20% 이상)으로 관리 및 저장된다. 그림 5-47은 가축종류별 배설된 분뇨의 상대적인 농도를 보여주고 있는데, 분뇨의 농도에 따라 시용(施用)설비 및 방법이 상당히 다르다.

### 나) 분리의 이득과 성분의 이용

만약 시용지역이 퇴비 원천지로부터 거리가 상당히 떨어져 있다면 농축된 고형 상태의 퇴비가 그 부피와 운송비를 줄여 준다. 또 다른 잠재적 이익은 냄새의 감소이다.

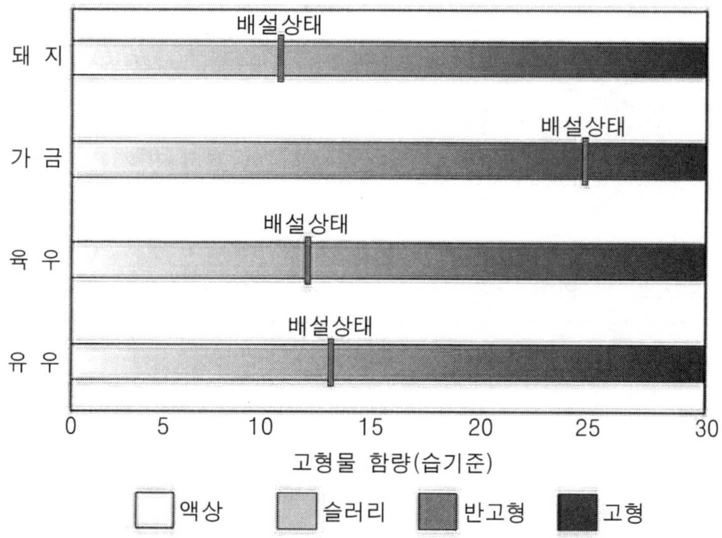


그림 5-47. 가축분뇨 형태별 상대적인 농도 (Fulhage et al., 2001)

저류지(貯留池 : holding pond)나 산화지(lagoon)의 혐기적 환경에서 미생물이 악취성 물질을 생산한다. 고-액 분리로 분뇨의 분해되기 쉬운 물질의 양을 줄이는 것은 결과적으로 악취의 발생을 줄여 준다. 분리된 분뇨의 고형부분은 수분의 감소와 영양소 함량의 증가로 비료 가치가 증가된다. 덧붙여서 수분의 함량에 따라 그것은 잠재적인 퇴비 재료가 되어 깔깃이나 비료로 농장에 판매도 할 수 있다. 또한 에너지 변환 기술에 따라 물리적 및 화학적 성질이 다른 분뇨를 필요로 하기 때문에 분뇨의 고-액체 분리는 에너지로의 전환용 분뇨를 마련하는 데 대단히 중요한 역할을 할 수 있다.

### 다) 분뇨의 고-액체 분리

가축분뇨는 배설된 분뇨, 낭비된 사료, 깔깃, 물(흘린 물, 청소수, 세척수, 강우 등)의 혼합물을 함유하고 있다. 가축분뇨의 특성은 일반적으로 급여사료, 축종, 동물의 성장단계, 그리고 분뇨수집 방법, 기타 폐기물을 희석시키는 데 들어간 물의 양에 의해 영향을 받는다(Zhang and Westerman, 1997). 표 5-15는 현상기준(as is basis)으로 액상분뇨(liquid manure)의 전형적인 성분함량을 보여주고 있다.

보통 건물(乾物, dry matter : DM)로 불리는 총 고형물(total solid : TS)은 분뇨의 전량에 대해 백분율로 나타낸 고형물의 양이다. 총 고형물은 또한 부유 고형물(suspended solid : SS)과 분해 고형물(dissolved solid : DS)의 전부이다. 각 고형부분(TS, SS, DS)은 더 나아가 고정 고형물(fixed solid : FS)과 휘발성 고형물(volatile solid portion : VS)로 구성되어 있다. 고정 고형물(FS)은 무기물의 양을 나타내는 반면에 휘발성 고형물(VS)은 함유된 유기물의 양을 나타내는 데 쓰인다.

화학적 산소요구량(chemical oxygen demand : COD)은 분뇨에 함유된 유기물의 양을 나타낼 때 쓸 수 있는 항목이다. 특별히 이것은 분뇨 슬러리에 함유되어 있는

표 5-15. 액상분뇨의 성분함량(단위 : %)

| 구 분 | DM | N | P | K | 시료 수 |
|---|---|---|---|---|---|
| 가 금 | 8.3 | 0.78 | 0.27 | 0.31 | 37 |
| 육 우 | 5.5 | 0.25 | 0.08 | 0.18 | 32 |
| 돼 지 | 3.5 | 0.37 | 0.11 | 0.16 | 359 |
| 유 우 | 6.7 | 0.29 | 0.08 | 0.26 | 254 |

OMAFRA, 2000

유기물을 화학적으로 산화시키는 데 필요한 산소의 양으로 정의된다. 생화학적 산소요구량(biochemical oxygen demand : BOD)은 분뇨에 함유된 유기물을 생화학적으로 산화시키는 데 필요한 산소의 양으로 정의된다.

분뇨에 함유되어 있는 모든 유기물이 생분해성은 아니므로 생화학적 산소요구량은 유기물의 성분을 측정할 필요가 있다. 오수(汚水)처리 항목인 5일 생화학적 산소요구량($BOD_5$)은 분뇨에 함유되어 있는 유기물을 5일간에 생화학적으로 산화시키는 데 필요한 산소의 양으로 정의된다. 표 5-16은 생 체중 1,000kg당 1일 배출되는 생 분뇨량 및 특성을 나타내고 있는데, 이것은 분뇨만을 포함하고, 허실된 사료나 희석된 물은 포함시키지 않았다.

### ① 중력에 의한 침전

고-액체 분리는 때로는 혐기성 산화지에 가해지는 부하(負荷)를 줄여주기 위해서 이용된다. 퇴적(堆積)은 물보다 무거운 부유입자가 중력침강(重力沈降)에 의해 물과 분리되는 것이다. 침강의 다양한 형태를 보여주는 3가지 주 형태를 그림 5-48에 나타내었다.

A형태의 침강은 일반적으로 깔깃이나 사료찌꺼기를 과다하게 함유하여 부유고형물의 함량이 10% 이상으로 높은 분뇨에서 나타나는데, 주로 습/건 사료(wet / dry feeder)를 사용한 돈사에서 배출된 분뇨에서 나타난다. B형은 비중(比重)이 1보다 크고, 총 고형물 함량이 7% 이하로 고형입자의 비율이 높은 저장중인 돼지분뇨에서

표 5-16. 생 체중 1,000 kg의 유우, 육우 및 돼지의 1일 생 분뇨 생산량 및 특성

| 구 분(kg) | 유 우 | 육 우 | 돼 지 |
|---|---|---|---|
| 총 분량 | 86 | 58 | 84 |
| 총 고형물 | 12 | 8.5 | 11 |
| 휘발성 고형물 | 10 | 7.2 | 8.5 |
| $BOD_5$ | 1.6 | 1.6 | 3.1 |
| COD | 11 | 7.8 | 8.4 |
| 질소 | 0.45 | 0.34 | 0.52 |
| 암모니아 질소 | 0.079 | 0.086 | 0.29 |
| 인 | 0.094 | 0.092 | 0.18 |
| 칼륨 | 0.29 | 0.21 | 0.29 |

(ASAE, 1998)

보통 볼 수 있다. C형은 소의 저장 분뇨에서 볼 수 있는데, 외피 형성(crust formation)은 사료찌꺼기 및 비중이 1보다 작은 고형입자에 의한다.

쉽게 침전되는 분뇨 고형물의 대부분은 30분 이내에 침전되지만, 일부 추가 물질은 수 시간에 걸쳐 침강된다. 침전조(沈澱槽 : settling basin)나 침전탱크에서 50% 이상의 고형물이 제거된다(표 5-17).

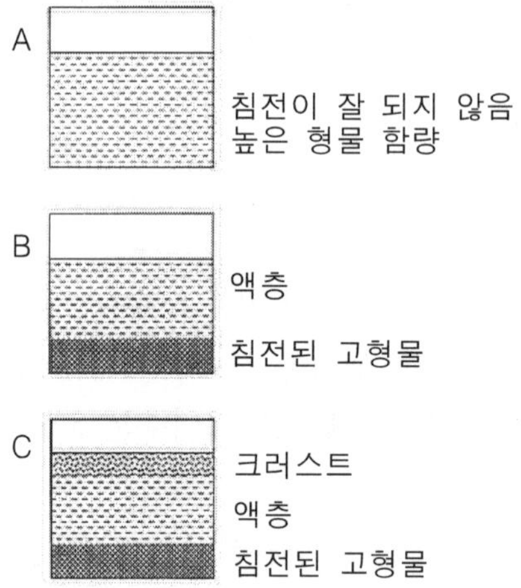


그림 5-48. 분뇨의 침전 양상
(Jacobson et, al., 2000)

표 5-17. 침전조(settling basin) 성능(습기준, wet basis)

| 구 분 | 투입 고형물, % | 제거율(%) | | | 참 고 |
|---|---|---|---|---|---|
| | | 고형물 | COD | 총 질소 | |
| 유우(청소수) | 3.83 | 55 | 61 | - | Chastain et al. 1999 |
| 유 우 | 1.1 | 65 | - | 40 | Powers et al. 1995 |
| 유거수(사육장) | 1～3 | 40～64 | - | 84 | Lorimor et al. 1995 |
| 돼지(청소수) | 0.2 | 12 | - | 33 | Westerman 1997 |
| 유거수(사육장) | 1～3 | 13 | - | 0.7 | Lorimor et al. 1995 |

### ② 기계적 분리

(가) 분리기의 종류

대부분의 기계적 분리는 다음 3가지 물리적 분리과정(스크린 분리, 원심분리, 여과 / 압착) 중 하나 이상을 포함하고 있다.

㉠ 스크린 분리기

스크린 분리기(screen separator)는 고정된 경사 스크린, 진동 스크린, 회전식 스크린, 인-채널 플라이트 컨베이어 스크린이 있다. 이 종류의 분리기는 출구의 규격화된 스크린에 의해 그보다 작은 고형물 입자만 통과하도록 설계되어 있으며, 일반적으로 고형물 함량이 5% 미만인 분뇨를 분리하기에 적합하다.

▸ 고정 경사 스크린 분리기

액상분뇨를 경사진 스크린의 꼭대기로 퍼 올린다(그림 5-50). 그 후 고형물은 스크린에 쌓이고, 액체는 스크린을 통과하여 중력 및 유압으로 아래쪽으로 빠져나간다. 이 시스템은 액상분뇨를 스크린의 꼭대기로 옮기는 데 필요한 펌프를 제외하고는 작동 부품이나 동력이 필요하지 않다. 고정 경사 스크린 분리기(stationary inclined screen separator)의 결점은 생물막(生物膜 : biological slime)이 쌓여 구멍이 막히는 것이다.

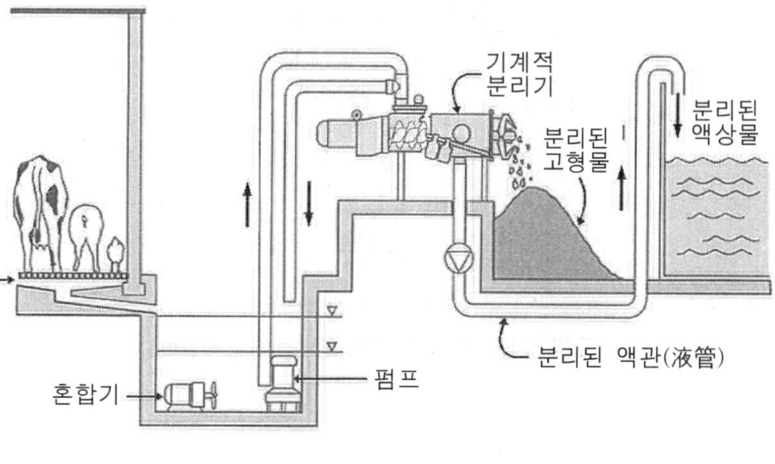


그림 5-49. 기계적 고-액체 분리 시스템의 구성요소

(Jacobson et, al., 2000)

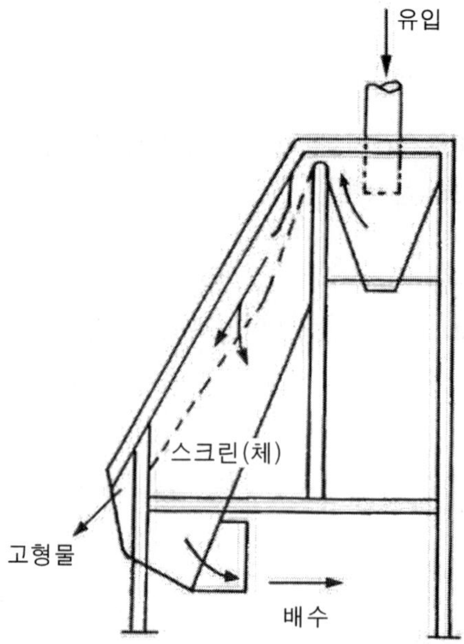


그림 5-50. 고정 경사 스크린 (Shutt et al., 1975)

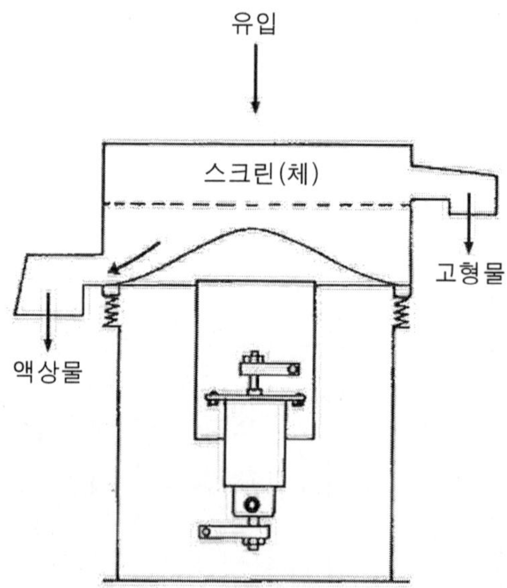


그림 5-51. 진동스크린 (Shuttet al., 1975)

▶ 진동스크린

액상분뇨를 진동스크린(vibrating screen)의 바닥 위에 일정한 속도로 퍼올린다(그림 5-51). 짧고 빠른 왕복운동으로 액체는 스크린으로 빠져나가고 고형물은 스크린의

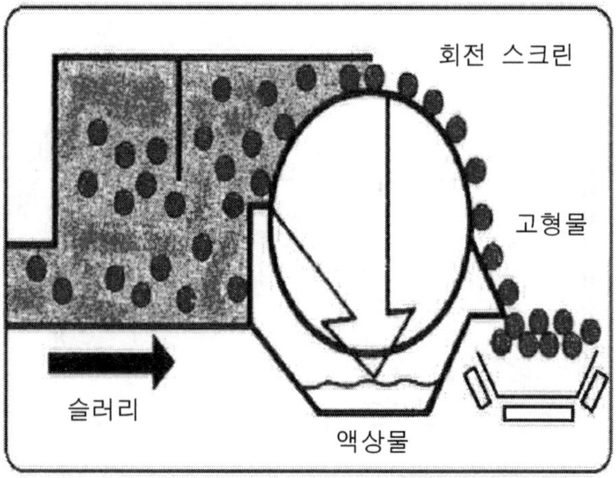


그림 5-52. 회전식 스크린 (Bicudo, 2001)

가장자리로 이동해 모아진다. 진동으로 스크린이 막히는 것이 감소되는 반면에 고정된 경사 스크린 분리기에 비해 훨씬 많은 동력이 필요하다.

▸ 회전식 스크린

회전식 스크린(rotating screen)에 일정한 속도로 공급된 액상분뇨의 액체는 스크린을 통과하여 탱크에 수집되고 스크린에 남아 있는 고형물은 긁어내 수거장소에 모아진다.

▸ 인-채널 플라이트 컨베이어 스크린

인-채널 플라이트 컨베이어 스크린(in-channel flighted conveyor screen separator)은 경사진 스크린과 '플라이트 컨베이어'라고 불리는 일련의 수평봉(水平棒)으로 구성되어 있다(그림 5-53). 이 분리기는 열린 투입구로 분뇨를 직접 투입할 수 있으므로 배출 펌프가 필요하지 않다. 액체는 스크린을 통과하여 분리기의 측면 통로로 흘러 들어가고 분리된 고형물은 수집장에 퇴적된다. 인-채널 플라이트 컨베이어 스크린 분리기는 고정 경사 스크린 분리기(stationary inclined screen separator)와 비슷하지만, 기계의 움직이는 부분들이 부식되고 마멸(磨滅)되기 쉬워 더 많은 기계적 유지가 필요하다.

㉡ 원심분리

원심분리(centrifuge)는 원심력을 이용해서 입자침강속도(粒子沈降速度 : particle settling velocity)를 높이기 위하여 원심분리나 사이클론(Hydrocyclones)을 이용해서

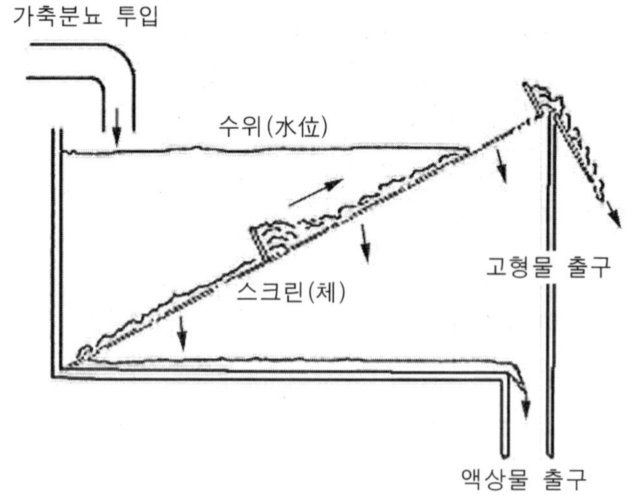


그림 5-53. 인-채널 플라이트 컨베이어 스크린 (Fleming, 1986)

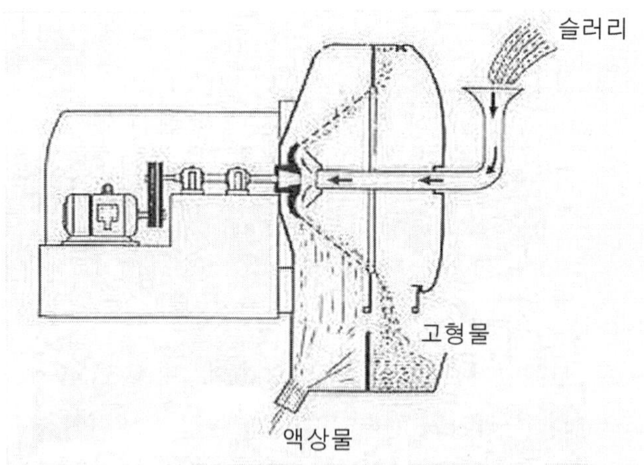


그림 5-54. 센트리시브(centrisieve) 원심분리기
(Glerum et al., 1975)

고-액체를 분리하는 방법이다. 이런 분리기는 고형물 함량이 5~8%인 액상 슬러리(liquid slurry)를 처리하는 데 최고의 기능을 발휘하는 반면에 고형물 함량이 더 낮아지면 효과가 없다.

▸ 원심분리기

일반적으로 원심분리기는 고속으로 계속 회전하는 수직이나 수평의 원통형 용기로

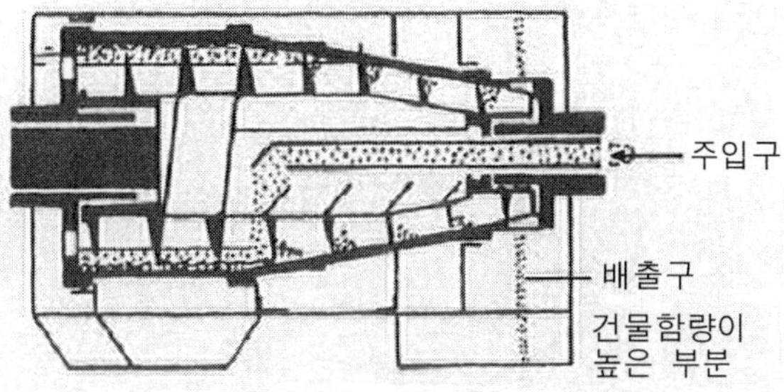


그림 5-55. 디캔팅 원심분리기(decanting centrifuge) (Møller et al., 2000)

구성되어 있다. 원심력에 의해 액체가 분리되고, 고형물은 이중으로 된 실린더의 내벽에 남는다. 남아 있는 고형물은 실린더보다 약간 빠르게 회전하는 오거(auger)에 의해 원뿔부분으로 보내지고 그곳에서 배출된다. 원심분리에 의한 고-액체 분리기(centrifuge separator)는 센트리시브(centrisieve)와 디캔터(decanter) 원심분리기 두 종류가 있다(그림 5-54 및 5-55). 이런 분리기는 고형물 분리에 매우 효과적인 방법으로 비교적 고형물 함량이 낮은 분뇨의 분리도 가능하지만, 다른 시스템에 비해 원가가 비싸고 에너지 소모도 상당히 많다.

▸ 사이클론

사이클론(hydrocyclones)은 옥수수 모양의 분리기로 동작부분이 없이 필요한 소용돌이 운동이 액체 자체에 의해 일어난다(그림 5-56). 이 장치는 액상분뇨가 분리기의 거의 맨 위 모서리를 통해 실린더로 유입되어 고속으로 소용돌이치게 구성되어 있다. 강한 소용돌이 운동에 의해 액체가 상단의 중앙에 있는 원통형 관을 통해 배출되는 동안 고형물 입자는 옥수수 모양의 맨 아래로 중력침강(重力沈降)이 가속화된다.

㉢ 여과 / 압착

압착(壓搾 : Pressing)법은 액상분뇨의 계속공급에 의한 탈수장치이다. 기계적 여과장치는 롤러(roller), 벨트(belt), 그리고 나사(screw)식 압착기가 있다.

▸ 롤러 압착기

롤러 압착기(roller press)는 두 개의 오목 스크린(concave screen)과 일련의 브러시(brush)나 롤러로 구성되어 있다. 분뇨 슬러리가 처음에 첫 번째 스크린 위에 내려지면 브러시에 의해 스크린을 가로질러 두 번째 스크린으로 옮겨지고, 그 뒤 롤러에 의해 압착된다. 액체는 스크린을 통과하고 고형물은 스크린 위에 남는다.

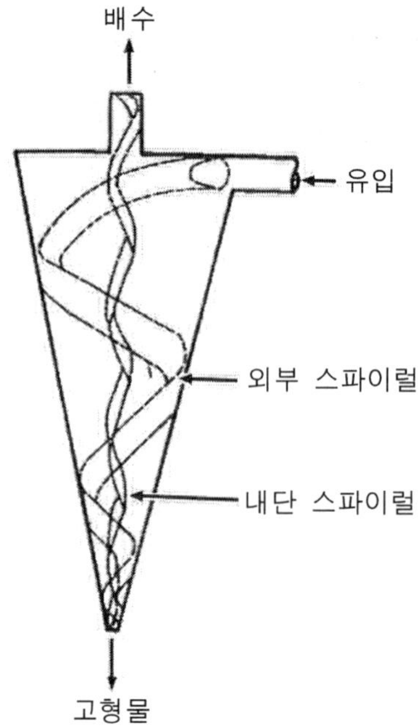


그림 5-56. 사이클론 (Shutt et al., 1975)

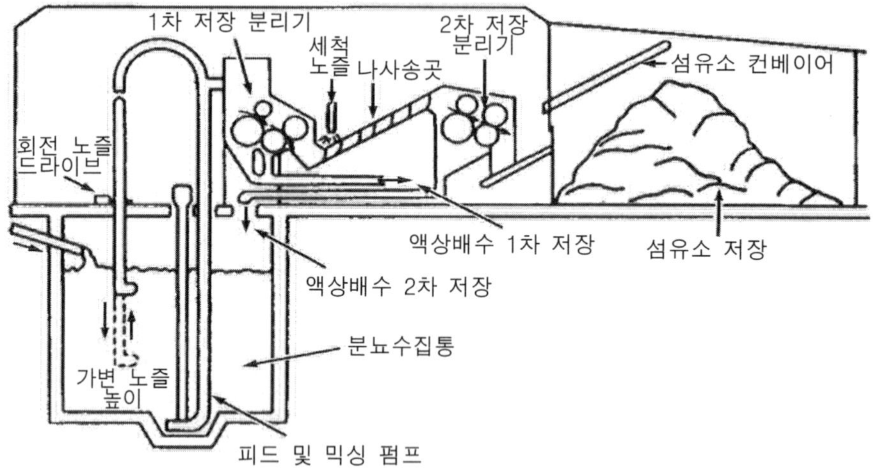


그림 5-57. 롤러 압착기(perforated pressure roller) (Rorick et al., 1980)

▸ 벨트 압착기

벨트 압착기(belt press)는 롤러 사이를 수평으로 왕복하는 촘촘하게 짠 평평한 천 벨트로 구성되어 있다(그림 5-58). 액체는 롤러에 의해 벨트를 관통해 빠져나가고, 고형물은 벨트에 실려 고형물 수집실(collection chamber)로 떨어진다.

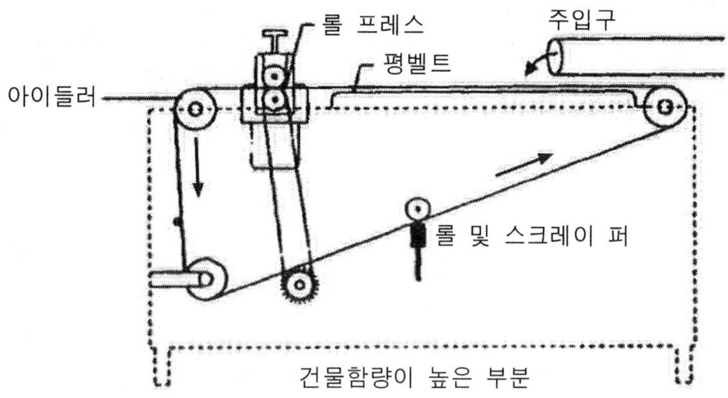


그림 5-58. 벨트 압착기 (Møller et al., 2000)

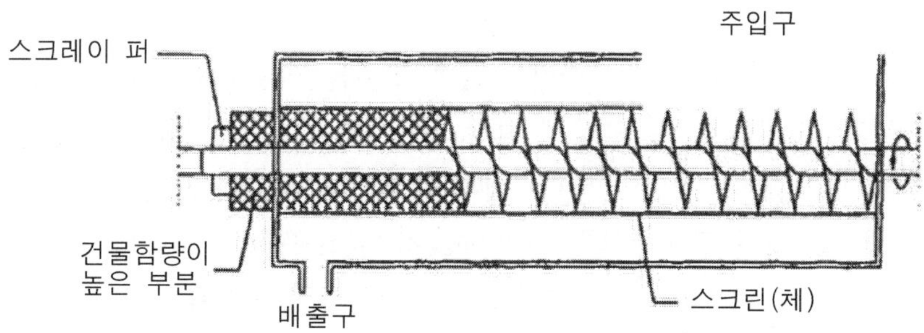


그림 5-59. 스크루 압착기 (Møller et al., 2000)

▸ 스크루 압착기

스크루 압착기(screw press, 그림 5-59)는 중앙에 슬러리를 관으로 밀어내 원통형 스크린을 통과하게 하는 스크루 컨베이어(screw-type conveyor)로 구성되어 있다. 압착 후 스크린에 남아 있는 고형물은 스크루 컨베이어에 의해 말단으로 옮겨져 배출된다.

(나) 분리기의 성능

이상적인 고-액체 분리기는 고형물의 제거율이 높아 수분함량이 75% 이하의 낮은 고형물을 배출하는 것이다. Zhang과 Westerman(1997)은 가축분뇨를 처리하는 데 이용되는 기계적 분리기의 성능에 관한 유용한 자료를 집계하여 제시하였는데, 그 중 돼지분뇨의 분리장치별 분리효율을 요약하였다(표 5-18).

표 5-18. 기계적 고액분리기의 성능

| 분리기 종류 | 수분함량 (%) | 분리기의 효율(%, 질량 기준) | | |
|---|---|---|---|---|
| | | TS | COD | TKN |
| 고정 스크린 | 93 | 20 | 35 | 5 |
| 진동 스크린 | 84 | 20 | 18 | 21 |
| 회전식 스크린 | 86 | 10 | 7 | 8 |
| 원심분리 | 85 | 35 | 25 | 15 |
| 벨트 압착기 | 83 | 50 | 40 | 33 |

total solids(TS)
chemical oxygen demand(COD)
total phosphorus(TP)
total kjedhal nitrogen(TKN)
(Zhang and Westerman, 1997)

고정 체(stationary screen)는 수분함량이 높은 고형물을 배출하고 고형물의 영양소 함량이 매우 낮지만, 일반적으로 비용이 가장 낮다. 특히 회전식 체(rotating screen)는 분리 효율이 매우 낮은 경향이 있다. 체의 특성이 분리기의 효율에 크게 영향을 미친다. 일반적으로 체의 개구(開口 : opening)가 작을수록 총 고형물(total solid : TS)의 분리효율은 높지만, 분리된 고형물의 수분함량이 높아진다.

체 분리기(screen separator)는 체가 막히지 않게 총 고형물 함량이 5% 미만인 슬러리의 분리에 적합하고, 본래 작은 입자는 제거할 수 없으므로 돼지분뇨의 처리에는 적합하지 않다. 또한 기계적 체 분리기는 총 질소(total nitrogen : TN) 및 총 인(total phosphorus : TP)의 제거율이 낮고, 수분함량이 85% 이상인 고형물을 배출한다.

가축분뇨를 고체와 액체로 분리함으로써 분뇨저장 시스템에는 몇 가지의 이점들이 있다. 가축분뇨의 고-액체 분리는 또한 분뇨처리(퇴비화, 혐기분해 등)를 위한 많은 시스템에서 요구되는 첫 번째 단계이다.

## 1.4 가축분뇨의 저장, 취급 및 이용

농장에서 가축분뇨의 저장 및 관리는 가축 생산자가 농장의 분뇨관리 시스템의 모든 구성 요소를 효과적으로 이용할 수 있도록 한다. 전형적인 가축분뇨 관리 시스템은 다음과 같은 요소의 전부 혹은 일부로 구성된다.

① 가축분뇨 발생장소 : 가축사육장, 개방식 축사, 폐쇄 축사

② 가축분뇨 처리지역: 고-액 분리기, 소화조, 송풍기
③ 가축분뇨 저장시설: 저장탱크, 저장 못(holding pond), 퇴적장
④ 가축분뇨 시용지역: 농경지

가축분뇨의 수집 및 관리 시스템은 가축분뇨를 효과적으로 모아 이러한 가축분뇨 관리 시스템으로 옮기는 것이 목적이다.

## 1) 가축분뇨 수집 및 취급 장비

가축분뇨를 모으고 처리하는 데 쓰이는 장비의 종류와 절차는 첫째로 가축분뇨의 농도나 밀도에 달려 있다. 고형물 함량이나 고형물 비율과 같은 용어들은 가축분뇨의 특성을 묘사하는 데 흔히 쓰인다. 배설되는 가축분뇨의 고형물함량은 가축의 종류에 따라 다르다.

그림 5-47(가축분뇨의 고-액체 분리)에서 본 바와 같이 돼지, 육우 및 유우가 배설된 분뇨의 고형물 비율은 10~13%로 큰 차이가 없는 반면에 가금은 고형물 비율이 상당히 높은 상태로 배설한다. 배출되는 가축분뇨의 고형물 함량은 보통 깔짓의 추가, 사육장 바닥에서의 건조, 세척수의 유입, 고형물질 분리에 의한 탈수작업 등에 의해 달라진다.

고형(固形: solid), 슬러리(slurry, semisolid) 및 액상(液狀: liquid)이라는 단어들은 축산업에서 특정한 가축분뇨의 특성을 묘사하기 위해 사용하는 것이다. 고형 가축분뇨는 퇴적더미에서 자유 침출액의 배출이 최소화 되게 쌓는다. 슬러리 형태의 분뇨는 유체(流體) 특성이 있어 걸쭉한 초콜릿 몰트(chocolate malt)처럼 흐르는 경향이 있는 반면에 액상 분뇨는 물과 흡사하게 흘러가는 특성이 있다.

일반적으로 고형상태의 분뇨는 수분을 흡수하고, 환경상태를 향상시키기 위해 깔짓이 추가되는 사육형태에서 발생한다. 또한 고형상태의 분뇨는 육우사육장의 바닥과 같은 건조한 조건에서도 발생된다. 일반적으로 고형 분뇨의 저장과 관리는 액체나 슬러리보다 더 간단하다.

### (1) 고형 분뇨의 수집 및 처리

고형상태의 분뇨(solid manure)는 주로 스크래이퍼(scraper), 상자형 스크레이퍼(box scraper), 블레이드(blade), 프런트 엔드(front-end)나 스키드 스티어 로더(skid-steer loader) 또는 그와 비슷한 도구를 사용하여 수집한다. 장비 크기는 50마력(hp) 이하의 트랙터에 적합한 작은 블레이드에서부터 다량의 퇴비생산 공정에 적합한 전용 동력장치에 부착된 대형 버킷 로우더(bucket loader)에 이르기 까지 다양하다.

고형상태의 분뇨는 일반적으로 드래그(drag)나 에이프런 체인(apron chain)이 장착된 트럭탑재나 견인형의 상자형(box-type) 운송 장비에 의해 처리되고 옮겨지거나 운송된다. 더불어 퇴비가 부려질 때 파쇄되어 살포될 수 있도록 비터(beater), 회전판(spinner plate)이나 도리깨(flail) 등과 같은 특정 파쇄장치가 운송장비의 살포지점에

그림 5-60. 고형 분뇨처리 장비는 반드시 튼튼해야 하며, 부식되는 환경에서도 작동되어야 한다.

그림 5-61. 가금류 깔깃은 고형물 50% 정도의 분뇨 혼합물을 만들기 위해 깔깃이 포함되어 있다.

그림 5-62. 도리깨(flail)나 비터(beater)가 있는 상자형 퇴비 살포기(왼쪽)는 깔깃 함량이 많은 퇴비를 처리하기에 적합하다. 가금류 퇴비를 살포하는 트럭(오른쪽)은 퇴비를 넓게 살포하기 위해 회전판(spinner plate)이 장착되어 있다.

부착된다. 경우에 따라서는 대형 왕복펌프(piston pump)나 패들형 축사청소기(paddle type barn cleaner)를 사용하여 고형 분뇨를 발생지역에서 저장장소로 옮기기도 한다.

### (2) 슬러리 분뇨 수집 및 처리

일반적으로 슬러리 분뇨(slurry manure)는 배설된 분뇨에 깔깃이 소량으로 더해지거나 이용되지 않는 관리체계에서 발생된다. 슬러리 분뇨는 일반적으로 고형물 함량이 5∼15%로 액상분뇨보다 더 농후하다. 따라서 고형 분뇨의 처리 방법대로 퇴적하거나 관리할 수 없다.

#### 가) 슬러리 분뇨 수집

**① 틈 바닥**

분뇨의 가장 간단한 수집방식은 분뇨수집 탱크 위에 설치된 틈 바닥(slotted floor)이나 다공 바닥(perforated floor)이다(그림 5-63). 이런 시설에서 배설된 분뇨는 동물이 서 있는 바닥의 열린 틈을 통해 떨어져 아래에 있는 탱크에 간단히 수집된다.

**② 스크레이퍼**

또한 슬러리 분뇨는 스크레이퍼(scrapers)로도 수집할 수 있다(그림 5-64). 이 경우 분뇨는 주로 좁은 통로(후리스톨 유우사)나 돈사(豚舍)의 슬랫(slat) 아래 도랑

그림 5-63. 분뇨탱크 위 틈 바닥은 슬러리 분뇨를 수집하는 간단한 수단이다

그림 5-64. 후리스톨 유우사 내의 슬러리 분뇨를 모으기 위하여 기계적(mechanical) 혹은 타이어 스크레이퍼(tractor-mounted tire scrapers)가 사용될 수 있다.

(gutter)에 모인다. 모아진 슬러리는 스크레이퍼에 의해 통로를 따라 끝부분에 있는 탱크나 수용 피트(pit)에 모아진다.

③ 진 공

다른 종류의 슬러리 분뇨 수집장치는 진공(vacuum)을 이용하여 콘크리트 표면으로부터 슬러리를 빨아올려 탱크에 저장하는 것이다(그림 5-65). 이 처리방법은 슬러리를 탱크(tank)나 왜건(wagon)에 퍼 올릴 필요가 없게 된다.

그림 5-65. 콘크리트 통로에서 흡입이나 진공에 의한 슬러리 분뇨의 수집은 노동력을 감소시킨다.

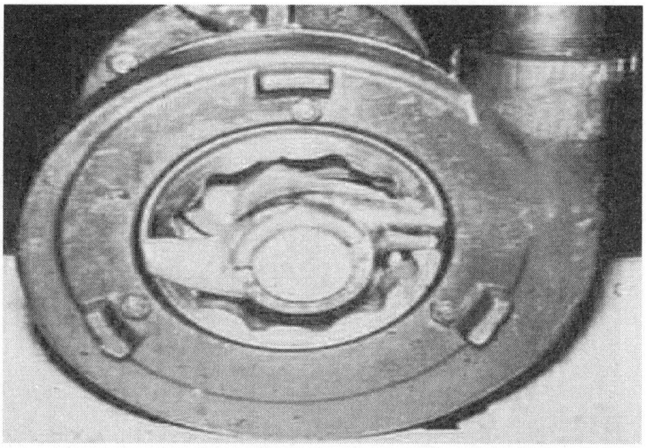

그림 5-66. 슬러리 펌프는 고형물 함량이 높은 슬러리 분뇨를 다루기 위해 열린 임펠러(open impeller)와 세절 날(cutter/chopper blade)을 갖추게 고안되었다.

④ 슬러리 펌프

슬러리 분뇨는 유동적인 특성을 가지고 있으므로 고형물(solids)이나 섬유질이 많은 물질을 포함한 걸쭉한 액체의 처리를 위해 특별히 설계된 펌프(pump)에 의해 옮겨질 수 있다. 슬러리 펌프는 열림형 임펠러(open-type impeller)로 설계되어 막히는 문제를 최소화하기 위해 보통 임펠러의 입구에 자르거나 파쇄하는 장치(cutting or chopping device)를 가지고 있다.

저압/대용량 슬러리 펌프는 탱크차(tankwagon)를 채워 고압이 요구되지 않는 다

그림 5-67. 저압 / 대용량 슬러리 펌프는 슬러리 분뇨를 빠르게 탱크차(tankwagon)에 채우는 데 사용된다.

그림 5-68. 고압 슬러리 펌프는 파이프라인을 통해 슬러리 분뇨를 장거리에 있는 포장 시용장비로 운반할 수 있다.

른 시용장소로 슬러리 분뇨를 옮기는 데 사용된다. 반면에 고압 슬러리 펌프는 긴 파이프라인을 통해 슬러리 분뇨를 옮기고, 농경지에 슬러리 분뇨를 시용하기 위한 압력이 필요할 때 사용된다.

### 나) 슬러리 운송

#### ① 분뇨탱크차

분뇨탱크차(tankwagon)는 슬러리 분뇨를 한 장소에서 다른 장소로 운송하는 데 쓰

그림 5-69. 대형 분뇨탱크차는 생산자가 슬러리 분뇨 저장시설을 더 적은 노동력으로 비울 수 있게 해준다.

그림 5-70. 유연한 호스나 관은 슬러리 파이프라인으로서 경질 관보다 더 적은 노동력을 요구한다.

이는 장비로 주로 슬러리 분뇨를 저장시설에서 농경지까지 운송하는 데 쓰인다. 분뇨탱크차는 4톤의 작은 사이즈부터 50톤의 큰 사이즈까지 다양하다. 분뇨탱크차는 일반적으로 두 가지 기능을 수행하는데 슬러리 분뇨를 농경지로 옮기고, 작물의 영양소 섭취를 위해 퇴비를 살포하거나 지표면에 주입한다.

② 파이프라인

슬러리 분뇨는 유동적인 특성을 가지고 있기 때문에 분뇨탱크차(tankwagon)에 의한 운반 대신 파이프라인(pipeline)을 통해서 저장소로부터 농경지로 퍼 올려질 수 있다. 수송은 필연적인 '한 벌(batch)' 과정인 반면, 펌프작용(pumping)은 '계속되는 흐름' 과정이다. 그러므로 운반 기간 동안 아주 많은 양의 분뇨를 보다 짧은 시간 동안 옮길 수 있는 펌프작용은 많은 이점을 제공할 수 있다. 그러나 일반적으로 파이프라인이 5km 정도까지 사용되어져 온 것에 비하여 분뇨탱크차는 분뇨를 더 먼 거리로 운송할 때 사용된다.

과거에는 슬러리 분뇨를 펌프작용 하는데 뻣뻣한 알루미늄 관개 파이프를 사용하였다. 그러나 유연한 래이프래트(layplat) 배관을 사용하는 것이 노동이 절감되므로 근래에는 이 종류의 파이프라인이 여러 상황에서 많아 쓰이고 있다. 긴 배관은 릴(reel)에 감아서 육상에 보관할 수 있어 딱딱한 배관보다 노동력이 절감된다.

그림 5-71. 지중살포기(地中撒布器 : injection units)는 냄새를 줄이고 영양소 보존을 증가시키고 용탈을 최소화하기 위해 슬러리 분뇨를 토양 내에 주입한다.

그림 5-72. 지표면의 폐해를 최소화하는 잔디용 지중살포기도 고안되었다.

### 다) 슬러리 분뇨의 농지 시용

농경지에 슬러리 분뇨를 시용할 때는 좋은 영양소 비배관리를 위해 적절한 장소에 적절한 비율로 시용할 수 있는 장비가 필요하다. 토양 내에 슬러리 분뇨를 주입(inject)하거나 살포 후 토양에 혼입(incorporate)시키는 장치들은 아래와 같은 이익들이 있어 선호되고 있다.

- 냄새가 감소한다.
- 더 많은 영양소가 보존된다.
- 용탈 가능성이 줄어든다.

## (3) 액상분뇨의 수집 및 취급

### 가) 액비생산 시스템

액비분뇨(liquid manure)는 일반적으로 분뇨에 세척수나 빗물이 더해져 고형물 함량이 5% 이하이다. 액비(液肥)의 공급원은 산화지(酸化池 : lagoon), 저류지(貯留池 : holding pond), 그리고 유우 착유실(dairy parlor)에서 발생된 세척수 등이 있다.

#### ① 청소수

전형적인 액상분뇨 수집 시스템은 후리스톨 유우사에서 분뇨를 물로 씻어내는 것

그림 5-73. 후리스톨 유우사의 통로로 방출된 세척수(flush water)에 의해 분뇨가 산화지로 씻겨 들어간다.

(flush system)이다. 이 체계에서는 희석된 오수(汚水)를 수세용(水洗用 : flush) 탱크로 끌어올려 저장한 후 결국 후리스톨의 통로로 배출하여 분뇨를 산화지(lagoon)로 쓸어간다.

② 개방 축사

다른 형태의 희석된 액상 분뇨는 개방된 사육장 표면의 유거수에 의해 발생된다. 이러한 상황에서 대부분의 분뇨 고형물은 사육장 표면에 남아 있거나 고형물 분리장치에 의해 제거된 후 유거수를 수집하는 산화지나 저류지에 저장된다. 그 후 주로 미세한 부유 고형물이나 용존 고형물을 함유한 유거수는 저장조(receiving basin)에서 희석된 액비가 된다.

### 나) 액상분뇨 관리 장비

고형물 함량이 5% 미만인 액상분뇨는 농도가 더 높은 슬러리 분뇨보다 펌프나 파이프의 수력으로 다루기가 더 쉽다. 관개용수(irrigation water)를 처리하기 위해 설계된 장비들은 액상분뇨 처리 시스템에서 발생되는 묽은 오수를 처리하는 데도 흔히 적합하다.

그러나 일반적으로 액상분뇨를 다룰 때 쓰는 펌프작용(pumping) 및 취급 장비를 슬러리 분뇨를 취급하는 것과 동일한 것을 쓰기도 하는데 예상보다 농도가 높은 액상분뇨를 처리할 때 사용될 수 있고, 막힐 가능성이 줄어드는 이점이 있다.

그림 5-74. 육우 사육장에 설치된 저류지 내 유거수는 일반적으로 고형물 함량이 5% 미만의 묽은 오수이다.

그림 5-75. 관개펌프(irrigation pump)는 고형분 함량이 낮은 액상분뇨를 펌핑(pumping)할 수 있다.

## 2) 가축분뇨 저장

### (1) 고형분뇨

일반적으로 허용되는 고형가축분뇨의 저장방법은 축사 내 고형분뇨퇴적, 콘크리트 슬래브 저장시설 및 지붕이 갖춰진 콘크리트 슬래브 시설 세 가지가 있는데, 이러한 종류는 사육하고 있는 가축이나 가금류의 사육시스템과 관련이 있다. 고형분뇨 저장시스템을 계획할 때는 동물 사육밀도를 감안한 유출수 수집시스템 및 지붕설치 비용을 고려해야 한다. 깔깃 공급형 사육시스템에서는 가축분뇨가 정해진 공간에서 생산되고, 저장되는 방법으로 유우, 육우 및 가금류의 사육에 주로 이용된다.

#### 가) 퇴비 유우사

젖소 수용 시스템은 젖소의 전반적인 건강과 수명에 상당한 영향을 미친다. 퇴비유우사(堆肥乳牛舍 : compost dairy barn)는 젖소의 비유(泌乳), 건유 그리고 소의 특별한 요구들을 충족시키는 매우 편안한 개방식 수용체계(loose housing system)이다(그림 5-76). 쾌적한 축사환경을 유지하기 위하여 퇴비유우사는 잘 다져지고 통풍이 양호해야 한다. 퇴비유우사는 알맞은 양의 적절한 깔깃을 사용해야 한다. 깔린 깔깃의 표면을 쾌적하게 유지하고, 다져진 깔깃에서 미생물의 활동을 증진시키기 위해 하루에 두 번 통기시켜야 한다.

퇴비유우사는 소들이 밀집되어 있으면 잘 작동되지 않으므로 착유시간에 소의 착

그림 5-76. 안락한 후프 형(hoop-style) 퇴비 유우사

유준비를 철저히 하여야 한다. 이러한 지침을 따르지 않으면 퇴비우사에 의한 문제가 발생할 수 있다. 퇴비우사가 모든 낙농가에 적합한 것은 아니므로 성공적으로 수행하기 위해서는 항상 관리자와 시스템이 일치하는 것이 중요하다.

일반적으로, 퇴비우사는 실내 혹은 실외 콘크리트로 된 사료 급여통로와 깔깃이 깔린 휴식지역이 있고 1.2m 높이의 벽이 내부를 둘러싸고 있다. 이 벽은 1.2m 높이이며, 통상적으로 콘크리트를 부어 만든 구조물이다. 깔깃은 표면을 건조시키고, 분뇨가 깔깃과 잘 섞이게 경운기나 끌쟁기(chisel plow)를 이용하여 하루에 두 번 통기한다. 이 대안적 수용시설의 가장 큰 장점은 소의 안정과 수명이 늘어나는 것이다. 퇴비우사는 기존의 계류식이나 후리스톨 우사에 비해 더 많은 움직임의 자유를 제공한다. 이 형태의 축사는 퇴비 저장비용 및 저장 공간의 감소, 그리고 분뇨 처리에 따른 노동력이 감소된다.

① 축사의 배치

그림 5-77은 전형적인 퇴비우사의 배치를 보여주고 있다. 100마리의 소를 수용할 수 있는 3개의 통로를 갖춘 퇴비우사의 배치도이다. 퇴적우상(堆積牛牀 : bedded pack)과 사료섭취 통로(feed alley) 사이의 벽에 설치된 급수기는 사료섭취 통로를 통해서만 접근할 수 있다.

퇴비우사는 여러 관점에서 전형적인 후리스톨(free stall) 우사와 비슷하다. 둘 다 사료 급이기, 사료섭취 통로 및 급수기가 있다. 특별히 다른 점은 후리스톨 우사의 후리스톨 및 후리스톨 통로가 퇴비우사에서는 하루에 적어도 2번 통기되는 퇴적우상으로 대체되었다. 1.2m 높이의 벽은 깔깃이 깔린 내부를 3면으로 감싸고 깔깃 지역과 사료섭취 통로를 구분한다. 사료섭취 통로와 퇴적우상을 구분 짓는1.2m 높이의 벽은 대개 소가 벽을 넘지 못하도록 꼭대기에 울타리가 있다.

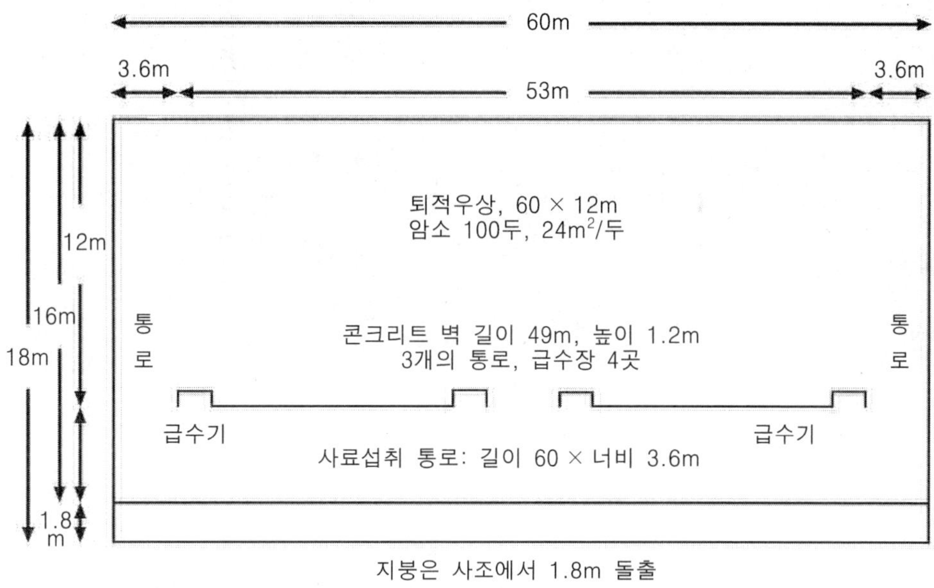


그림 5-77. 퇴비우사(compost barn)

퇴적우상과 사료섭취 통로를 구분 짓는 벽은 콘크리트나 기부가 넓은 이동식 콘크리트 패널이 쓰인다. 소와 장비가 깔깃 지역으로의 접근을 위해 적어도 3~3.6m 넓이의 통로가 퇴적우상과 먹이통로를 구분하는 벽의 각 끝에 위치하여야 한다. 긴 형태의 축사에서는 추가의 통로가 필요하다.

급수기는 사료섭취 통로를 따라 설치한다. 급수기는 퇴적우상과 사료섭취 통로를 나누는 콘크리트 벽 근처나 사료 급이기의 양쪽에 설치할 수 있다. 깔깃이 젖는 것을 최소화하고 급수기를 더 깨끗하게 유지하며 깔깃의 높이가 증가할 때 급수기의 높이를 조정할 필요가 없도록 퇴적우상에는 급수기를 설치하지 않는다.

퇴비우사는 지붕의 낙수를 최소화하고 빗물이 축사 내부로 들어와 퇴적우상으로 흘러드는 것을 방지하기 위하여 약 0.9m 길이의 처마가 권장된다. 홈통의 설치로 지붕의 낙수가 퇴적우상으로 침입하는 것을 줄이는 데 도움이 된다. 퇴비우사 주변 지역은 빗물과 눈에 의한 유거수가 축사 내부로 들어와 퇴적우상을 젖게 하는 것을 최소화하기 위해 경사져야 한다.

### ② 퇴적우상 관리

퇴적우상(堆積牛牀)의 크기는 홀스타인(Holstein)종 및 소형종인 저어지(Jersey)종 성우 마리당 각각 최소 24~25.5m$^2$ 및 19.5m$^2$를 제공할 것을 권한다. 깔깃(bedding, bedding material)은 착유하는 동안 하루 2회 20~25cm 깊이로 통기시키는데,

그림 5-78. 드라이브 스루 급여(drive-through feeding) 퇴비우사의 예

대부분의 경우 스키드 로다(skid loader)나 소형 트랙터에 컬티베이터(cultivator)를 부착하여 사용한다.

착유 후나 사료섭취 후 소가 누울 수 있도록 퇴적된 분뇨가 없는 쾌적한 표면을 제공하고 퇴적우상의 호기 분해를 촉진하기 위하여 산소를 부가하는 통기가 필수로 제안된다. 끌쟁기 형태의 도구를 사용하여 퇴적상에 더 깊이(40~45cm) 공기가 통하게 하면 퇴적우상의 온도가 상승하여 깔깃의 소요량이 감소된다. 통상적으로 깨끗한 건조 톱밥이 2주에서 5주 간격으로 약 18톤 정도가 보충되는데, 이는 계절, 기상상태와 소의 사육밀도에 따라 달라진다. 그러나 적은 양의 톱밥을 1주에 한번 정도, 혹은 매일 공급하기도 한다.

일반적으로 퇴적우상의 깔깃은 봄과 가을을 제외하고는 한 해 동안 치우지 않는다. 깔깃 퇴적우상은 년 중 9월이나 10월에 한 번 완전히 비워진다. 더러워진 깔깃을 제거한 후 깨끗한 톱밥을 30~45cm의 높이로 새로운 퇴적층을 만든다. 일부에서는 초기 미생물 활동을 돕기 위해 축사에 기존 깔깃을 15cm 높이 정도 남겨두고 새로운 깔깃을 보충하기도 한다.

대부분의 퇴적우상은 여름이 지날 무렵이면 평균 1.2m 정도의 높이가 된다. 일부 농가에서는 여름 동안에 공급할 깔깃의 퇴적공간을 확보하기 위해 봄에 깔깃의 일부분을 제거하기도 한다. 더러워진 깔깃은 농장의 퇴비관리 계획에 따라 농경지에 살포하기도 하고, 완숙퇴비(finished compost)를 만들기 위해 사용된 깔깃을 쌓아놓는다.

생물학적으로 왕성한 퇴적우상에서 발생되는 열과 수분뿐만 아니라 소에서 발생되는 열과 수분을 제거하기 위해서 적절한 환기가 필요하다. 또한 충분한 공기의 교환

그림 5-79. 스키드 스티어 로더(skid-steer loader)를
사용하여 깔깃을 통기하고 있다.

은 추운 날씨에 퇴적상에서 수분을 제거하여 깔깃의 보충간격을 늘려준다. 추운 날씨에 퇴적우상에 공기가 통하게 하는 동안 보통 많은 양의 수분이 퇴적우상에서 수증기로 증발하는 것으로 나타난다. 이 수분은 환기되는 공기와 함께 축사에서 빠져나가야 한다.

퇴비우사에서는 깔깃 공급차량의 접근성과 좋은 환기를 위해 측면 벽은 4.8m의 높이가 적절하다. 많은 퇴비우사에는 퇴적상 표면의 건조를 위해 아래쪽의 퇴적상으로 공기를 내려 보내는 혼류 송풍기(mixing fan)가 설치되어 있다. 송풍기는 반드시 퇴적상의 최대 높이에서 통기장비를 사용하는 데 지장이 없도록 충분히 높게 걸려 있어야 한다.

퇴비우사에서 배출된 깔깃의 비료가치와 퇴적상 온도는 표 5-19와 같다. 평균 C/N비는 19.5 : 1이었다. 25 : 1 이하의 C/N비에서는 암모니아 가스를 방출하여 축사내 암모니아 수준에 영향을 미칠 수 있다. 각기 다른 깊이에서 측정한 퇴적상의 평균 온도는 42℃이고, 표면온도는 주위 온도와 비슷하였다.

Dairy Herd Improvement Association (DHIA)의 통계분석에 의하면 소를 퇴비우사로 옮긴 후 89%의 젖소가 305일 산유량(305 mature-equivalent milk production)에서 산유량의 확실한 증가를 보였는데, 평균 증가량은 연간 소 한 마리당 955kg 정도였다.

소를 퇴비우사로 옮기는 낙농가는 산유량이 분명히 증가한다는 점 외에 다른 변화들이 생긴다는 것을 명심해야 한다. 추가적으로 젖소의 57%에서 발정 발견율(heat detection rate)이 증가(옮기기 전 36.9%에서 41.5%로 변화)하였으며, 71%의

표 5-19. 비료가치 및 퇴적더미 내부 온도

| | 평 균 | 적정범위 | 허용범위 |
|---|---|---|---|
| 온도,℃ | 42 | 24～59 | 54～66 |
| 수분, % | 54.4 | 28～78.9 | 50～60 |
| pH | 8.5 | 6.5～9.9 | 6.5～8.0 |
| N, % | 2.54 | 0.57～4.22 | NA |
| P, ppm | 3247 | 378～6,668 | NA |
| K, ppm | 15,270 | 2568～29,570 | NA |
| C / N비 | 19.5 : 1 | 10.9～87.5 | 25 : 1～30 : 1 |
| 전기전도도, mmhols/cm | 9.6 | 2.4～20.5 | 10 최대 |

(Animal Manure Management, 2011)

젖소는 임신율(pregnancy rate)이 옮기기 전 13.2%에서 16.5%로 증가하였다. 평균 도태율(herd turnover rate)은 25.4%에서 퇴비우사로 옮긴 이후 20.9%로 줄어들었다. 또한 67%의 젖소에서 유방염(乳房炎 : mastitis) 감염률(체세포 숫자 (Somatic Cell Count : SCC)>200,000)이 감소되었으며, 일반적으로 농가의 집유탱크 내 전염성 병원균의 수준도 낮았다.

이 깔깃 퇴적상에서 총 세균 수가 9,122,700 cfu/mL(range of to 22,562,604)인 것을 감안할 때, 유방의 건강과 우유의 질이 반드시 손상되지는 않는다는 것은 흥미로운 점이다. 깔깃에 의한 유방염의 피해를 줄이기 위해서는 총 세균 수가 1백만 cfu/mL 이하여야 한다는 것이 제안되었다. 그러므로 퇴비 유우사에서는 소의 착유시간에 완벽한 예비절차를 통하여 유두 끝을 건강하게 관리하는 것이 반드시 필요하다.

③ 소의 복지

퇴비우사에서 사육중인 소들의 발과 다리 건강상태는 비교적 양호하였으나 전체적으로 7.8%의 소는 임상적으로 파행(跛行 : lame) 증상(운동성 스코어 3 이상)을 나타내었다. 이것은 퇴비우사에서 발생되는 파행률이 최근 보고된 후리스톨 우사에서의 발생률 24.6%(Espejo et al. 2006) 및 27.8%(Cook et al.. 2003)보다 훨씬 낮고 계류식 우사(tie- stall)에서 보고된 19.6%(Cook et al.. 2003)보다도 낮다. 퇴비우사로 옮긴 후 이전의 후리스톨이나 타이스톨 축사에서 나타났던 무릎 손상은 대부분 여전히 나타나거나 퇴비우사에서 호전되고 있었다(Animal Manure Management, 2011).

Weary와 Taszkun(2000)은 후리스톨 우사에 사육중인 소의 73%(n = 1,752마리)에서 무릎 손상을 겪고 있다고 발표하였는데, 이것은 퇴적우사에서 관찰되었던 것의 3배에 가까운 발생률이다. 더욱이 Endres 등(2005)은 후리스톨 우사의 무리(n = 5,328마리) 중 매트리스우사(mattress-based free stall) 및 모래우사(sand-based free stall)에서 사육중인 소의 각각 14.1% 및 1.8%가 무릎이 부어 있었다고 발표하였다.

이상의 파행이나 무릎 손상 발병률의 결과로 볼 때 소의 복지, 특히 발 및 다리와 관련된 문제가 퇴비우사가 후리스톨 우사에서보다 더 좋아질 가능성이 있음을 시사하고 있다. 그러나 퇴비우사의 경우 소가 폐렴(pneumonia)이나 안구 염증(eye irritation)에 감염될 수 있는 먼지에 대한 문제나 암모니아 및 황화수소(hydrogen sulfide) 수준 같은 공기의 질에 대한 염려가 있지만, 이 분야에 대해서는 더 많은 연구가 필요하다.

#### ④ 퇴비 유우사의 관리 요소

- 홀스타인종이나 비슷한 크기의 품종들은 적어도 마리당 24～25.5 $m^2$, 저어지종에게는 19.5 $m^2$를 제공한다.
- 깔짓은 곱고 건조한 나무 대팻밥이나 톱밥을 쓰도록 한다.
- 퇴적상이 푹신하고 산소가 통하는 상태로 유지될 수 있도록 하루에 두 번 25cm 이상의 깊이로 통기시킨다.
- 깔짓이 소의 몸에 달라붙기 시작하면 깔짓 을 보충한다(깔짓을 여유 있게 비축하고 있어야 깨끗한 깔짓을 늦지 않게 보충할 수 있다).
- 퇴적상의 수분을 증발시키기 위한 열이 생산되도록 생물적 활동을 증가시킨다. 그리고 축사 내부의 수분제거를 위해 환기를 잘 시킨다.
- 착유시간에 퇴적상을 아주 좋은 상태로 준비한다.

최근 관찰결과들에 따르면, 퇴비 유우사는 비유중인 젖소에게 적절한 수용시설이 될 수 있다. 특히 소규모에서 중규모의 낙농가나 대규모의 후리스톨 낙농가에 특별한 필요에 따라 적합한 시설이다. 그러나 어떠한 사육방식에서든 원하는 결과를 얻기 위해서는 전적으로 최적의 관리가 필요하다. 따라서 젖소사육을 위한 많은 수용시설 중에서 생산자들은 그들에게 가장 좋은 결과를 가져올 사육방식을 선택해야 할 것이다.

### 나) 콘크리트 슬래브나 지붕을 갖춘 시설

가축분뇨는 침출수의 유출을 방지하기 위하여 경사진 콘크리트 바닥과 슬래브(curbed concrete slab) 측벽으로 된 저장장소에 로더(front- end loader)나 스크레이퍼(scraper blade)가 부착된 트랙터로 운송하여 저장된다.

그림 5-80. 고형분뇨 저장 - 경사진 콘크리트 슬래브 전후 - 적절한 분뇨저장 시스템이 갖추어져 있다.

그림 5-81. 측벽과 경사로가 갖춰진 고형이나 반고형 분뇨 저장 콘크리트 슬래브

그림 5-82. 지붕이 있는 저장시설

### (2) 반고형상 분뇨

반고형상(semisolid : slurry) 가축분뇨의 가능한 저장방법은 두 가지가 있다.

#### 가) 지상에 콘크리트 슬래브 설치

이러한 유형의 저장소는 트랙터가 쉽게 접근할 수 있도록 경사진 콘크리트 바닥, 콘크리트로 차단벽 및 진입로가 필요하다. 바닥의 경사에 의해 퇴적된 가축분뇨에서 유출된 액체는 낮은 지점에 모아 퍼내 제거할 수 있으며, 남은 고체는 로더(loader)가 장착된 트랙터에 의해 제거된다.

#### 나) 콘크리트 저장

반고형상 가축분뇨는 점토(粘土 : clay) 함유량이 낮은 토양에서는 3면이 철근 콘크리트로 구조물 및 지붕을 갖춘 구조물에 잘 저장될 수 있다. 열린 쪽의 아래로 경사진 콘크리트 바닥은 배수를 수집할 수 있는 장치가 필요하다.

### (3) 액상분뇨

가축과 가금류의 액상분뇨(液狀糞尿 : liquid manure) 수집 및 처리 시스템에서 가장 중요한 요소는 수집된 분뇨와 관련된 요소들(세척수, 폐기사료 등)의 저장용량이다. 액상분뇨는 일반적으로 축사바닥 밑(under-floor pit)이나 옥외 탱크 또는 산화지(pond) 및 처리조(treatment lagoon)에 저장된다. 여기에 수집된 분뇨는 매일 혹은 상황에 따라 분뇨처리시스템에서 처리된다.

그림 5-83. 안전 울타리로 접근을 제한한 콘크리트 분뇨 저장소

### 가) 액상분뇨 시스템이란?

액상분뇨의 수집 및 처리 시스템은 실제로는 유동성 가축분뇨의 수집 및 처리 시스템이다. 이 시스템들은 분뇨의 밀도나 농도 및 유동 특성을 기반으로 선택된다. 가축분뇨의 유동 특성은 분뇨의 고형물 함량과 밀접한 관련이 있다.

액상분뇨의 저장용량은 1년 중 토지에 가축분뇨 액비의 시용이 불가능한 전체 기간과 다른 비료의 시용계획에 따라 결정된다. 농경지에 가축분뇨 퇴비를 시용하는 시기는 대상 작물의 성장시기와 지역의 날씨에 달려 있다. 저장된 분뇨는 다음 저장기간 동안에 예상량의 분뇨를 채울 수 있도록 계획된 저장기간 내에 모두 소모되어야 한다.

### 나) 배출된 분뇨의 유형

배설된 가축 분뇨의 수분함량은 수집에서 저장에 이르는 과정 동안 변화한다. 액상분뇨의 수집과 처리시스템에서는 음수과정에서 흘린 물, 세척수(wash water), 청소수(flush water), 빗물 그리고 강우 유출수(stormwater runoff)가 유입된다. 모든 액상분뇨는 콘크리트 탱크, 지상의 유리내장 강철 탱크(above-ground glass-lined steel tank), 흙으로 된 산화지(earthen pond) 등 불 침투성 밀폐공간에 저장된다. 이러한 저장시설은 덮개를 설치하거나 열린 상태로 둘 수 있다. 액상형태의 저장은 사내양돈(舍內養豚) 농가 및 프리스톨(free stall) 방식의 젖소 사육농가에서 흔히 이용하는 방법이다. 액상분뇨 저장의 일반적인 유형은 다음과 같다.

#### ① 지하 콘크리트 저장소

축사 지하의 콘크리트 저장소(underbarn concrete storage)는 바닥 및 벽이 철근 콘크리트로 된 사각형 탱크로 대개 틈 바닥 축사(slatted barn)의 바닥 아래쪽에 위

그림 5-84. 인공 라이너(liner) 흙 산화지

치한다. 이곳에 저장된 분뇨는 치우기 전에 교반할 때 유독한 폭발성 가스가 발생하므로 축사를 충분히 환기시켜야 한다.

② **외부 콘크리트 탱크**

바닥 및 벽이 철근 콘크리트로 된 원형 또는 사각형 탱크로 부분적 또는 전적으로 지중(地中 : in-ground)에 설치된다. 그리고 이 시설은 악취 발생량의 감소, 강수의 불침투 및 안전한 운영을 위해 커버를 설치한다. 액상분뇨를 저장하는 데 있어 강한 냄새를 줄이기 위해 선택하는 일반적인 일시적인 커버로 짚류가 혼합된 부유성 층(emporary floating straw crusts), 방수포(防水布), 플라스틱 돔(plastic dome) 등이 있으며, 영구적인 시설로는 강철, 나무나 콘크리트 구조물 등이 있다.

그림 5-85. 액상분뇨 저장-슬랏바닥(latted floor) 축사 지하의 콘크리트 저장소 (공사중)

그림 5-86. 액상분뇨 저장-슬랏바닥 축사 지하 저장소와 원형 콘크리트 탱크

그림 5-87. 분뇨저장 산화지(earthen, non-earthen lagoon)

축사 외부에 지중이나 부분 지중으로 설치된 저장소는 안전을 위해서 울타리를 설치하고, 통행로는 차량 통행이 가능하도록 철근 콘크리트로 덮는다. 저장소의 바닥 높이는 최대 지하수면(地下水面) 및 기반암(基盤岩)에서 0.5m 이상이어야 한다.

③ 산화지

일반적으로 흙으로 된 산화지(酸化池 : lagoon)는 침투성이 높은 토양의 경우에는 내벽에 라이너(liner)를 설치하여야 한다. 흙으로 된 산화지는 저장 동안에 내벽에 구멍이 뚫릴 위험이 있어 환경보호 차원에서는 바람직하지 않다. 라이너의 투수성(透水性) 등급은 $10^{-7}$cm/sec 이상으로 하고, 토양의 침투성 검사 후 환경인증 승인이 필요하다. 적합한 다른 형태의 라이너는 벤토나이트(bentonite)와 지오텍스타일(geotextile) 자재가 있다.

저장기간의 마지막까지 완전히 비워지지 않고 남아 있는 내용물은 여전히 산화지에서 분해되고 있으므로 저장되는 동안 냄새가 나고 과부하 산화지가 된다. 보통 펌프로 오수나 슬러리를 퍼내기 전 교반하여 침전되거나 떠다니는 고형물을 부유된 상태로 만든다. 분해된 고형물은 산화지에 축척되어 10년이나 그 이상을 주기로, 혹은 재 저장 잔여물 처리량에 대한 설계 시스템의 기술에 따라 제거하여야 한다.

### 3) 가축분뇨 저장 안전

가축분뇨 저장시설은 가축 사육에 있어 필수적인 부분으로 가축분뇨의 성분은 이 시설에서 토양에 시용하거나 다른 처리에 적합하도록 유지된다. 가축분뇨는 가축 수용시설 근처나 바로 아래의 폐쇄된 구조물에 저장될 수 있으며 땅위의 탱크나 저장못(storage pond), 산화지(lagoon) 등 개방형 구조물에도 저장될 수 있다.

그림 5-88. '위험 : 액상분뇨 저장시설' 같이 모든 종류의 액상분뇨 저장소에 표시하여 알려줘야 한다.

각 종류의 분뇨처리 시스템마다 위험요소들은 달라진다. 일반적으로 폐쇄된 구조물(enclosed structure)은 분뇨의 분해과정 중 생산되는 가스와 관련된 질식위험이 있는 반면에 개방형 구조물(open structure)은 흔히 익사와 관련이 있다. 그리고 대부분의 시스템은 얽혀 듦의 피해가 생기는 펌프나 기계부품들을 포함하고 있으므로 설비의 가동에 따른 피해와 위험상황 방지법을 검토하여 위급상황에 대처하는 계획을 갖는 것은 중대한 일이다.

### (1) 폐쇄된 구조물의 위험요소

폐쇄된 구조물, 특히 지하에 있는 구조물들은 잠재적으로 사람과 가축에게 매우 위험하다. 저장되고 있는 동안 분뇨는 분해가 계속된다. 결과적으로 잠재적 위험성이 있거나 치명적인 가스가 다량으로 생산되지만, 대부분은 낮은 수준으로 남아 있거나 환기 시스템에 의해 적절히 희석된다. 이 가스들에 치명적으로 노출될 수 있는 상황들은 아래와 같다.

- 저장피트(pit)로부터 펌프질(pumping) 전이나 펌프질 중 교반
- 정전이나 환기 시스템의 고장
- 가연성 가스나 폭발성 가스의 축적

### (2) 발생 가스와 관련 우려들

#### 가) 황화수소

황화수소(hydrogen sulfide)는 폐쇄된 분뇨저장 구역에서 사람에게 매우 위험하다.

이것은 '계란 썩는 냄새'라는 특징을 가지고 있으며 공기보다 무거워 구조물의 아래쪽, 특히 공기의 순환이 거의 되지 않는 모퉁이에 축적되는 경향이 있다. 이것은 빠르게 후각 기능을 마비시키므로 사람은 이 가스를 흡입한 후에는 높은 수준의 가스도 감지할 수 없게 된다. 황화수소는 분뇨를 교반할 때 순식간에 방출될 수 있다. 낮은 수준(10ppm)에서 눈을 자극할 수 있으며 500ppm 이상에서는 사망을 초래할 수도 있다.

### 나) 암모니아

암모니아(Ammonia)는 뚜렷이 톡 쏘는 자극적인 냄새를 가지고 있으며, 공기보다 무겁다. 이것은 50ppm 정도에서 사람을 자극한다. 만약 암모니아가 1,000ppm이나 그 이상의 수준이 되면 치명적일 수 있지만, 대부분은 사람들이 이 수준에 이르기 전에 건물을 벗어나게 된다. 높은 암모니아 수준에 오래 노출되는 것은 동물의 생산성에도 영향을 줄 수 있다.

### 다) 메 탄

메탄(methane)은 50,000ppm 이상일 때 폭발의 잠재력이 있기에 우려가 된다. 메탄은 공기보다 가벼우며 냄새가 없다. 2009년 가을, 가축분뇨 저장 피트에서 화재 및

그림 5-89. 이 퇴비 저장 구조물은 울타리가 쳐져 있으며 노출 부분에 생명 보호구들이 있다. 문의 옆 콘크리트 경사로는 구덩이에 빠진 사람과 야생동물에게 쉬운 탈출로를 제공해준다. 이 울타리가 진입을 제한할 수 있으며 어린이들이 구덩이를 탐험하려는 결심을 막아낼 수 있다. 울타리는 철책선이 안전하다.

폭발이 가능한 분뇨량에 대해 보고되었고, 그 뒤 가스의 발생과 관련된 안전 문제들에 대한 새로운 주의를 끌어냈다. 분뇨분해로 인해 발생된 가스 중 잠재적 폭발성이 있는 것들은 황화수소($H_2S$)와 수소화인(phosphine : $PH_3$)이다. 또한 적절히 설계된 혐기성 소화기에서 메탄 생산효율이 증가될 수 있고, 전기 발전을 위해 수집될 수도 있다.

#### 라) 이산화탄소

이산화탄소(carbon dioxide)는 냄새가 없다. 그러나 만약 이산화탄소가 공기중에서 많은 양의 산소를 대체한다면 질식을 야기할 수 있다. 이것은 공기보다 무거워서 황화수소와 같은 지역에 쌓이는 경향이 있다.

#### (3) 개방형 구조물의 위험

개방형 분뇨저장 못이나 지상에 있는 저장탱크 또한 위험성을 내포하고 있다. 가장 명백한 위험은 저장소에 빠지는 것이다. 저장 못은 표면에 크러스트(crust)가 형성되어 단단한 것처럼 보여 사람의 무게도 견딜 것처럼 보인다. 어린이들은 이러한 구조물에서 저장소에 빠질 수 있다. 안전에 대한 주의는 언제나 이 구역에 접근을 막는 조치를 해야 한다. 예를 들면 울타리를 치거나 자물쇠가 있는 문을 설치하거나 쉬운 진입을 막을 수 있는 콘크리트 구조물의 외벽 같은 것이 있다. 빠지는 것을 막기 위해 보호경이나 구명조끼, 밧줄 등과 같은 안전 설비들을 설치하는 것이 좋다. 이런 장비들이 생명을 구할 수 있다.

# 2. 분뇨병원균

## 2.1 가축분뇨와 관련된 병원균과 잠재적 위험

### 1) 병원균이란?

병원균은 질병을 일으키는 생물작용제(biological agent)이다. 동물매개 병원균은 자연적으로 동물에서 인간에게 전염되는 병원균을 말한다. 애완동물, 가축, 야생동물과 인간을 포함한 모든 동물들은 인간 병원체의 잠재적 숙주가 될 수 있다. 여기서는 가축분뇨에 접촉된 물이나 공기를 통해 인간에 전염될 수 있는 가축과 가금류에서 유래한 병원균에 대해서 설명한다.

일반적인 동물매개 감염 병원균은 바이러스(virus), 박테리아(bacteria), 원생 기생충(protozoan parasite) 및 장내 기생충(helminth parasite)이 있다. 동물매개의 바이러스(zoonotic virus)는 접촉에 의해 사람에게 질병을 일으키는 동물이나 모기(yellow fever는 야생 원숭이의 바이러스가 모기를 통해 사람에게 옮긴 질병)와 같은 매개체(질병의 전염매체)에서 주로 발견된다. 바이러스는 숙주의 세포 안에서만 증식할 수 있다. 최근까지 가축의 분뇨를 통해 전염된 바이러스의 대부분은 동물매개 바이러스가 아니라고 여겨왔지만, 그러한 생각들은 최근에는 다소 바뀌어 반추동물이나 가금류들과 이러한 동물매개 바이러스성 병원균의 연관성이 알려지고 있다.

동물매개 세균성 병원균(zoonotic bacterial pathogens)은 다른 모든 세균들과 마찬가지로 적절한 환경에서 살 수 있고, 지상 및 수중 환경에서 번식될 수 있는 단세포 미생물이다. 동물매개 세균(zoonotic bacteria)은 보통 숙주에는 질병을 유발하지 않고 그 가축의 체내에서 순환한다. 그러나 동물매개 세균이 사람에게 전염되면 질병이 발생되고 상태가 심해질 수 있다. 동물매개 세균에는 살모넬라균(*Salmonella spp.*), *E. coli* 0157 : H7 같은 대장균의 변형(strains of *Escherichia coli*), 리스테리아 모노사이토제니스(*Listeria monocytogenes*), 그리고 캄필로박터종(*Campylobacter spp.*)이 있다.

동물매개 원생 기생충(zoonotic protozoan parasites)들은 다른 동물들에서 발견되는 원생동물(原生動物 : protozoa)로 사람에게 감염될 수 있다. 여기에서 인간이 기본적으로 두 가지의 역할을 한다. 원생동물이 인체에서 이전의 정상 보유 숙주(保有宿主 : reservoir host)에서와 동일하게 성장할 수 있다면 인간은 원생동물의 생활주기(life cycle)에서 우연한 숙주가 될 수 있다. 또한 인간은 기생충의 생활주기에서 다른 척추동물들과 마찬가지로 보유 숙주가 될 수 있다.

가축과 관련이 있는 동물매개 원생동물의 경우 다만 몇 안 되는 소수만이 인간 감염의 우려가 있는 것으로 밝혀졌다. 말, 소, 돼지 그리고 양에서 발견되는 크립토스포르디움 종(*Cryptosporidium spp.*)은 우연히 인간에게 감염되는데, 어린 반추동물에서는 크립토스포리디움 파븀(*C. parvum*)이 대부분이다. 가축의 편모충(鞭毛蟲 : giardia)은 보통 사람들에게서는 발생되지 않지만, 사람에서 사람으로 전염되는 형태로 바뀌어 감염될 수 있다.

동물매개 장내 기생충(zoonotic helminth parasites)은 원생동물과 비슷한 생활주기를 갖고 있는 충류(蟲類 : worms), 선충류(nematodes : round worms), 촌충류

(cestodes, tapeworms) 또는 디스토마류(trematodes, flukes) 등이 있다. 또한 사람은 보유 숙주로서 우연히 같은 방법으로 기생충에 감염되거나 기생충의 생활주기 내에서 다른 척추동물처럼 중간 숙주가 될 수 있다. 다행히 농장에서 사육되는 가축의 경우 거의 모든 장내 기생충이 인간과 관계가 있는 동물매개 기생충은 아니다. 단 하나 분에서 유래된 것으로 인간에게 전염성이 있을 수 있는 것으로 돼지 회충(*ascaris suum*)의 알(egg)이 있다.

## 2) 병원균과 인간의 건강

가축분뇨에 의해 오염된 물의 섭취가 원인이 되어 발발한 인간의 발병과 죽음의 예들이 있다. 발병의 사례(표 5-20)를 들면, 1999년 워싱턴 카운티(Washington County Fair, New York)에서 *E. coli* O157 : H7에 의해 781명이 발발하여 71명이 입원하고, 2명이 사망한 사례가 확인되었으며, 또한 2,000년 캐나다의 온타리오주 워커턴(Walkerton, Ontario, Canada)에서는 *E. coli* O157 : H7 및 *Campylobacter jejuni*에 의해 2,300명이 발발하여 65명이 입원하고, 그 중 7명이 사망하였다. 이런 발병들은 병원균들이 살아남기 위해 토양에 용탈되어 음용수의 원천인 지하수로 침투되는 능력을 보여준다.

표 5-20. 가축분뇨에 노출된 인간의 질병감염이나 사망자 수

| 지 역 | 년 | 병원균 | 질병 감염 | 사 망 | 노출원 |
|---|---|---|---|---|---|
| Walkerton, Ontario, Canada | 2000 | *E. coli* O157 : H7 *Campylobacter* | 2,300 | 7 | 호우 후 우분이 균열된 석회석을 통한 유입으로 오염된 지하수 섭취 |
| Washington Co, NY | 1999 | *E. coli* O157 : H7 | 781 | 2 | 분뇨 저장시설의 배출수로 오염된 염소 처리하지 않은 얕은 우물물 섭취 |
| Springfield, IL | 1998 | *Leptospira* | 98 | 0 | 호우 후 말, 소, 양 등의 분뇨가 유입된 호수에서 수영 |
| Indiana | 1996 | *Cryptosporidium* | 63 | 0 | 호우 후 소의 분뇨가 유입된 호수에서 수영 |

LPELC by Sheridan K. Haack, Nov 17, 2006.

### 3) 가축분뇨의 혐기성 분해에 의한 병원균의 감소

가축분뇨는 많은 미생물들의 숙주이면서 영양 공급원이므로 좀체 병원균이 없을 수 없는 생물학적으로 활성 물질이다. 그러나 특정한 가축분뇨 관리 기술들과 방법에 의해 이런 병원균들의 발생과 증식을 제한할 수 있다.

가축분뇨 관리방법을 결정할 때는 반드시 일반 상식에 따라야 한다. 병원균들은 박테리아, 바이러스, 원생동물, 그리고 기타 병원성 유기체 등 미생물이다. 이러한 병원균들은 동물의 분뇨 내에서 없어지지 않고 지속된다. 병원균을 포함하여 동물과 관련된 미생물은 표 5-21과 같다.

과도하거나 부주의한 가축분뇨 시용과 가축 사육시설의 유거수(runoff)는 지표수를 오염시킬 수 있다. 가축분뇨를 다량 함유한 이런 유거수는 인간 및 동물의 건강에 심각한 위험을 제기할 수 있다. 어떤 미생물들은 동물체외에서도 오랜 기간 지속할 수 있으므로 저장된 것이나 생 분을 땅에 시용할 때는 유해한 병원균을 최소화 하여야 한다.

혐기성 분해(anaerobic digestion)는 가축분뇨에 함유된 병원균의 수를 급격히 줄일 수 있으므로 환경으로 유입되는 병원균의 수를 제한한다. 가축분뇨를 중온성 분해기(mesophillic digesters, 36.7℃)에서 혐기적으로 분해하면 일반 병원균의 95~

표 5-21. 동물관련 미생물

| |
|---|
| 분변계 대장균(fecal coliforms : 박테리아 지표, 모든 대장균형이 병원성은 아님) |
| *Salmonella spp.* (병원균) |
| *Generic E. coli* (모든 대장균이 병원균은 아님), O157 : H7 (병원균) 포함 |
| *Enterococci* (not generally considered pathogenic) |
| *Listeria* (병원균) |
| *Clostridium* (병원균) |
| *Mycobacterium paratuberculosis* (MAP or Johne's) (병원균) |
| *Enterovirus* (병원균) |
| *Campylobacter* (병원균) |
| *Cryptosporidium* (동물의 분변과 관련하여 *C. parvum* 만 병원균) |
| Bovine Spongiform Encephalopathy(BSE), BSE에서 유래한 프리온(prions)은 본래는 병원균이 아니지만 감염원(感染源)으로 간주한다. |

(Animal Manure Management, 2011)

98% 정도가 제거되는 병원균 감소효과가 있다. 혐기적 분해에 의해 감소효과가 있는 미생물과 감염원, 그리고 감소효과는 표 5-22 및 5-23과 같다.

표 5-22. 혐기소화에 의한 미생물(병원균 포함) 및 감염원의 감소 잠재성

| 혐기소화에 의해 감소되는 미생물 | 혐기소화에 의해 감소되지 않은 미생물 |
|---|---|
| *Salmonella* | Bovine Spongiform Encephalopathy(BSE) (감염원 - 비 미생물) |
| *Generic Escherichia coli* | |
| *Escherichia coli* O157 :H7 | |
| *Mycobacterium paratuberculosis* (Johne's) | |
| Bovine enterovirus (BEV) | |
| *Enterovirus* | |
| Fecal coliform | |
| *Cryptosporidium* | |

(Animal Manure Management, 2011)

표 5-23. 우분처리 후 병원균

| | 분변계 대장균, CFU/Gram | MAP CFU/Gram |
|---|---|---|
| 생 분 | 3,836,000 | 20,640 |
| 소화 후 배수 | 3,400 | 136 |

*Mycobacterium avium paratuberculosis* (MAP)
Wright et al. 2001

## 2.2 물을 통한 병원균의 잠재적 이동경로

### 1) 가축분뇨 병원균에 의한 지하수 오염

캘리포니아 데이비스(Califonia-Davis) 대학의 지하수문학자(groundwater hydrologist)인 Thomas Harter는 지하수의 오염에 대한 잠재적 가능성에 대해 "사람의 눈에 보이는 대부분의 병원체들은 현미경하의 미소한 세계에서는 거대한 동물이다. 전형적인 박테리아 병원체는 너무 커서 대부분의 점토(clay)나 퇴적토(silt) 혹은 양질토(loam soil)의 입자들 사이로 들어가지 못한다. 단지 모래흙(sandy soil)만 병원체가 이동하기에 충분한 공극(孔隙 : pore space)을 제공할 수 있다."고 하였다.

여기에서 마저도 병원체들은 때때로 상시 붙어있는 토양입자의 표면에도 충돌한다. 결국 대부분의 병원체들은 지하수나 개울에 도달하기 훨씬 이전에 물의 순환으로 걸러진다. 만약 병원균들이 대수층(帶水層 : aquifer)에 닿는다 하더라도 대수층이 비교적 근거리(30~90m)에 걸쳐 남아있는 병원균의 대부분을 스스로 걸러낸다.

Dan Shelton(Environmental Microbial Safety Lab Research Leader, USDA Agricultural Research Service)은 몇 가지 중요한 예외가 있음을 확인하였다. 즉, 일반적으로 침투가 잘 되는 모래나 돌이 많은 토양, 썩은 식물 뿌리나 굴을 파는 벌레들에 의해 만들어진 통로나 갈라진 틈이 있어 얕은 지하수에 의한 오염 잠재성이 큰 중점토(重粘土), 그리고 석회암 지질층(카르스트 지형, karst)에서 유래된 지역의 토양 등이 여기에 해당된다.

마지막으로 우물의 부적당한 설치에 의해 유기물이 우물 케이싱(well casing)을 따라 용탈되어 지하수를 직접 오염시킬 수 있다.

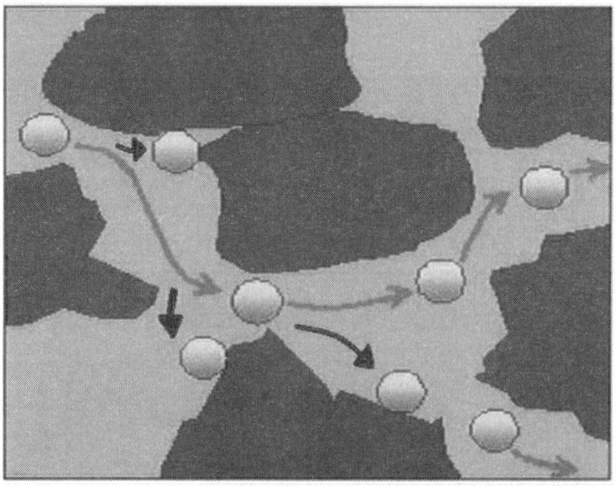

그림 5-90. 일반적으로 원생동물(Protozoa)과 세균성 병원균(bacterial pathogen)은 대부분 토양입자 사이로 들어가기에 너무 크다.
(출처 : Thomas Harter, University of California-Davis)

### 2) 가축분뇨 병원균에 의한 지표수 오염

지표수(地表水 : surface water)의 병원균에 의한 오염은 지하수(地下水 : ground water)의 오염보다 훨씬 흔하다. 가축사육 시설에서 발생된 지표수나 유거수(流去水 : runoff)에 동물의 직접 접촉은 매우 위험하다. 용탈 및 침식 가능성이 높은 지역에 가축분뇨를 시용하는 것은 추가적으로 지표수와 병원균의 잠재적인 접촉 가능성을 높인다. 그러므로 용탈과 침식을 최소화하는 토양 및 영양소의 보전기술은 병원균에 의한 위험 감소를 줄이는 최적 관리기법이다.

### 3) 병원균의 생존에 영향을 주는 환경적 요인들

Jeanette Thurston-Enriquez(USDA Agricultural Research Service scientist)는 병원균의 생존을 줄이는 환경적 요인들을 다음과 같이 요약하였다.

① 높은 온도 : 각 병원균들은 다른 민감성을 가지고 있으나 일반적으로 고온은 개체수를 줄이는 데 매우 효과적이다.

② 시 간 : 박테리아는 살아있는 유기체이므로 영원히 살 수는 없다.

그림 5-91. 지렁이, 식물뿌리 및 균열에 의해 생긴 큰 공극(macropores)을 통해 병원균이 여과되지 않고 토양으로 들어갈 수 있다.
(출처 : Cornell University)

그림 5-92. 개방축사에서 발생된 통제되지 않은 유거수는 매우 위험한 병원균 원천이다.
(Image courtesy NRCS photo gallery)

③ 햇 빛 : 햇빛은 병원균에 몇 가지 영향을 미친다. 햇빛은 병원균을 건조시키고 자외선(UV light)은 병원균을 비활성화 한다.
④ 건 조 : 건조는 자연환경에서 병원균을 비활성화 하는 좋은 방법 중 하나이다.

# 3. 소규모 농장

여기에서 소규모 농장(small farm )이란 고용 경영인(雇傭經營人)에 의해 운영되지 않는 자영농장(family farm)이나 비(非)가족농장(nonfamily farm)을 이른다.

## 3.1 가축분뇨 영양소 관리

### 1) 가축분뇨의 긍정적 영향

적절히 관리된 가축분뇨는 농장의 귀중한 자원이 될 수 있다. 가축분뇨는 작물생산에 필요한 영양원이 되고, 토양의 질을 개선한다. 분뇨에 함유된 유기물은 토양의 경작 적성 및 토양 용수량(土壤容水量)을 향상시킬 수 있다. 가축 및 가금의 분뇨는 작물과 목초생산에 귀중한 비료이다. 그러나 대부분의 목장 주인은 자신의 농장에서 생산되는 분뇨의 가치를 잘 알지 못한다.

### 2) 가축분뇨의 부정적 영향

적절히 관리되지 않은 가축분뇨는 환경을 오염시킬 수 있다. 주로 질소(N), 인(P), 그리고 탄소(유기물)에 의해 지하수와 지표수를 오염시킨다. 또한 분뇨는 대기오염 문제, 상수도의 병원균, 악취, 먼지, 그리고 해충의 존재로 이어질 수 있다.

#### (1) 가축분뇨의 영양소

가축분뇨 함유 영양소는 토양과 식물성장에 이로울 수 있다. 그러나 가축분뇨의 시용수준은 식물의 요구량을 기준으로 결정해야 한다. 가축분뇨의 과다시용으로 영양소가 용탈되고 유거수를 통한 손실이 증가한다. 또한 분뇨는 비소(砒素 : As), 구리(Cu) 및 아연(Zn) 같은 가용성 염류(可溶性鹽類)와 광물질을 함유하고 있어 지나치게 많은 양의 시용은 토양의 특질에 부정적인 영향을 줄 수 있다.

분뇨영양소(N, P 및 유기물)는 강, 호수 및 하구퇴적지(河口堆積地)의 주요한 오염원이 될 수 있으며, 질소와 인은 토양입자에 붙어 유거수를 통해 수로(水路)로 용탈되거나 바람에 의해 퇴적될 수 있다. 용해된 질소와 인은 토양을 통해 용탈되어 결국에는 수역(水域 : water body)에 도달하고 유기물은 분뇨, 식물체나 동물 사체에서 비롯되어 수역으로 유입될 수 있다. 광물질, 유기물 등의 영양소가 풍부한 물은 식물, 특히 조류(藻類 : algae)의 확산을 촉진한다. 이 과정을 부영양화(富營養化 : eutrophication)라 한다. 조류의 증식과 유기물의 분해로 물속의 용존산소량(dissolved oxygen content)이 줄어들면 수중생물의 죽음을 초래할 수 있다.

#### (2) 병원균 및 해충

분뇨에는 대장균(*E. coli*), 살모넬라(*Salmonella*) 및 크립토스포리디움 파붐(*Cryptosporidium parvum*) 같은 병원균도 존재한다. 이러한 병원균들은 수역을 악화시킬 수 있으며, 잠재적으로는 분뇨나 오염된 물에 접촉된 식품을 섭취했을 때 인간의 건강을 해칠 수도 있다. 농장에서는 파리와 설치류도 분뇨와 관련된 또 다른 관심사이다. 이러한 문제점들은 축사 및 분뇨 저장시설의 적정 설계와 분뇨 퇴적더미를 뒤집거나 옮길 때 적절한 취급절차를 통해 최소화 할 수 있다.

#### (3) 공기의 질

공기의 질에 대한 우려는 악취, 부유성 고형물(浮遊性固形物 : particulate matter), 공기중 병원균에서 발생한다. 분뇨에서 발생된 암모니아는 악취를 유발하고, 대기중의 다른 화합물과의 반응으로 부유성 고형물(PM 2.5)을 형성하여 환경과 공중위생에 악영향을 끼칠 수 있다.

분뇨에서 발생되어 공기의 질에 영향을 미치는 황화수소(hydrogen sulfide), 온실가스(메탄 및 아산화질소), 그리고 다른 휘발성 유기화합물의 발생량은 많은 차이가 있다. 먼지에서 발생된 부유성 고형물과 대기중에서 다른 화합물과 반응한 암모니아도 우려된다.

### 3) 작은 농장은 큰 농장과는 다르다.

작은 농장의 가축분뇨 관리는 큰 농장과 원리는 유사하지만 많은 차이가 있다. 작은 농장은 동물 마리수가 작고 때로는 한 농장에 여러 종의 동물을 사육하기도 한다. 이런 농장은 대개 가축분뇨를 살포할 경작지가 제한적이고 장비가 부족한 경우가 많다.

#### (1) 분뇨의 생산과 특성

분뇨는 가축 및 가금사육에서 발생되는 불가피한 부산물로 작물과 목초생산에 유기물과 비료원이 될 수 있는 소중한 물질이다. 또한 분뇨는 혐기분해를 통해 메탄가스(biomethane)를 생산하여 농장의 에너지원으로 쓸 수 있을 뿐만 아니라 열분해, 가스화, 연소(燃燒)같은 열화학적 과정을 통해 열이나 전기를 생산할 수 있다.

#### (2) 생산되는 분뇨의 양

일반적으로 가축분뇨에는 가축의 배설물(분뇨), 깔깃, 허실된 사료, 물(음용수, 세척수), 털, 토양 등이 포함되어 있다. 발생되는 분뇨의 양은 다음의 몇 가지 요인에 따라 달라진다.

- 동물의 종류(반추동물 혹은 비반추동물)
- 사료(조사료 위주 혹은 곡물 위주)
- 동물의 연령(사료섭취량에 영향을 미칠 수 있다.)
- 동물의 환경
- 동물의 생산성

#### (3) 분뇨의 성분

분뇨의 화학특성은 주로 동물이 섭취한 사료의 화학성분에 달려 있다. 동물은 섭취한 사료를 대사하여 자신에 필요한 에너지를 충당하고, 새로운 체조직과 산물을 생산한다. 대사 후 생성된 노폐물은 주로 요(尿)에 모아져 분(糞 : 주로 이용되지 않은 사료)과 함께 배출된다.

동물의 영양소 요구량은 동물의 종류 및 생산단계에 따라 달라진다. 일반적으로 동물의 단백질 요구량이 줄어들면 급여되는 사료의 단백질 함량도 줄어들고, 그에 따라 체중에 대한 질소의 배설 비율도 감소된다. 반면에 섭취한 광물질(예: Cu, P, Na, K)의 수준이 증가하면 분뇨의 이런 영양소 함량도 증가한다.

## 3.2 가축분뇨의 저장

소규모 농장의 가축분뇨 저장은 고형상태에 중점을 두고, 분뇨저장 시설의 관리 목표는 악취문제(파리, 미학적 관점)와 환경영향(물, 대기)을 최소화하는 것이다.

### 1) 퇴적 분뇨의 관리

다음과 같은 적절한 관리를 통해 저장된 분뇨로부터 파리와 악취발생을 줄일 수 있다.

① 가능한 한 분뇨를 건조한 상태로 유지한다.
② 파리의 산란기에는 주기적으로 농장에서 분뇨를 치우도록 한다.
③ 퇴적더미에 자연적으로 발생하여 퇴적더미에 이익을 주는 말벌(wasp : 작고 쏘지 않는 파리 포식자) 및 기생균을 위해 살충제를 쓰지 않도록 한다. 이 말벌은 파리 계절에 활발히 활동하고 건조한 분뇨를 더 선호한다.
④ 겨울동안 비축한 분뇨 퇴적더미는 파리의 산란 계절이 오기 전(<13℃)에 치우도록 한다.

### 2) 축사와 목장 주변의 관리

축사 및 목장 주변의 파리 및 악취의 발생을 줄이고, 진창이 되는 것을 예방하기 위해서는 정기적으로 스크레이퍼(box scraper), 스키드 로더(skid loader), 로더가 부착된 트랙터를 이용하여 분뇨를 치우고 적절하게 퇴적한다.

### 3) 저장하느냐 뿌리느냐?

만약 퇴적된 분뇨가 제대로 처리되지 않는다면 건강, 냄새 및 수질문제를 초래할 수 있다. 배설된 분뇨를 매일 모아서 살포기에 실어 농경지 및 채초지 또는 목초지에 뿌리는 것도 하나의 선택방법이다. 그러나 이 방법은 시간이 많이 소요되는 일로 토양수분, 날씨나 시기와 상관없이 연중 행해져야 한다. 수분으로 포화상태인 토양에 살포하는 것은 토양을 다져 토질을 악화시키고, 얼어붙은 땅에 살포하는 것은 경작지

밖으로 분뇨를 유출시킬 위험이 있으므로 피하는 것이 좋다. 일일 살포의 대안은 분뇨 이용시기에 대비해 비축하거나 퇴적해 놓는 것이다. 비록 농장에서 사육중인 가축의 숫자가 많지 않다 하더라도 적절한 분뇨처리 계획이 시행되지 않는다면 문제를 만들어 내기에 충분한 양의 분뇨가 발생될 것이다.

예를 들면, 한 마리의 말은 하루에 23kg의 분을 배설하고 이것을 연간 배설량으로 환산하면 8.4$m^3$(9톤)에 해당된다. 이 말이 일 년 동안 배출하는 분뇨 및 깔깃의 총량은 19$m^3$를 초과할 수도 있다. 따라서 이 양을 저장하기 위해서는 분해 및 퇴적정도에 따라 다르지만, 대략 가로 및 세로 각각 3.6m, 깊이 0.9～1.5m 정도의 공간이 필요하다.

### 4) 분뇨 저장의 원칙

저장 분뇨의 종류나 퇴적 규모에 관계없이 언제나 지켜야 할 다음과 같은 몇 가지 기본 원칙들이 있다.

① 깨끗한 물은 깨끗이 유지한다. 이것은 지붕이나 지표면 유거수는 퇴비 저장시설을 우회해야 함을 의미한다. 홈통 및 낙수받이를 설치하여 지붕의 유거수를 모아 지하의 배출 파이프로 보내거나 배수가 잘 되는 토양의 지하수로 되돌려 보내는 것이 가장 좋은 방법이다.

② 더러운 물은 처리한다. 분뇨 퇴적더미나 가축이 밀집된 사육지역에 떨어진 비는 잘 유지되고 있는 식생대(植生帶 : vegetated filter strip) 같은 처리구역으로 배수되어야 한다. 식생은 유거수에 포함된 많은 오염물질을 흡수하여 줄여준다.

③ 분뇨를 범람할 위험이 없는 지역에 저장한다. 분 저장 장소에 닿은 범람한 물은 분뇨를 강 하류로 옮기고 광범위한 수질문제를 야기한다.

④ 분뇨를 싣고 부리는데 접근성이 좋은 곳에 저장한다. 작업능률은 분뇨의 처리설비를 적절히 관리하는 데 있어 중요하다.

⑤ 분뇨 저장장소의 부지를 선정할 때 경사가 급한 곳은 피하도록 한다. 경사가 가파를수록 저장장소를 관리하는 것은 더 힘들고, 분뇨가 외부로 유출될 가능성이 더 커진다.

⑥ 저장된 분뇨를 시용할 때는 분뇨에 포함된 영양소와 작물이 필요로 하는 영양소량을 맞추어 단위 면적당 적당한 수준으로 시행하도록 한다.

### 5) 가축분뇨 저장 시 고려사항

저장은 매우 간단할 수도 혹은 꽤 복잡할 수도 있으며 매우 저렴하거나 상당히 비싸질 수도 있다. 선택은 요인들의 수에 달려 있다.

### (1) 저장 부지

분뇨의 저장시설을 고려할 때 맨 먼저 결정해야 할 것은 장소이다. 장소는 가축 사육에 매우 편리한 곳이어야 하지만, 그 외에도 고려해야 할 것들이 있다.

가축분뇨 저장소는 어떠한 종류의 범람원이든 반드시 그 바깥에 위치해야 하며 배수를 위해 약간의 경사가 있어야 한다. 그러나 그 경사가 너무 심하면 유거수에 의한 문제가 발생될 수 있다. 가축분뇨가 유거수에 휩쓸려 강이나 호수로 흘러나가는 것을 막는 것은 중요하다. 가축분뇨가 제대로 관리되지 않으면 매우 심각한 오염원이 되어 분뇨에 함유되어 있는 박테리아, 인, 질소 그리고 유기물들은 수생생물과 인간에게 피해를 입힐 수 있다.

가축분뇨 저장소의 위치를 결정할 때 냄새의 관리는 또 하나의 고려사항이다. 시

표 5-24. 가축 두당 1일 상대적 분뇨 생산량

| 동물종류 및 생산형태 | | kg/일/두 | $cm^3$/일/두 |
|---|---|---|---|
| 육 우 | 경산우 | 55 | 54,934 |
| | 미경산우 | 22 | 22,936 |
| 유 우 | 비유우 | 68 | 67,960 |
| | 경산우 | 38 | 36,811 |
| | 송아지(150 kg) | 8.5 | 8,495 |
| | 미경산우(440 kg) | 22 | 22,087 |
| | 송아지(118 kg) | 3.5 | 3,398 |
| 산란계 | | 0.088 | 87 |
| 돼 지 | 임신돈(200 kg) | 5 | 5,097 |
| | 비유돈(192 kg) | 12 | 11,609 |
| | 수태지(200 kg) | 3.8 | 3,681 |

(ASAE, 2005)

설과 관련된 바람의 방향에 주의해야 한다. 마지막 사항은 미학적 관점이다. 가능하면 시설을 이웃이나 오가는 사람들이 보이지 않는 곳에 설치하도록 한다. 때로는 나무나 관목들이 차폐물이 되어 주기도 하고 또한 냄새도 줄여 준다.

(2) 저장소의 크기

저장 시설의 크기를 정하는 것은 다음 세 가지 요인들에 의한다.

① 사육하는 가축수와 발생되는 분뇨의 양(표 5-24)
② 저장된 분뇨가 비워지기 전까지 분뇨의 저장기간
③ 분뇨 저장시설의 건축비

한 마리의 소에서 발생되는 분뇨의 무게와 양을 인용해 보면, 단지 몇 마리의 동물에 의해 저장시설이 얼마나 빨리 커질 수 있는지를 쉽게 알 수 있다. 또한 이상적인 저장소의 규모는 6개월간 계속해서 저장할 수 있는 크기로 최소 저장기간은 3개월이다.

## 4. 축사 및 가축분뇨 저장소의 악취관리

냄새는 가축생산의 일부분이다. 가축사육 시설과 가축분뇨 저장 및 처리시설에서 발생되는 악취(惡臭)가 공공에 가장 크게 영향을 미치므로 악취관리는 새로운 축사를 건축하기 이전에 미리 고려하여야 한다. 악취로 인한 이웃 간 분쟁을 피하는 가장 중요한 단일 고려요소는 분리거리(separation distance)이다. 그리고 가축분뇨 관리체계가 제대로 설계되고 운용되어야 악취를 감소시킬 수 있다.

이웃이나 비농업용 토지와의 거리에 의해 악취저감을 위한 기술과 관리의 수준은 달라진다. 가장 일반적이고 효과적인 악취제어 방법은 가축분뇨에서 발생되어 대기중으로 방출되는 악취유발 가스의 생성량을 줄이고 가능한 한 빨리 냄새를 분산시키는 것을 기본 바탕으로 한다.

### 4.1 악취의 원인

가축분뇨는 생물학적 분해에 의해 암모니아, 황화수소, 그리고 메르캅탄(mercaptan)과 아민(amine) 등 다른 화합물을 생성한다. 이런 화합물들의 조합으로 아주 낮은 농도(ppm)에서도 악취가 발생될 수 있다. 생산되는 화합물의 종류는 가축분뇨에서 일어나는 생물학적 과정에 달려 있다.

그림 5-93. 공기희석을 최대화하기 위한 지붕 배기구

악취의 발생을 제어하는 요소는 다음과 같다.

① 가축분뇨에 존재하는 세균에 의해 유기물이 분해될 때 악취가스가 발생된다. 주로 호기성 세균이 기본적인 냄새의 원인인 이산화탄소를 생성하고, 혐기성 세균은 암모니아와 황화수소를 주로 생성한다. 가축분뇨에 존재하는 세균의 종류는 분뇨처리 방식에 따라 다양하다. 일반적으로 호기성 세균은 주로 표면에 존재하는 반면에 혐기성 세균은 표면 아래에 존재한다.

② 온도가 세균 활동의 속도를 제어한다. 온도가 높을수록 생물학적 활동이 빨라지고, 그 결과 가스발생량이 증가한다. 이것은 추운 날씨조건에서는 악취발생이 덜하다는 것을 설명하고 있다.

③ 생물학적 활동이 일어나기 위해서는 수분이 필요하다. 가축분뇨가 건조됨에 따라 세균활동이 느려져 중지할 수도 있다. 또한 과다한 수분은 가축분뇨의 내부조건을 쉽게 혐기상태로 이행시켜 악취를 유발하는 혐기성 세균의 활동을 북돋운다.

④ 폐기물이나 가축분뇨의 종류도 발생되는 가스의 종류 및 양에 영향을 미친다. 예를 들면, 액상(液狀)의 가금 배설물은 고형(固形)의 브로일러(broiler) 배설물 보다 황화수소 발생량이 더 많다. 또한 우유 처리시설에서 발생되는 폐수를 분뇨처리장에 유입시키면 악취문제를 더욱 악화시킬 수 있다.

⑤ 입자의 크기나 표면적도 냄새생성의 속도에 영향을 미친다. 표면적이 넓을수록 세균활동의 진행은 더 빨라진다.

⑥ 화학적으로 생성과정을 변경시켜 악취물질의 종류 및 양을 감소시키거나 증가시킬 수 있다.

보통 가축분뇨의 악취는 저장 중 미생물의 분해에 의해 발생하여 분뇨 중에 갇혀 있다가 교반, 이동이나 시용할 때 방출된다. 냄새관리의 목적은 냄새의 빈도, 강도, 기간, 불쾌감을 감소시켜 가축생산업을 긍정적으로 받아들일 수 있게 관리하는 것이다.

## 4.2 축사에서 악취관리

① 축사에서 발생되는 가축분뇨는 매일 수집하여 외부의 저장시설에 반출하여 저장한다.
② 고형으로 가축분뇨를 관리하는 체계에서는 수분흡수를 위해 깔깃을 충분히 공급하도록 한다.
③ 가축분뇨 저장시설에서 유출수가 발생하지 않도록 한다.
④ 축사의 청소는 고압세척기를 사용한다.
⑤ 새로운 가축을 연속해서 입식할 때는 축사를 청소하고 소독한 후 입식한다.
⑥ 냄새는 공기중 먼지입자에 흡수되고, 공기를 통해 이동하므로 축사 내부의 먼지수준을 낮게 유지한다. 사료에 수분이나 유지(油脂)를 첨가하여 급여하는 것도 먼지발생을 줄이는 방법이다
⑦ 축사 내부의 공기흐름을 양호하게 유지한다.
⑧ 환기 팬(fan) 및 배기구(shaft)를 청결하게 유지한다.
⑨ 배기구는 통기가 최대가 되는 장소에 설치한다. 일반적으로 배기구의 위치가 높을수록 배기가스의 희석률을 훨씬 더 높여준다.
⑩ 축사의 배기구는 지역적 혹은 계절적으로 우세한 바람을 이용할 수 있는 위치에 설치하는데 가능하면 가장 가까운 이웃 주택과 떨어진 곳에 설치한다.
⑪ 축사 내에 권장되는 밀도 이상의 가축을 사육하지 않도록 한다.

## 4.3 가축분뇨 저장시설의 악취관리

악취발생 가스의 대부분은 가축분뇨의 저장 중에 발생한다. 실제로 대부분의 가축분뇨는 혐기적으로 저장된다. 혐기조건에서는 악취유발 가스의 생성이 촉진되고, 이런 가스들은 저장소 밖으로 빠져나와 즉시 문제를 일으키거나 나중에 농경지에 시용하는 동안 방출된다.

그림 5-94. 악취통제를 위해 커버(cover)를 갖춘 콘크리트 액상분뇨 저장소

### 1) 고형상태 대비 액상 분뇨

일반적으로 고형분뇨 처리방식이 액상분뇨의 처리에 비해 악취발생이 덜하다. 고형분뇨 퇴적더미는 표면이 자연 밀폐되어 퇴적더미를 펼치기 전에는 악취가 거의 발생되지 않는다. 그러나 개방된 액상분뇨 저장소에서의 악취발생은 일반적이다. 액상분뇨 저장시설에서는 분뇨를 투입할 때 외에도 비바람 등 날씨의 변화에 의해서도 슬러리가 동요되어 악취유발 가스가 발생할 수 있다.

액상분뇨 저장시설에 덮개를 설치하는 것은 악취발생을 최소화하는 데 효과적인 방법이다. 액상분뇨 저장시설에 덮개를 설치하면 다음과 같은 이점이 있다.

- 비바람에 의해 액상분뇨가 교반될 가능성이 줄어든다.
- 악취를 품은 공기가 분뇨 저장시설에서 이웃 거주지로 확산되는 것이 줄어든다.

가축분뇨 저장시설을 평가할 때는 잠재적인 악취발생의 감소를 위해 다음의 지침을 고려한다.

① 시용시기가 보다 융통성이 있도록 액비탱크의 저장용적을 약간 여유 있게 제작한다. 이로써 저장중인 액상분뇨가 넘치는 것이 예방되고 가장 적절한 시기 및 기상조건에 맞춰 시용할 수 있게 된다.

② 가축분뇨를 액체와 고체 부분으로 구분하여 저장하면 혐기상태로의 이행을 줄일 수 있다.

③ 가축분뇨 저장시설에 사일리지 침출수나 조사료 찌꺼기가 섞이지 않도록 한다. 가축분뇨에 사일리지 침출수나 조사료 찌꺼기가 섞이면 더 강한 악취가 발생된다.

④ 액상분뇨 저장탱크 내부의 액체수준보다 낮은 위치에 인입관(引入管 : inlet pipe)을 설치하여 표면이 교반되는 것을 방지한다.

⑤ 완충지대로 나무를 심거나 가축분뇨 저장시설 주변을 복토(覆土)하여 저장중인 가축분뇨 표면으로 공기가 이동하는 것을 줄인다. 또한 이것은 분뇨 저장소가

표 5-25. 악취제어에 쓰이는 화학약품

| 범 주 | 화합물 | 주요물질 | 장 점 | 단 점 |
|---|---|---|---|---|
| 산화제 | 오 존 | 황화수소 | 강한 산화제 및 살균제 | 불안정, 현장 생성이 필요, 1ppm의 낮은 수준으로도 독성 |
| | 과산화수소 | 황화수소 | 좋은 산화제, 약한 살균제, 무독성 부산물, 황산염 환원제(sulfate reducer)의 재생 억제 | 암모니아 또는 냄새가 나는 유기체는 처리 불가, 긴 접촉시간이 필요, 고가 |
| | 칼 륨 | 황화수소 | 강한 산화제, 안정적이고 쉽게 처리, 비부식성 | NH나 이황화물 처리 불가, 많은 양을 처리할 경우 고비용, 불용성 $MnO_2$ 침전형성 |
| pH 조정제 | 석회, 수산화나트륨 | 중탄산염 | 액상분뇨의 BOD, SS, 및 $PO_4$ 감소 가능, pH >12에서 냄새유발 미생물 파괴 | 높은 산도에서 $NH_3$ 휘발 유도, 낮은 pH에서 $H_2S$ 휘발 유도, 일반적으로 P함량이 높으면 불용성 침전형성 |
| 침전제 | 철이나 알루미늄 같은 2가나 3가 이온 [예 : 염화제2철] | 중탄산염 | 액상분뇨의 BOD, SS, 및 $PO_4$ 감소 가능 | 일반적으로 P함량이 높으면 불용성 침전형성, 일부 제품은 부식성, 고가 |

(WEF, 1990)

이웃에 노출되지 않게 하는 간접적인 이익을 준다.

⑥ 악취처리 기술을 이용할 수 있지만, 심한 냄새를 다룰 때만 드물게 사용할 수 있다. 가축분뇨 처리 시스템은 사육중인 가축이 배설하는 분뇨의 전량을 처리할 수 있도록 설계되어야 한다.

### 2) 화학적 첨가제

화학물질 첨가로 화학적 산화, pH 조절 혹은 침전에 의해 분뇨에 함유된 황화물(sulfide)을 조절할 수 있다. 표 5-25는 악취억제 및 전반적인 처리효율 향상에 쓰이는 여러 가지 화학약품을 보여주고 있다.

## 5. 가축사육장의 관리

가축사육장(feedlot)은 사육중인 모든 가축이 집약적으로 관리되는 정해진 공간으로 가축들은 이곳에서 모든 사료와 물을 공급받는다. 가축사육장은 완전 옥내나 옥외 혹은 이 둘이 조합된 구조로 되어 있다. 옥외에서의 가축 사육밀도는 사육장의 바닥이 흙으로 되어 있는지 아니면 단단한 표면인지에 달려 있다. 가축사육장의 필요한 면적은 1년생 육우 1마리당 4.5m$^2$이다.

### 5.1 장소 선정

① 가축사육장은 침투성 토양이나 균열된 암반 위는 피하도록 한다. 이런 장소에서는 지하수가 오염될 위험이 크다.

② 주수로(主水路 : watercourses), 우물, 이웃 건물과의 권장 분리거리를 유지한다.

③ 지표면의 배수가 양호하도록 옥외 바닥은 적당한 경사를 유지한다.

④ 잠재적인 확장을 고려한다.

⑤ 우세 풍향(優勢風向)과 가축사육 시설부지와의 관계를 고려한다.

⑥ 바람의 차단으로 가축의 생산성이 향상된다.

⑦ 비탈의 유거수는 반드시 가축사육장을 우회하도록 한다.

### 5.2 고형분뇨 처리시스템

사내(舍內) 가축사육 체계는 대부분 깔깃을 이용한다. 잘 갖춰진 깔깃 퇴적바닥은

그림 5-95. 옥내외 복합 사육장

액체를 다량 흡수하여 침출수의 발생이 최소화 된다. 그러나 바닥재의 양에 관계없이 침출수와 유거수의 발생은 모든 가축사육장에서 공통된 것이다. 가축사육장의 철저한 청소는 1년에 한 번 하는 것이 권장된다. 과다한 청소는 단단히 다져진 불 침투성의 토양을 제거하여 결과적으로 아래쪽으로 비료 영양소의 이동 가능성이 증가하는 경향이 있다.

## 5.3 액상분뇨 처리시스템

액상분뇨 처리시스템은 깔깃을 사용하지 않는 슬랫 바닥축사(slatted floor barn)의 형태이다. 액상분뇨 처리시스템은 비육우의 사육에 있어서는 다른 방법에 비해 비용이 많이 들어 거의 이용되지 않는다.

## 5.4 유거수 관리

강수(降水 : precipitation)에 노출되어 있는 가축사육장은 지표수와 지하수의 오염원이 될 가능성이 높다. 유거수 관리의 필요성은 아무리 강조해도 지나치지 않다. 비육우의 경우 전적으로 자연환기 시설을 갖춘 축사에서 사육하는 것이 오염된 유거수를 옥외 사육장에서 수집하여 저장하는 것보다 더 경제적일 것이다.

### 1) 유거수 관리방법

분수구(分水溝 : diversion ditch)나 제방(堤防 : dyke)을 설치하여 유거수가 가축

그림 5-96. 인공습지, 아이리스 세다코러스(Iris pseudacorus)가 식재되어 있다. (from Wikipedia)

사육장을 우회하도록 한다. 잔디 필터 스트립(grass filter strip)이 적격이다.

가축사육장의 운동장이 경사가 있으면 유거수의 관리가 더 용이하다. 사료섭취장소나 휴식처(shelter)로 부터 2～4% 경사져 있는 것이 적당하다. 각각의 축사 운동장을 거친 유거수는 전용 수집통이나 가축분뇨 저장탱크에 곧바로 유입되도록 한다. 오염된 가축사육 장소에서 발생된 유거수 수집통의 크기는 유거수 발생지역의 면적과 강수량에 따라 다르다. 예를 들면 $0.61m^3$/지표면$m^2$가 필요하다. 유거수의 발생량은 오염발생 면적을 줄임으로써 감소시킬 수 있다. 수집된 오염 유거수는 농지에 시용하거나 인공습지(constructed wetland)를 이용하여 처리한다.

## 5.5 악취 관리

청소를 자주하여 양호한 위생상태를 유지하는 것이 가축사육장(feedlot)에서 발생되는 냄새를 최소화하는 가장 효과적인 방법으로 그 요점은 다음과 같이 요약할 수 있다.

① 가능한 한 가축의 몸을 청결하고 건조한 상태로 유지한다. 동물의 따뜻한 몸에 젖은 가축 배설물의 접촉으로 세균의 증식이 촉진되고 냄새가 증가한다.

② 운동장에 가축분뇨가 퇴적되어 있으면 배수가 잘 되지 않으므로 운동장 표면의 배설물을 자주 긁어 치운다.

③ 휴식장소의 바닥은 잘 건조된 상태를 유지한다. 결과적으로 가축의 몸이 깨끗하

게 유지되고, 전반적인 위생이 향상되어 가축사육장에서 발생되는 냄새를 줄일 수 있다.

④ 배설물에 의해 가축체가 항상 젖어 있는 것을 방지하기 위해서는 급수장치의 물이 넘치지 않도록 주의한다.

⑤ 온도나 바람 등 계절적 기상과 관련하여 청소시기를 정한다.

전체적으로 가축사육장 주위의 외관을 정돈된 상태로 유지한다. 적절한 장소에 설치된 눈에 띄는 차폐물(遮蔽物)과 방풍림(防風林)은 대중이 가축사육 시설을 긍정적으로 인식하게 하여 준다.

## 6. 가축분뇨 경작지 시용과 시용 장비

표 5-26은 미국 네브라스카 대학에서 5가지 중요한 요인을 바탕으로 제시한 환경평가시스템에 의해 가축분뇨 시용시스템을 비교하였다. 가축분뇨 시용장비에서 가장 중요한 점은 화학비료나 약제 살포기와 마찬가지로 균일한 시용이 가능하고, 단위 면적당 필요한 양을 쉽게 보정할 수 있어야 한다.

일반적으로 포장의 상태가 가축분뇨를 시용하기에 적당하고, 손실을 최소화할 수 있는 시간의 기회가 짧으므로 분뇨의 적기시용은 중요하게 고려되어야 할 사항이다. 암모니아태 질소의 보존은 분뇨의 저장방법, 가축분뇨 시용 후 날씨, 그리고 시용 후 토양혼화(土壤混和 : soil incorporation) 여부에 따라 다르다. 가축분뇨 시용시스템에 따라 시용 후 악취발생 정도는 매우 다양하다. 따라서 가축분뇨 시용방법을 선택하는 데 있어서 특히 인구밀도가 높은 지역에서는 악취문제가 흔히 중요한 요인이 된다.

가축분뇨는 보통 토양이 젖어 압축 적용이 쉬워 분뇨를 포장에 시용하는 데 유리한 봄과 가을철에 양적으로 많이 시용된다. 일반적으로 분뇨시용 시스템은 고형(solid)이나 반고형(semisolid)으로 운반되어 시용된다. 혹은 슬러리나 산화지 유출수 등 액상(liquid)으로 퍼 올려 트랙터 견인 살포기(tractor-drawn applicator)에 의해 지중 살포되거나 관개장치에 의해 지표 살포된다.

액비를 지표면에 시용 후 즉시 토양과 섞지 않으면 이용가능한 질소의 상당량이 암모니아 휘발(ammonia volatilization)로 손실된다. 액비의 지표면 시용 후 토양혼화의 여부, 시용방법, 토양 및 기후조건에 따라 암모니아 휘발에 의한 차이가 생겨 암모니아 질소의 손실은 0~80%까지 차이가 많이 난다(표 5-27, 5-28). 액비시용 후 토양혼화를 하지 않으면 대부분의 휘발손실은 시용 후 24시간 이내에 발생한다.

표 5-26. 가축분뇨 시용 장치별 환경 영향 비교

| | 시용 균일성 | 암모니아 보존 | 악취 | 흙다짐 | 시용 적시성 |
|---|---|---|---|---|---|
| 고형퇴비 살포방식 | | | | | |
| 박스 살포기 : 트랙터 견인 | 양호 | 매우 불량 | 양호 | 양호 | 불량 |
| 박스 살포기 : 트럭탑재 | 양호 | 매우 불량 | 양호 | 양호 | 양호 |
| 도리깨 살포기 | 양호 | 매우 불량 | 양호 | 양호 | 불량 |
| 덤프트럭 | 매우 불량 | 매우 불량 | 양호 | 양호 | 양호 |
| 액비 살포방식 : 표면살포 | | | | | |
| 판 대형 액비트럭 | 불량 | 불량 | 불량 | 불량 | 양호 |
| 드롭 호스 액비트럭 | 양호 | 양호 | 좋음 | 불량 | 양호 |
| 큰 총 관개방식 | 불량 | 불량 | 매우불량 | 우수 | 우수 |
| 회전식 관개방식 | 양호 | 불량 | 매우불량 | 우수 | 우수 |
| 액비 살포방식 : 혼입 | | | | | |
| 대형트럭/나이프 주입기 | 좋음 | 우수 | 우수 | 불량 | 양호 |
| 대형트럭/얕은 혼입 | 좋음 | 우수 | 우수 | 불량 | 양호 |
| 드래그-호스/얕은 혼입 | 좋음 | 우수 | 우수 | 좋음 | 좋음 |

슬러리는 산화지 배출수나 건조 고형 퇴비에 비해 냄새 발생량이 훨씬 더 많다. 분뇨를 혼합할 때 발생되는 에어로졸 스프레이(Aerosol sprays)와 공기가 냄새를 상당한 거리까지 옮기는 증거가 표 5-29에 나타나 있다.

농경지에 시용하는 장비는 가축분뇨의 고형분 함량에 따라 결정된다. 분뇨의 농도는 일반적으로 그것의 유동성에 따라 고형, 반고형, 슬러리 혹은 액상으로 분류한다. 앞의 그림 5-47은 가축종별로 분뇨의 농도를 따라 고형분 함량과 관련시켜 나타내었다.

표 5-27. 토지 시용 중 질소 손실(시용 4일 후 총 질소 손실 %)

| 시용방법 | 살포형태 | 질소 손실(%) |
|---|---|---|
| 살 포 | 고형퇴비 | 15~30 |
| | 액 비 | 10~25 |
| 살포 후 즉시 혼입 | 고형퇴비 | 1~5 |
| | 액비 1~5 % | 1~5 |
| 나이핑(knifing) | 액 비 | 0~2 |
| 살수 관개 | 액 비 | 15~75 |

표 5-28. 시용방법, 시기 및 기상 조건 암모니아태 질소의 예상손실(%)

| 시용 및 토양혼입 방식 | 시용 중 기상 조건 | | | | |
|---|---|---|---|---|---|
| | 평균 | 서늘-습 | 서늘-건조 | 따뜻-습 | 따뜻-건조 |
| 표면시용, 1일내 토양혼입 | 25 | 10 | 15 | 25 | 50 |
| 표면시용, 2일내 토양혼입 | 30 | 13 | 19 | 31 | 57 |
| 표면시용, 3일내 토양혼입 | 35 | 15 | 22 | 38 | 65 |
| 표면시용, 4일내 토양혼입 | 4 | 17 | 26 | 44 | 72 |
| 표면시용, 5일내 토양혼입 | 45 | 20 | 30 | 50 | 80 |
| 토양혼입 처리하지 않음 | 66 | 40 | 50 | 75 | 100 |
| 지표 주입 | 0 | 0 | 0 | 0 | 0 |
| 피복 작물 | 35 | 25 | 25 | 40 | 50 |

(AF, 2004)

표 5-29. 저장한 돼지 슬러리 분뇨의 토양시용 중 악취 배출량

| 시용방법 | 총 악취 배출량* |
|---|---|
| 기존의 스플래시 플레이트의 대형트럭 | 1,322 |
| 관 개 | 6,250 |
| 얕은 토양혼입 | 503 |
| 깊은 주입 | 689 |
| 낮은 궤적 살포기 : 끌리는 호스(15) | 130 |

*후각계(嗅覺計)로 측정된 슬러리 3785 ℓ 에 대한 악취단위

## 6.1 액상 가축분뇨의 경작지 시용

액상 가축분뇨는 액비(液肥) 차량이나 관개장비를 사용하여 땅에 시용된다. 액비 탱크는 거의 웨건(wagon)처럼 트랙터나 트럭의 뒤에 설치되거나, 다른 동력 기관에 의해 끌어진다. 트럭에 설치된 탱커(tanker)는 도로 이동을 더 빠르고 안전하게 만들어 준다.

액비탱커는 일반적으로 액비를 탱크의 후면에서 토양으로 방출한다. 대체적으로 다양한 타입의 토양 혼합 도구들이 탱커에 직접적으로 설치된다. 탱크에서 나온 액비는 일련의 호스를 통해 토양에 살포되어 혼합 도구들을 통해 토양에 섞인다. 액비의 토양혼화는 냄새를 최소화 하고 영양소를 보존할 수 있다.

드래그 호스(drag-hose)나 살수관개(撒水灌漑 : sprinkler irrigation), 트랙터 부착 시용기구를 사용한 농경지의 시용은 다량의 산화지(酸化池) 배출액이나 오염된 지역의 유거수를 시용할 때 주로 사용하는 방법이다. 드래그 호스를 이용한 시용기구는 액비시용 후 토양에 섞임으로써 냄새문제를 줄일 수 있으며, 암모니아 질소가 공기중으로 유출되는 것도 감소시킬 수 있다. 스프링클러 관개는 적은 에너지와 노동력이 필요하므로 비용을 줄일 수 있다는 이점이 있다.

### 1) 액상(슬러리) 분뇨

축적된 고형물을 감소시키고 분뇨에 함유된 영양소가 고르게 시용될 수 있도록 펌

핑(pumping) 전과 펌핑 동안 저장중인 분뇨를 교반하는 것이 좋다. 과거에는 대부분 슬러리를 지표 살포장치(그림 5-97)나 지표 아래에 주입하는 기구를 장착한 탱크차에 담아 이동하였다.

최근에는 주문 제작하거나 대규모 축산농장에서 셀프-프로펠드 어프리케이터(self-propelled applicator)의 사용이 늘고 있다(그림 5-98, 5-99). 경영규모가 커지고 악취와 환경적 문제가 커짐에 따라 슬러리를 드래그 호스나 트랙터 견인 살포기에 의한 지중주입(injecting)이나 살포 후 토양과 섞는 방식의 도입이 늘고 있는 추세이다(그림 5-100 및 5-101).

액비의 지중주입이나 액비시용 후 즉시 토양에 혼입시키는 방식은 암모니아 질소의 공기중으로 손실을 감소시킬 수 있다. 악취와 침식의 문제가 거의 없는 지역에서는 슬러리를 고정된 스프링클러, 핸드 케리드 스프링클러(hand-carried sprinkler), 트래블링 건(traveling gun)이나 특수 장비가 장착된 센터 피벗 이리게이터(center-pivot irrigator) 중 어떤 것으로 지표면에 살수관개(撒水灌漑) 할 수 있다.

유우나 육우 사육시설에서 배출된 섬유소 함량이 높은 슬러리는 세절 펌프(chopper pump)가 필요하다. 슬러리 분뇨를 스프링클러 관개장치를 이용할 때는 분뇨의 영양소가 과다하게 살포되지 않도록 주의해야 한다. 혼입형 살포기(incorporating-type applicator)는 회전 스파이크(rotating spike, 그림 5-101)를 이용하여 슬러리를 토양 표면층과 혼합한다.

그림 5-97. 탱크형 살포기(tank-type applicator)로 슬러리를 토양 표면에 살포하고 있다.

그림 5-98. 슬러리 지표 밑 주입기가 장착된 자주(自走) 탱크형 시용기는 영양소 손실과 악취발생을 줄여준다.

그림 5-99. 자주(自走) 탱크형 시용기를 채우고 있다.

그림 5-100. 드래그-호스 시용기(drag-hose applicator )는 액상 및 슬러리 분뇨를 지표 밑에 주입할 수 있다.

그림 5-101. 혼입 시용기(incorporating applicator)는 낚시모양의 살대가 장착된 보다 적극적인 방법이다.

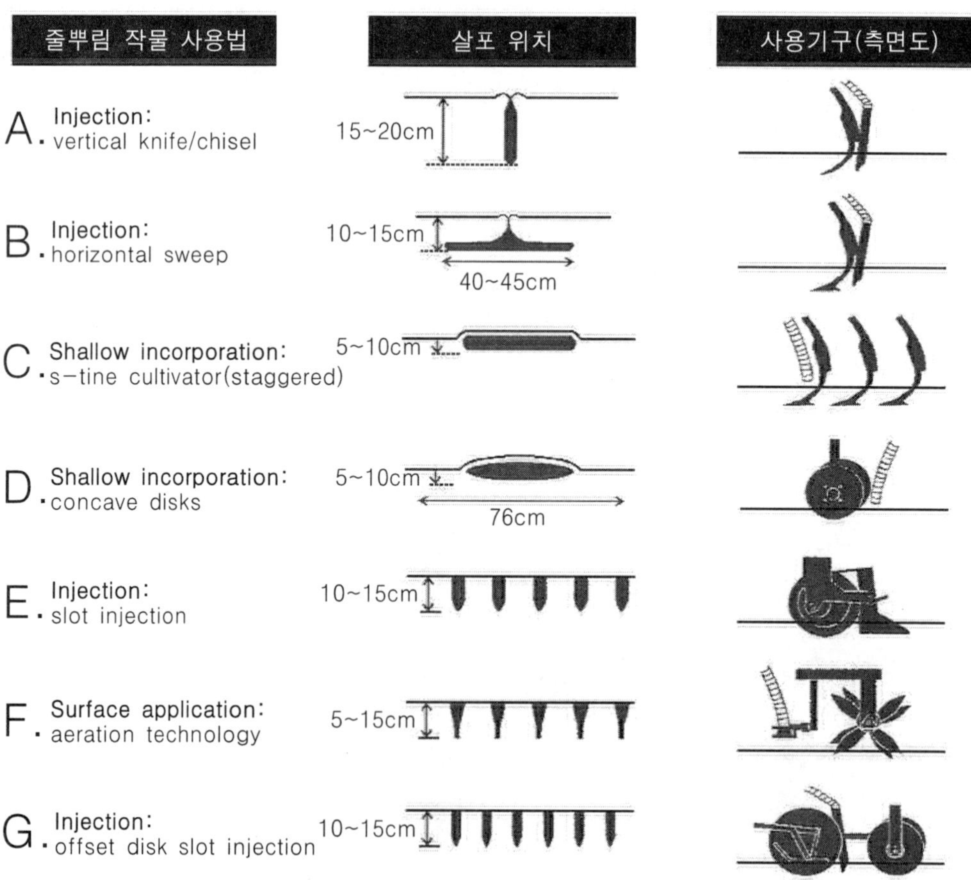


그림 5-102. 주입 및 혼입기의 선택

## 2) 액상분뇨와 산화지 배수

다량의 산화지 배수(排水)나 저장 못의 유출수를 살수관개(撒水灌漑 : sprinkler irrigation), 드래그 호스(drag-hose), 트랙터장착식 살포기(tractor-mounted applicator) 등을 이용한 운송 및 토양시용은 현재의 실용적인 방법이다. 드래그 호스 살포기(drag-hose applicator)는 시용된 액상분뇨를 토양과 섞는 방식이므로 악취발생 문제 및 공기중으로 암모니아 질소의 손실을 줄일 수 있다.

액비의 펌핑은 산화지의 한 쪽에 설치한 원심 승압펌프(centrifugal booster pump)로 보내기 위해 유압구동 수중 세절 펌프(hydraulically driven, submersible chopper pump)를 이용한다(그림 5-103). 이 시스템은 펌프에 넣는 마중물(priming) 및 주입구의 망(inlet screen)이 필요하지 않은 장점이 있다.

가축분뇨의 고형물 함량은 가축종류, 축사의 형태, 그리고 분뇨수집 시스템에 따라 다양하다. 표 5-30은 액상가축 분뇨처리 시스템별 일반적인 고형물 함량을 나타내고 있다.

표 5-30. 액상분뇨 처리별 고형물 함량

| 처리체계 | 고형물 함량 (%) |
|---|---|
| 분뇨 저장소 | |
| 돼 지 | 4~8 |
| 소 | 10~15 |
| 저류조 | |
| 피트 오버플로 | 1~3 |
| 비육장 유거수 | 〈 1 |
| 유우사 세척수 | 〈 1 |
| 라 군 | |
| 돼 지 | 1/2~1 |
| 소 | 1~2 |
| 라 군 | 〈 1/2 |

그림 5-103. 동력취출 동력(PTO power), 고압원심 펌프는 슬러리 분뇨를 처리하는 드래그-호스 살포기나 관개설비에 주로 쓰인다.

그림 5-104. 작은 스프링쿨러(직경 2cm 이상)는 모양이 불규칙적인 포장에 주로 쓰인다.

그림 5-105. 이동식 빅 건(soft-hose traveling big gun)

그림 5-106. 고정된 빅 건(stationary big gun)은 이동하기 쉽도록 바퀴가 장착되어 있다.

그림 5-107. 회전식 관개기(Center-pivot irrigator).

## 6.2 고형 및 반고형 가축분뇨의 경작지 시용

### 1) 고형퇴비의 농경지 시용

고형분뇨 관리시스템은 증발과 분리에 의해 분뇨의 수분함량이 감소되기 때문에 액상분뇨 관리보다 더 작은 무게와 양을 다루게 된다. 고형물 함량을 높여 분의 유동성을 줄이기 위해 많은 양의 깔짚이 보충되면 분의 용량이 증가하게 된다. 고형분뇨 관리장비는 저렴하고 동력의 요구량이 적은 반면에, 다른 방법에 비해 일반적으로 작동 및 관리에 노동력이 더 많이 요구된다.

토양에 고형퇴비를 시용하는 데 사용되는 가장 일반적인 장비는 퇴비를 넓게 살포할 수 있게 비터(beater)가 설치된 후방배출(rear-discharge) 상자형 살포기(box-type spreader)가 있다(그림 5-108). 보통 퇴비는 체인구동 스포로켓(sprocket-driven chain)의 각 끝에 붙어 있는 슬랫(slat)에 의해 후면에 있는 비터(beater)로 옮겨진다. 측면 배출구를 가지고 있는 살포기도 있는데, 이것들의 대부분은 V자형 호퍼(V-shaped hopper)를 가지고 있다(그림 5-109).

가축분뇨에 함유된 영양소의 이용률을 최대로 높일 수 있는 방법은 다음과 같다.

① 가축분뇨 퇴비 살포가 가능한 충분한 넓이의 농지가 필요하다.

② 토양 및 가축분뇨 퇴비의 영양소 함량에 대해 알아야 한다.

그림 5-108. 체인구동의 컨베이어 벨트(chain-driven conveyor) 상자형 살포기(box-type spreader)는 고형분뇨를 비터(beater)에 의해 뒤쪽으로 살포한다.

③ 가축분뇨 퇴비에서 영양소의 방출 속도에 대해 알아야 한다.
④ 작물의 영양소 요구량을 알아야 한다.
⑤ 유거수에 의한 지표면의 영양소 손실을 방지한다.
⑥ 대기중으로 손실되는 질소의 양을 줄인다.

그림 5-109. 옆으로 살포하는 방식의 호퍼형 살포기(side-discharge hopper-type spreader)는 주로 고형이나 반고형 분뇨퇴비의 시용에 이용된다.

그림 5-110. 고형분뇨퇴비 주입장치
(Hubert Landry, Prairie Agricultural Machinery Institute, PAMI)

⑦ 흙다짐을 최소화하여 토양구조의 문제를 줄인다.
⑧ 질산염(窒酸鹽)이 지하수로 용탈(溶脫)되는 것을 방지한다.
⑨ 가축분뇨 퇴비가 유거수에 의해 수로(水路)로 유입되는 것을 막는다.
⑩ 가축분뇨 퇴비를 살포할 때 악취발생을 최소화한다.

## 7. 파리 방제

가축 수용시설 및 가축분뇨 저장장소 근처의 파리는 농장 구성원과 이웃에 매우 골칫거리이다. 또한 파리는 농장 간에 질병을 전파할 수 있다. 성공적인 파리 방제 대책은 다음과 같다.

① 축사 내의 가축분뇨와 젖은 사료를 주기적으로 치운다. 특히 파리가 산란하는 계절에는 최소 1주일에 1회는 시행하여 파리의 번식 고리를 끊는다.
② 축사의 청소작업 중 축사 외부에 가축분뇨나 사료가 흘리지 않도록 한다.
③ 가축분뇨를 수집하여 저장하는 장소는 어둡게 유지한다.
④ 축사의 모든 개구부(開口部)에는 방충망을 설치한다.
⑤ 가능한 한 가축분뇨는 밀폐된 구조물에 저장한다.
⑥ 동물사체(動物死體)와 후산(後産)은 즉각 처리한다.
⑦ 정기적으로 청소와 소독을 한다.
⑧ 기생말벌(parasitic wasps)의 이용 등 생물학적 방제를 한다.

## 8. 착유실 폐수의 처리

젖소 사육농가의 규모가 커져 시설이 더욱 자동화됨으로써 착유실에서 발생되는 폐수관리의 중요성이 더욱 커지고 있다. 착유실에서 발생되는 폐수의 양(표 5-31)과 농도는 농장에 따라 차이가 있다. 현대의 전문 착유실(milking parlour)과 파이프라인 착유시스템(pipeline milking system)은 많은 양의 물을 사용하는데, 그 양은 다음과 같은 조건에 따라 달라진다.

① 착유설비와 관련된 관리 기술
② 착유시스템의 종류
③ 우유 저장시스템의 탱크 용량
④ 바닥 세척
⑤ 유방 세척, 수냉형(水冷形) 컨디셔너(water conditioner) 등 기타 물 사용

표 5-31. 착유실 발생 폐수량

| 세척작업 | 소모된 세척수(ℓ) |
|---|---|
| 원유수집 탱크 | |
| 자 동 | 190～225 / 세척 |
| 수 동 | 115～150 / 세척 |
| 파이프라인(착유장 내) | 285～475 / 세척 |
| 버킷밀커 | 115～150 / 세척 |
| 잡용 기구 | 115 / 일 |
| 유방세척 | |
| 자 동 | 4～17 / 두 |
| 수 동 | 1～2 / 두 |
| 착유사 바닥 | 38～76 / 일 |
| 착유실 바닥 | 150～285 / 일 |
| 착유실 및 착유우 대기장 바닥 | |
| 착유실 | 75～114 / 두 / 일 |
| 착유실 및 착유우 대기장 | 95～150 / 두 / 일 |
| 착유우 대기장 | 38～76 / 두 / 일 |

(Midwest Plan Service, 1995)

착유우 두당 1일 평균 폐수 발생량은 14.1ℓ로 이 폐수의 처리가 환경적으로 주 관심사가 되고 있다. 착유실에서 발생되는 폐수에는 우유 고형물, 지방, 세제, 소독제, 가축분뇨, 토양입자 등이 포함되어 있다.

## 8.1 환경문제

다음 표 5-32는 착유실에서 발생되는 전형적인 폐수의 농도를 나타내고 있다.

## 8.2 유용한 관리기술

착유실 폐수의 적절한 관리를 위해서는 폐수 발생량의 감소 및 재사용 방법을 고려해야 한다.

표 5-32. 착유실에서 발생한 폐수

| 구 분 | 농도 (mg/ℓ) |
|---|---|
| 총 고형물 | 1,417～3,506 |
| 부유물 질량 | 171～996 |
| 오일과 그리스 | 5～330 |
| BOD | 207～1,530 |
| COD | 542～4,554 |
| 총 인량 | 35～288 |
| 총 질소량 | 14.9～37.4* |

(Urgel Delisle, 1990)

*주(註)

- 총 고형물은 폐수에 함유된 용해되거나 부유되어 있는 고형물의 총량을 나타낸다.
- 부유물질은 폐수에 함유된 여과에 의해 제거될 수 있는 부유되어 있는 물질의 총량을 나타낸다.
- 오일 및 그리스는 우유속의 생분해성 지방과 유지에서 유래한다. 높은 수준의 오일과 그리스는 비교적 다량의 거품을 생성하여 착유실에서 발생되는 폐수를 수집한는 정화조에 슬러지가 쌓이게 된다.
- 생화학적 산소 요구량(BOD)은 용액의 유기물 농도를 나타내는 단위로 보통 일정기간 동안에 소모된 산소의 총량으로 나타낸다. 착유실에서 발생한 폐수의 높은 BOD 로드는 집수지(集水池)의 용존산소 함량을 낮춰 수생생물에 악영향을 끼칠 수 있다. BOD 수준이 높은 폐수는 우유, 가축분뇨 등이 함유된 높은 유기물 수준의 지표가 된다.
- 화학적 산소 요구량(COD)은 폐수 중의 유기물을 화학적으로 산화시키는 데 필요한 산소의 총량을 측정한 것이다. BOD처럼 COD도 유기물의 총량을 나타낸다.
- 총 인의 양은 수용성 인산염($PO_4$)과 유기인(P)을 포함한다. 방출된 수용성 인산염은 조류의 성장에 쉽게 이용된다. 인(燐)은 착유시스템의 세척과정에 쓰이는 세제와 인산에서 주로 발생한다.
- 총 질소량은 유기 및 무기 질소와 암모니아를 포함한다. 암모니아는 물고기와 다른 수생생물에 해를 끼치는 주요 질소성분이다. 트렌치 시스템에서 질소는 보통 질산염($NO_3$)으로 전환된다. 질소는 가축분뇨나 질소 세제에서 유래한다.

### 1) 폐수 발생량 감소

① 착유 전 세척을 수동으로 하는 경우가 자동화된 시스템에 비해 물 사용량이 적다.

② 착유실의 분뇨와 버려진 사료를 기계적으로 먼저 치우고 세척하는 것이 폐수의 양과 농도가 감소한다.

③ 물의 경도(硬度 : hardness) 및 철분 함량을 수동으로 확인하여 매년 청소장비를 보정하고, 폐수의 질을 기반으로 화학세제의 농도를 조정한다.
④ 착유실을 설계할 때 세척수의 필요량이 최소화 되도록 한다. 배수구의 위치와 바닥의 물매가 중요하다.

### 2) 폐수 재사용

① 착유장비의 처음 행군 물은 송아지에게 먹인다. 이에 착유실에서 발생되는 폐수의 양을 15~20%까지 줄일 수 있다.
② 저장탱크에 우유를 저장하기 전에 우유의 온도를 낮추는 데 쓰인 냉각수(pre-cooler)는 가축에게 급여한다.
③ 최근에 새로 지어진 많은 낙농가는 지하에 세탁수(洗濯水)를 저장하기 위한 탱크를 갖고 있다. 이 물로 착유실의 바닥을 세척하고 분뇨 저장소로 배수한다.
④ 세탁수의 재순환은 화학세제의 사용량을 줄여준다.
⑤ 재사용된 물은 세균수가 증가하지 않는지 확인해야 한다.

### 3) 관리와 처리방법

착유실에서 발생되는 폐수의 관리는 처리시스템의 종류에 관계없이 제대로 설계, 설치 및 운영해야 한다. 농장별 최적 시스템의 선택하고 설계하기 위해서는 매일 발생되는 세척수의 양을 대략적으로 알아야 한다. 실제 발생되는 수량(水量)은 수량계나 눈금을 매긴 수집통을 설치하여 알 수 있다.

#### (1) 액상분뇨 저장시설의 이용

액상분뇨 관리시설을 갖춘 농장에서는 착유실에서 발생되는 폐수를 액상분뇨 저장소로 우회시킬 수 있다. 가축분뇨와 혼합된 착유실 폐수는 적절한 가축분뇨 처리방식으로 처리된 후 결국에는 농지에 시용된다.

##### 가) 장 점

- 충분한 용량을 갖춘 기존 저장시설을 착유실 폐수의 저장소로 활용할 수 있다.
- 착유실 폐수의 혼입으로 부피가 증가하여 교반(攪拌) 효율이 좋아져 액상 분뇨를 퍼내 살포하기 쉬워진다.
- 저장소 크기의 조정으로 여분의 세척수를 관리할 수 있다.

#### 나) 단 점

- 가축분뇨의 비료가치가 낮아진다.
- 가축분뇨 저장소의 용량이 25%까지 증가한다.
- 부피의 증가로 포장 살포량 및 살포비용이 증가한다.

### (2) 침전 탱크 및 지하 처리

이 시스템은 가정용 정화조와 유사한 것으로 착유실에서 발생하는 폐수처리에 이용할 수 있다. 이 시스템 또한 적절한 위치조건이 필요하다. 토양이 암반까지 너무 얕아 침투성이 낮거나 지하수면(地下水面)이 높으면 또 다른 관리 시스템이 필요할 수 있다. 이 시스템의 장기적인 성공을 보장하기 위해서는 신중한 설계 설치 및 관리가 필요하다.

#### 가) 장 점

- 가축분뇨 저장 및 처리 시스템의 용량에 영향을 주지 않는다.
- 상대적으로 비용이 저렴하다.

#### 나) 단 점

- 착유시설의 처음 세척수, 치료중인 소에서 착유한 우유, 초유(初乳 : colostrum)는 이 시스템에서 우회시켜야 한다.
- 침투성이 낮거나 지하수면이 높은 지역에서는 활용되지 않는다.
- 주의 깊은 관리 및 유지 보수가 필요하다 .
- 탱크 내 슬러지(sludge) 수준을 점검하고 필요에 따라 제거하여야 한다.

다음의 경우에 이 시스템을 고려할 수 있다.

- 액상분뇨나 유거수(流去水 : runoff) 저장시설을 보유하고 있지 않거나 새로 건축할 계획이 없다.
- 토양이 좋은 배수특성을 갖고 있다.
- 배출되는 폐수에 고형물 함량이 비교적 적다.

### (3) 식생처리 방식

식생처리 방식(vegetative treatment system : VTS)은 착유실에서 발생되는 폐수처

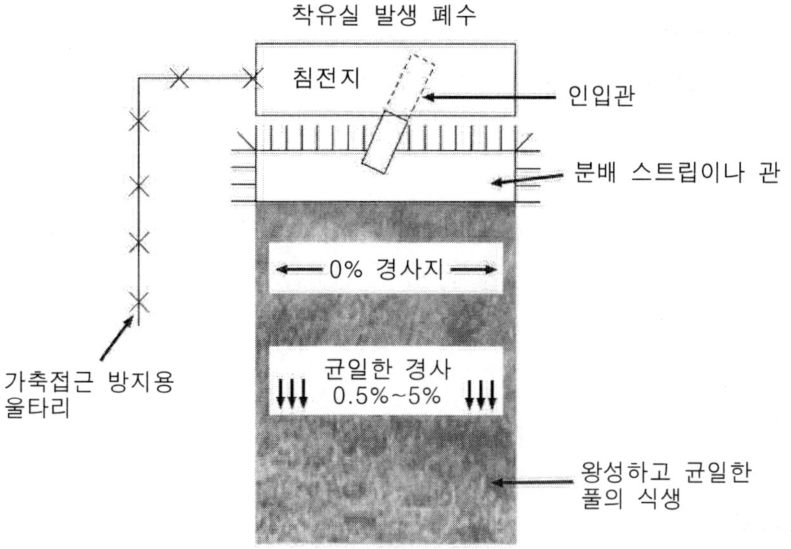


그림 5-111. 식생여과지(grass filter bed)

리의 효과적이고 경제적인 대안이 될 수 있다. 방류된 폐수가 필터 스트립 아래로 흐르는 동안 폐수는 증발되거나 토양으로 침투된다. 침투된 폐수는 토양과 식물에 의해 미세한 고형물과 유기물이 걸러져 자연 분해된 다음 질소와 인은 식물의 영양원이 되거나 토양 입자에 흡수된다.

식생이용 처리 시스템은 침전지 뒤에 필터 스트립이 있고, 필터 스트립의 입구에 분배장치가 있어 방류된 폐수가 필터 스트립을 고르게 흐르도록 하고, 두 개의 병렬 스트립에 폐수를 번갈아 공급하는 역할을 한다. 또 폐수가 공급되지 않을 때는 이 분배장치에 의해 필터 스트립이 휴식기간을 갖게 할 수 있다.

### 가) 장 점

- 기존의 가축분뇨 저장이나 관리에 에 영향을 주지 않는다.
- 비교적 비용이 저렴하다.

### 나) 단 점

- 착유기 처음 헹군 물, 치료중인 소에서 착유한 우유 및 초유는 따로 처리해야 한다.
- 신중한 관리 및 유지 보수가 필요하다.

- 침전지의 고형물은 주기적으로 제거하여 식생여과대(grass filter strip)로 넘치는 것을 예방한다.
- 겨울 몇 개월 동안은 처리효율이 떨어진다.

### (4) 인공습지

인공습지(人工濕地 : constructed wetland)는 인공의 얕은 못으로 농업 유거수(流去水)나 폐수를 환경적으로 처리할 수 있다. 인공습지는 다음과 같은 여러 종류의 폐수를 처리할 수 있다.

- 착유실 폐수
- 가축분뇨 저장소 및 가축운동장 유거수
- 농장 지표면 유거수
- 식품가공 폐수

인공습지는 일련의 물리적, 생물학적, 화학적 과정을 통해 폐수를 처리한다. 이 방법에 의해 폐수의 BOD 및 COD 수준뿐만 아니라 부유물질, 질소, 인, 대장균과 같은 오염물질의 함량이 70～98%까지 감소한다.

#### 가) 설계할 때 고려사항

① 인공습지는 오직 2차 또는 3차 폐수처리 시스템으로 설계하여 건설하는데, 그 규모는 폐수의 유입량, 오염물질 농도, 원하는 처리수준을 기초로 정한다.

그림 5-112. 인공습지(Constructed wetland)

② 장소의 선정이 중요하다. 습지는 폐수 발생원과 가까이 위치하고, 습지까지 중력(重力 : gravity)에 의해 흐르게 건설하여야 더 경제적일 것이다.

③ 토양 침투성 시험을 한 이후에 설계에 들어가도록 한다. 수리전도도(水理傳導度 : hydraulic conductivity)가 1x10$^{-5}$cm sec$^{-1}$ 보다 더 크면 점토(粘土 : clay) 또는 합성 라이너(liner)가 필요하다. 따라서 인공습지 건설비용이 크게 추가될 것이므로 다른 선택을 고려해야 하는 이유가 된다.

④ 대다수의 농업폐수원은 소량의 유거수를 발생한다. 여름 동안은 습지에서 증발량이 유입량보다 더 많을 때가 있으며, 지붕의 홈통 등 다른 공급원을 통해 시스템에 추가되기도 한다.

⑤ 폐수는 침전지(沈澱池)에 머문 후에 인공습지로 들어가야 고형분이 충분히 분리된다. 침전지는 깊이가 1m 이하로 하여 냄새의 잠재성을 줄인다.

⑥ 인공습지는 여름철에 더 효율적이다. 침전지는 겨울철에 발생되는 폐수의 전량을 여름철에 인공습지에 방류하기 전까지 저장하기에 충분한 크기로 건설해야 한다.

⑦ 인공습지는 지형에 따라 한 개 또는 몇 개의 별개 칸으로 구성되어 있다. 경사진 곳에 조성하게 되면, 개별 칸을 테라스 형식으로 구성하는 것이 바람직하다. 각 칸의 길이는 깊이의 2배로 해야 한다. 지형은 전체 칸에 비해 상대적으로 높아야 물의 깊이를 고르게 유지할 수 있다. 개별 습지는 깊고 얕은 수역으로 구성되어야 하고, 얕은 수역의 수심은 15～30cm 사이에 있어야 한다. 깊은 수역은 폐수를 균등하게 배포하는 데 도움을 주어 습지를 통과할 때 채류기간을 늘려준다. 깊은 수역은 표면적의 25%로 구성되어야 하고, 수생식물의 성장을 막기 위해 수심은 1m 이상이어야 한다.

⑧ 인공습지에서 유출은 3차 연못이나 잔디수로(grassed waterway)를 거쳐 마지막으로 정화된다.

⑨ 수생식생(水生植生 : aquatic vegetation : cattails and bulrushes) 정착은 가장 가까운 자연 습지의 근경(根莖 : root stock)을 이식하는 것이 가장 양호한데, 재식밀도는 m$^2$당 적어도 1개의 뿌리를 심는다.

나) 습지의 최대 성능을 얻기 위한 관리는 다음과 같다.

① 전처리 침전지에서 고형분의 최종 제거

② 건조기간에 가능하면 습지에 물을 공급하여 수생식물의 스트레스와 점토 라이너(clay liner)의 균열을 방지한다.

③ 인이 축적되면 최종적으로 ssm 습지 셀에서 퇴적물 및 식물체를 파내야 한다.

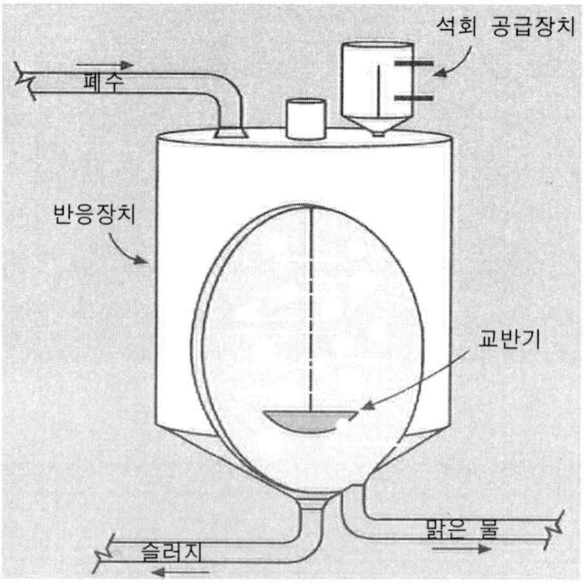


그림 5-113. 착유실 오수 플록 형성기

④ 사향 쥐(muskrat)의 증식을 제어한다.

(5) 플록 형성기

착유실 폐수의 대부분의 인산염과 부유 고형물을 제거하는 화학처리 반응기, 혹은 플록 형성기(flocculator)는 최근에 개발된 획기적인 방법이다. 착유실에서 발생한 오수(汚水)와 동일한 양의 수화석회(水化石灰 : hydrated lime)가 반응기로 유입된 후 혼합물은 2시간 동안 동요되지 않은 상태로 둔다. 그런 후 정화된 액체는 처리시스템을 통해 방류되고, 슬러지는 가축분뇨 저장소로 보내진다.

## 9. 가축 방목

전통적으로 가축의 방목은 가축들에게 물을 편리하게 공급할 수 있기 때문에 수로(水路)가 방목지를 통하는 장소가 바람직하게 여겨져 왔다. 그러나 최근 들어서는 가축들이 수로에 접근하는 것을 제한하는 방법이 권장되고 있는데, 이것은 가축이 강기슭에서 문제를 야기해 수질에 영향을 끼치고 피해를 줄 수 있기 때문이다. 또한 가축들이 신선한 수원(水源)에서 물을 제공받을 때 더 건강하고 생산적이라는 것이 밝혀졌다. 따라서 수로 주변에 울타리를 쳐 가축들을 분리해 놓고 실용적인 급수대안을

그림 5-114. 강을 보호하기 위해 울타리로 가축을 격리시키고 있다.

시행하고 있다. 이러한 방법은 가축의 건강과 환경 모두에게 이익이 된다.

## 9.1 건강과 생산성 문제

충분한 양의 신선하고 깨끗한 음용수를 제공하는 것은 소의 건강과 최대 생산량에 결정적인 영향을 미친다. 물을 마시기 위해 수로에 직접 접근할 수 있는 가축들은 아래와 같은 문제점을 지닌다.

① 줄어든 물 섭취량으로 생산성이 떨어진다. 물이 가축의 접근으로 오염되었다면, 가축들은 충분한 양의 물을 마시려 하지 않는다.

② 풀을 뜯어먹는 시간의 감소로 생산성이 떨어진다. 소들이 강에서 빈둥거리는 것을 즐기고 풀을 뜯지 않게 되면 생산성이 감소한다. 만약 강이 유일한 수원이라면, 강이 방목의 요충지에 있지 않을 수 있기 때문에 가축들은 물을 섭취하기 위해 과도한 시간을 소모할 수도 있다.

③ 질명 매개체들에 의한 피해가 증가한다. 소들은 특히 물이 느리게 흐르거나 멈춰 있을 시에 렙토스피라병(leptospirosis), 살모넬라균(*Salmonella*), 소 바이러스(bovine virus) 및 조류중독(藻類中毒 : algae poisoning)에 걸릴 수 있다.

④ 진흙과 진창 퇴적물에 의한 소 젖통 문제가 증가한다. 송아지들은 돌보기가 더 어렵고 유방염(乳房炎 : mastitis)이 더 퍼진다.

⑤ 만약 동물들이 급경사가 있어 불안정한 강둑에 접근해야 한다면 발과 다리에 부담이 증가한다.

⑥ 소들이 급경사진 면에서 미끄러졌을 경우 유산의 위험이 증가한다.

## 9.2 수로에 대한 영향

만약 소들이 샘물, 연못, 강, 습지대와 큰 강 등을 포함한 수로(水路 : watercourse)에 접촉할 수 있다면, 다음과 같은 영향을 끼칠 수 있다.

① 식물의 손실에 의해 개울둑의 안정성이 저하된다.
② 가축들의 발굽에 의해 수로가 확장되고, 강물의 유속이 감소한다.
③ 그늘 차광의 파괴로 인하여 수온이 상승한다.
④ 수로 주변 지역의 유출수에 포함된 오염원(즉 질산염, 분 세균 등)을 걸러내고 흡수하는 능력이 감소한다.
⑤ 물고기와 야생동물 서식지의 질이 떨어진다.
⑥ 분 세균(faecal bacteria)에 의한 수로의 오염 및 영양소 적재량의 증가로 패류(貝類)가 폐사되어 레크리에이션 목적의 이용이 제한을 받을 수 있다.

## 9.3 최적 관리방안

방목되는 가축이 수로에 끼치는 영향력을 줄이기 위해서 다음과 같은 방법들이 권장된다.

① 울타리를 설치하여 가축이 개울, 습지, 연못 그리고 호소(湖沼) 근처로의 접근을 막고, 가축들에게는 대체 수원을 제공해야 한다. 개울과 울타리 사이의 완충지대가 넓을수록 물가의 정화능력이 좋아진다.

그림 5-115. 울타리는 예민한 서식지를 보호한다.

② 추가의 침식을 막기 위해 많이 파괴된 구역의 개울둑을 보호한다. 가능한 지역에서는 식생(植生)을 이용한 방법을 권한다. 적합한 부직포(geotextile)로 기초 토대를 쌓는 것도 하나의 방법이다.

③ 가축분뇨가 한곳에 집중되지 않게 하고, 양호한 식생이 유지하여 항상 풀로 덮여 있도록 방목지를 잘 관리한다. 방목지에서 왕성한 풀의 성장은 토양을 보호하며, 유거수 발생을 최소화한다. 그리고 방목지의 물 공급 장소 수를 늘려 소들이 한곳에 밀집되는 것을 방지하도록 한다.

④ 만약 방목지가 물길의 양쪽에 존재할 경우에는 가축이 물길을 건널 수 있는 양쪽에 울타리가 설치된 통로를 설치하고 유지하여야 한다. 터널식 지하수로나 나무 구조로 된 다리는 좋은 통로가 된다. 만약 이 통로가 농장 장비들을 보조할 필요가 없다면 비용은 최소한으로 유지될 수 있다.

## 9.4 대체 물 공급 시스템

다음의 대체 급수 시스템이 소의 물 공급에 활용될 수 있다.

### 1) 우 물

① 우물은 가장 유연하고 믿을 수 있으며, 비용 대비 효과적인 수원이다.

② 만약 방목지가 목장의 우물로부터 낮은 고도에 있다면, 물을 중력(重力)에 의해 급수장으로 끌어올 수 있다.

그림 5-116. 물탱크에 의해 편리하고 믿을 수 있는 물을 공급하고 있다.

③ 많은 수의 가축에게 물을 공급할 수 있다.
④ 집중적인 방목 시스템(intensive grazing systems)에서 이상적이다. 물을 각 방목장에서 쉽게 이용할 수 있어 소가 이동하는 거리를 줄여 주고, 생산성을 높여준다.
⑤ 무동력이나 전기급수장치 두 가지 모두 겨울에도 쓸 수 있다.

## 2) 중력 흐름 시스템

① 중력 흐름 시스템(gravity flow system)은 충분한 고도 차이가 물길의 흐름에 따라 존재하는 곳에서 중력에 의한 물의 흐름을 이용한 것이다. 수로의 상류지역으로부터 급수장까지 파이프를 통해 물을 공급한다.
② 이 시스템은 길이를 따른 경사도가 3% 이상인 수로와 수로의 둑이 수로 바닥보다 너무 높지 않을 때 가장 잘 작동한다.
③ 경사면 위쪽에 샘이 있는 방목지가 중력흐름 시스템의 완벽한 후보지가 될 수 있다. 샘에서 계속해서 흘러나오는 물은 폴리에틸렌 파이프를 통해 급수장에 중력으로 공급된다.
④ 중력흐름 시스템의 가장 큰 이점은 어떠한 종류의 펌프작용(pumping) 설비도 필요하지 않다는 것이다.
⑤ 신뢰할 수 있고, 비용이 저렴하며, 관리가 수월하다.
⑥ 큰 무리들에게 물을 공급하는 것도 가능하다.
⑦ 겨울에도 신뢰하고 사용할 수 있다.
⑧ 집중적인 방목체계에서는 우물(well)보다 유연성이 떨어진다.

## 3) 수압 자동 양수펌프

① 수압 자동 양수펌프(hydraulic ram pump)는 흐르는 물에 설치한다. 아래로 떨어지는 물은 자동 양수펌프 내에서 망치질 효과를 내고, 이에 따라 일부의 물이 저장탱크나 저수조(貯水曹)로 보내진다.
② 펌프 안에서 수직하강 30cm마다 300cm의 수직상승이 발생한다.
③ 급수장에 물을 공급하는 저수조에 물을 채우면 매우 많은 수의 가축에게 물을 제공하는 것이 가능하다.
④ 자동 양수펌프는 적절한 장소에 좋은 시스템의 설계로 적절히 설치하여야 한다.

## 4) 노즈 펌프

① 방목지 내 노즈 펌프(nose pump)는 소가 레버(lever)에 부착된 노즈를 눌러 펌프를 자극하여 작동하고, 대략 1 ℓ 의 물을 음수기(飮水器 : water bowl)로 옮긴다.
② 물은 8m까지 수직으로 올릴 수 있으며, 수평으로는 38m까지 옮길 수 있다.
③ 15cm 이상의 깊이면 어떤 수원에서든 언제나 작동이 가능하다.
④ 설치와 재배치가 쉽다.
⑤ 1개의 펌프로 최대 30마리의 소에게 물을 공급할 수 있지만, 펌프 당 소의 방목두수는 목초지 크기에 따라 다르다. 소가 무리를 지어 물을 섭취하는 경향이 있는 큰 방목지라면 일시에 단 한 마리만이 물을 섭취할 수 있기 때문에 펌프 당 수용할 수 있는 소의 숫자는 감소될 것이다. 다수의 펌프가 설치된 곳은 더 많은 무리를 방목할 수 있다.
⑥ 어린 송아지는 이 펌프를 작동시키기가 쉽지 않아 적합하지 않다.
⑦ 온도가 어는 점 아래로 내려갈 때는 신뢰할 수 없다.

### 5) 빌지 펌프

① 빌지 펌프(bilge pump)는 수로에 직접 설치하는 펌프로 일반적으로 12볼트 배터리로 동력을 공급한다.
② 짧은 시간 동안 많은 양의 물(1～2 ℓ /sec)을 공급하는 것이 가능하다.

그림 5-117. 강, 호수나 연못에서 떨어진 곳에 노즈 펌프를 설치하였다. (Credit : Lynn Betts, USDA-NRCS)

③ 비용이 적게 들고 이동설치가 가능한 시스템이다.
④ 2~3일의 작동 이후 12볼트 배터리를 충전하고 갈아 끼워야 한다.
⑤ 이 펌프로 물을 장거리로 보내는 것은 불가능하므로 급수장은 일반적으로 수로의 가장자리로부터 3~4.5미터에 위치한다.

### 6) 태양열 설비

① 태양열 설비(solar system)는 양수장(揚水場)의 배터리를 충전하는 데 태양에너지를 이용하는 것을 말한다.
② 흐린 날의 효율이 떨어지는 것을 대비하여 저장탱크에 추가적으로 저수조를 설치하는 것이 바람직하다.
③ 방목되는 두수와 지형에 따라 주문 디자인 및 제작이 가능하다.
④ 먼 장소에 있는 큰 방목지에 이상적이다.
⑤ 집중 방목 시스템에서는 비용 효율적이 아니다.

### 7) 풍력 펌프

① 풍력은 가축에게 물을 펌핑하는 데 적용될 수 있는 대체적인 에너지원이다.
② 풍력 펌프(wind powered pump) 설비는 캐나다 서부에서 흔히 사용되지만, 지역적 특성에 따른 더 많은 평가가 필요하다.

## 10. 폐기 조사료

폐기 조사료(waste forage)는 모든 가축사양 체계에서 발생되는 부산물이다. 여기에서는 폐기 건초, 폐기 사일리지, 사일리지 추출물 등이 있다.

### 10.1 건 초

건초(hay)는 수분함량이 15% 미만에서 수확한다. 이 상태로 건초가 수확되고 저장되면 환경에 아무런 해를 주지 않는다. 보통 급여 중 손실된 건초는 깊 및 분뇨와 합해진다.

### 10.2 사일리지

사일리지(silage) 급여 체계에서 폐기 사일리지가 발생할 잠재성이 있다. 사일리지는 건초에 비해 수분함량이 높은 상태에서 수확되고 저장되므로 저장장소로부터 삼출액(滲出液)이나 누출(漏出) 폐기물이 발생될 가능성이 있다.

사일리지는 연직사일로(vertical silo), 수평사일로(horizontal silo), 원형곤포 사일리지(round bales wrapped in plastic)의 형태로 저장될 수 있다.

## 10.3 환경문제

생산자에게는 폐기된 조사료의 처리에 비용이 많이 소요되므로 폐기 조사료도 환경적 문제가 될 수 있다.

① 사일리지 침출수는 빗물을 통해 지하수에 침투되어 결국 주수로(主水路)를 오염시킬 수 있다.

② 폐기된 조사료를 소각하는 방법은 불쾌한 냄새로 주변에 폐를 끼치고, 공기를 오염시킬 수 있다.

③ 사일리지 폐기물도 불쾌한 냄새를 발생시킨다.

## 10.4 최적 관리방안

다음과 같은 방법으로 폐기되는 조사료의 양을 줄일 수 있다.

① 곤포(梱包)된 건초는 지붕이 있는 시설에 저장한다.

② 저장 조사료는 필요한 양 정도만 수확하여 저장한다.

그림 5-118. 감자를 수확한 후 폐기된 조사료를 침식방지용 피복제로 이용하고 있다.

③ 사일리지용 작물은 최적시기에 수확하여 사일리지 저장 중 발생할 수 있는 침출수의 양을 최소화 한다.

④ 폐기된 조사료는 소각보다는 최근에 수확된 밭에 피복(被覆 : mulch)하여 토양 침식)을 방지하는 데 이용한다.

⑤ 폐기된 건초와 사일리지는 퇴비화 한다. 이때 질소(N)원으로 가축분뇨 등을 혼합하도록 한다.

# 11. 사일로 침출수

사일리지 침출수의 발생은 농업에서 다음과 같은 몇 가지 우려되는 점이 있다.

① 지표수와 지하수의 오염

② 사일로 구조의 노후화

③ 악취

사일리지 침출수는 BOD값이 매우 높아 가정에서 발생되는 하수(下水)에 비해 약 200배 이상 높다. 다량의 사일리지 침출수가 수로에 유출되어 물속의 산소를 고갈시키고, 물고기와 다른 수생동물을 죽일 수 있다. 사일리지 침출수는 영양소, 산, 세균 등을 함유하고 있는데, 지하수의 수질 측면에서 보면 이 중에서도 특히 질산태질소(窒酸態窒素)가 지하수 오염에 가장 큰 영향을 끼친다. 사일리지 침출수의 발생량은 사일리지 재료를 사일로에 담은 후 5일에서 10일째에 최고에 달한다.

## 11.1 최적 관리방안

① 개방된 벙커 사일로(bunker silo)에서 발생된 표면 유거수와 함께 사일로에서 나온 사일리지 침출수는 고도로 오염되어 있으므로 반드시 수집하여 저장하여야 한다. 작물의 재배기에는 수집된 사일리지 침출수를 정기적으로 농지에 뿌릴 수 있다.

② 사일리지나 헤이리지(haylage)를 제조할 때 적절한 수분함량을 유지한다. 탑형 사일로에 저장할 경우는 재료의 수분함량을 60% 정도로 하고, 수평사일로에는 수분함량을 65% 정도로 한다.

③ 잉여 수분을 흡수할 수 있도록 수분조절제를 첨가하여 침출수가 거의 발생되지 않게 하거나 전혀 발생되지 않도록 한다. 수분조절제는 분쇄 귀리나 보리, 건조된 사탕무우 펄프, 옥수수 속대 등이 이용될 수 있다.

그림 5-119. 사일리지용 작물을 수확할 때는 적절한 수분함량을 유지하여 침출수에 의한 위험을 줄인다.

④ 빗물이 들어가 사일리지를 통해 침출되는 것을 방지하기 위하여 사일로는 반드시 피복하여야 한다.
⑤ 모든 유거수는 사일로로부터 멀리 우회하도록 한다.
⑥ 새로운 사일로를 설치할 때는 사일리지 침출수 수집 및 저장 설비를 갖추도록 한다.

# 12. 동물사체 처리

죽은 동물의 처리는 동물사체 처리규정에 따라야 한다. 이 규정은 공공 보건과 동물의 건강을 지키기 위해 설계되었으며, 음용수의 공급과 지표수원의 오염에 의한 피해를 줄이기 위해 만들어졌다. 모든 가축과 가금류 사육은 죽은 동물의 관리 계획이 필요하다. 가축사육에서 후산(後産)이나 가금류의 폐기용 알들도 비슷한 방식으로 처리되어야 한다.

## 12.1 환경문제

죽은 동물들은 사람과 가축에게 건강상 위험을 초래하고 질병을 옮긴다. 만약 동물사체를 신속하게 제거하거나 처리하지 않으면 악취를 발생할 뿐만 아니라 설치류와 파리 그리고 귀찮은 야생동물들을 끌어들인다.

## 12.2 처리방법

죽은 동물은 가능한 빨리 축사에서 치워 1일 이내에 적절한 방법으로 처리하여야 한다. 가축과 가금류들은 가축분뇨 저장소에서 처리되어 가축분뇨와 함께 땅에 뿌려지면 안 된다. 어떠한 상황에서도 오랫동안 농장 건물의 근처에 죽은 동물의 사체가 방치되어서는 안 된다. 사체를 야생동물의 먹이로 주는 것은 허용되는 처리방법이 아니므로 사용되어서는 안 된다.

건강과 환경적 문제들이 가장 중요하므로 사체의 처리 활동을 눈에 거슬리지 않게 하여야 지역사회에서 호의를 받을 것이다. 나무와 관목들 그리고 바람막이 등은 처리 장소를 가리는 데 쓰일 수 있다. 처리방법은 '가장 좋은'부터 '적어도 수용 가능하다'의 순서에 따라 선택한다.

### 1) 퇴비화

죽은 가축, 가금류 및 다른 작은 동물들의 퇴비화(堆肥化)는 비용이 적게 들고, 환경적으로 수용 가능한 방법이다. 가금류와 돼지사체의 처리로 퇴비화 기술은 보다 널리 보급되어지고 있다. 동물사체 퇴비화를 위한 몇 가지 기본적 요구사항들은 다음과 같다.

① 호기성 환경이 유지되어야 한다.
② 탄소원(炭素原)이 필요하다. 퇴비화 과정의 진행을 위한 탄소와 질소의 적정 비율은 25 : 1이다. 톱밥은 이상적인 탄소원이다.
③ 퇴비화가 진행되는 동안 퇴비더미의 온도는 병원균의 충분한 감소를 위해 55℃ 이상이어야 한다.
④ 퇴비더미의 수분함량은 50～60%의 범위에 있어야 한다.
⑤ 퇴비제조 설비는 배수가 용이하고 접근성이 좋은 장소에 위치해야 하며, 지하수 오염에 민감한 장소로부터 떨어져 있어야 한다. 만약 설비가 퇴비화 작업을 위해 건설되었다면 콘크리트 바닥에 지붕을 갖추고, 항 부식(抗腐蝕) 건축자재로 구성되어야 한다.
⑥ 퇴비화 장소는 반드시 수로나 지역 우물로부터 최소 90m 이상 떨어진 곳에 위치하여야 한다.
⑦ 퇴비장을 통과한 모든 오염된 유거수(流去水 : runoff)는 반드시 별도로 수집하고, 깨끗한 지표수는 퇴비화 시설로부터 우회하도록 한다.
⑧ 완성된 퇴비는 경작지에 뿌려도 된다.
⑨ 퇴비화 설비의 용량은 일반적인 사망 개체수의 처리에 충분해야 한다. 초과적인

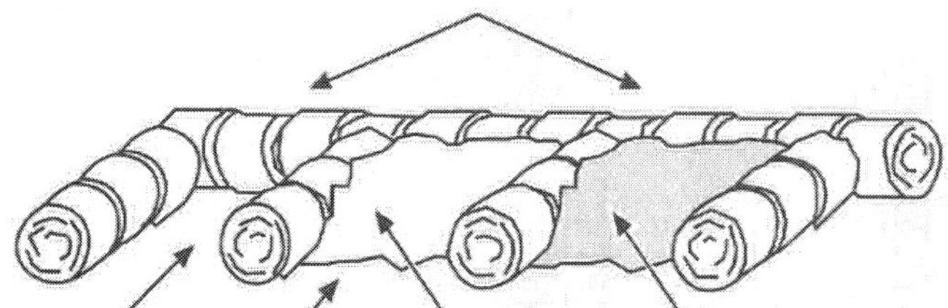


그림 5-120. 베일 건초를 이용한 퇴비화 설비 배치 예

사체를 수용할 수 있는 확장된 시설이 있다면 좋겠으나 필수적이지는 않다.

## 2) 지하 매몰

지하에 매몰은 최후의 보루가 되어야 한다. 땅 속에 매몰하는 것이 추천되지 않는 이유는 지하수 오염의 잠재성 때문이다. 지하 매몰은 아래에 열거된 기준이 충족될 때에만 가능하다. 매몰 장소는 한 곳에 집중되어서는 안 되며, 시차를 두고 매몰하여야 한다. 모든 매장된 가금류와 가축들은 반드시 그날 흙으로 지표에서 0.6m 이상의 깊이로 덮어야 한다. 지하 매몰은 아래의 조건에서만 고려될 수 있다.

① 지하수위(地下水位)가 구덩이 바닥보다 0.6m 이상에 위치하고, 통기가 잘 되는 토양이어야 한다.
② 매장 구덩이의 바닥이 암반 위로 최소 0.6m 이상에 위치한 곳이어야 한다.
③ 유거수의 발생이나 물이 고이거나 범람할 가능성이 없는 곳이어야 한다.
④ 개방된 도랑형 구덩이는 허용되지 않는다.

# 참고문헌

1. 이성규, 황의경. 2001. 동물과 환경.
2. Adam Hayes. 2003. Soil Management Specialist, Field Crops/OMAFRA J. Mark Powell and Larry D. Satter, USDA-ARS, Madison, Wisconsin Dietary Phosphorus Levels for Dairy Cows
3. Aii T, Takahashi S, Kurihara M and Kume S. 1988. The economical evaluation of a mist and fan system for dairy cows based on milk production increases. Jpn. Jour. Zootech. Sci. 59: 637-642.
4. Animal Manure Management sponsored by Livestock and Poultry Environmental Learning Center, 2011
5. ANZECC, Australian and New Zealand Environment and Conservation Council. (2000).
6. ASAE. 1998. Manure Production and Characteristics. Data Sheet ASAE D384.1 DEC98 in ASAE Standards 1999. American Society of Agricultural Engineers, St. Jacobs, MI-page 663.
7. Armstrong, G.L., Hollingsworth, J. and Morris, J.G. 1996. Emerging food-borne pathogens: *Escherichia coli* O157:H7 as a model of entry of a new pathogen into the food supply of the developed world. Epidemiol. Rev. 18: 29-51.
8. Ball, R.O. and Mohn, S (2003) 'eeding Strategies to Reduce Greenhouse Gas Emissions from Pigs' in Advances in Pork Production, Vol 14, p. 301
9. Balnave, D. and Scott, T. 1986. The influence of minerals in drinking water on egg shell quality. Nut. Rep. Int. 34: 29-4.
10. Beob Gyun Kim. 2007. INFLUENCES OF CHROMIUM(III) PICOLINATE ON PIGS UNDER THERMAL, IMMUNE OR DIETARY STRESS, AND ON ADRENAL STEROID SECRETION. The Graduate School University of Kentucky
11. Bianca W.. 1962. Relative importance of dryand wet-bulb temperatuare in causing heat stress in cattle. Nature 195:251-252.
12. Blecha, F., D. S. Pollmann, and D. A. Nichols. 1985. Immunologic reactions of pigs regrouped at or near weaning. Am. J. Vet. Res. 46:1934-

1937.

13. Brumm, M. C., and H. W. Gonyou. 2001. Effects of facility design on behaviour and feed and water intake. In: Swine nutrition(2nd edition). Edited by A. J. Lewis and L. L. Southern. CRC Press. pp. 499-518. Boca Raton, FL.

14. Canadian Council of Ministers of the Environment(CCME). 2005. Canadian water quality guidelines for the protection of agricultural water uses.

15. Challis, D. J., Zeinstra, M. S. and Anderson, M. J. 1987. Some effects of water quality on the performance of high yielding dairy cows in an arid climate. Vet. Rec, 120:12-15.

16. Chastain, J.P., M.D. Vanotti, and M.M. Wingfield. 1999. Effectiveness of liquid-solid separation for treatment of flushed dairy manure: a case study. ASAE paper 994046. ASAE: St. Joseph, MI.

17. Christon, R. 1988. The effect of tropical ambient temperaute on growth and metabolism in pigs. J. Anim. Sci. 66:3112-3123.

18. Climate Change Central (2003) Greenhouse Gas Emissions and Opportunities for Reduction from the Alberta Swine Industry, Discussion Paper C3-012

19. Cook, M.J., and J.L. Baker. 2001. Bacteria and nutrient transport to tile lines shortly after application of large volumes of liquid swine manure. Transactions of the American Society of Agricultural Engineers 44 (3):495-503.

20. Cook, N. B. 2003. Prevalence of lameness among dairy cattle in Wisconsin as a function of housing type and stall surface. J. Am. Vet. Med. Assoc. 223:1324-1328.

21. Curtis, S.E. 1981. Environmental Management in Animal Agriculture. Iowa State Univ. Press, Ames. p 97-122.

22. Coffey, M.T., R. W. Seerley, D.W. Funderburke and H.C. Campbell. 1982. Effect of heat increment and level of dietary energy and enviromental temperature on the performance of growing-finishing swine. J. Anim. Sci. 54:95-105

23. Damron, B. L. and Kelly, L.S. 1987. Short-term exposure of laying hens to high dietary sodium chloride levels. Poultry Sci. 66: 825-28.

24. Damron, B. L. 1998. Sodium chloride concentration in drinking water and eggshell quality. Poultry Sci. 77:1488－v1491.

25. Donald L. Pfost and Charles D. Fulhage. 2001. Land Application

Equipment for Livestock and Poultry Manure Management

26. Endres, M.I, L. A. Espejo, and J. A. Salfer. 2005. Effect of stall surface on the prevalence and severity of hock lesions in dairy cows housed in free stall barns. J. Dairy Sci. Vol. 88(Suppl. 1):247. (Abstr.)

27. Espejo, L.A., M.I. Endres, and J. A. Salfer. 2006. Prevalence of lameness in high-producing Holstein cows housed in freestall barns in Minnesota. J. Dairy Sci. 89:3052-3058.

28. Friend, T. H., D. A. Knabe, and T. D. Tanksley, Jr. 1983. Behavior and performance of pigs grouped by three different methods at weaning. J. Anim. Sci. 57:1406-1411. Gonyou, H. W., and W. R. Stricklin. 1998. Effects of floor area allowance and group size on the productivity of growing/finishing pigs. J. Anim. Sci. 76:1326-1330.

29. Geohring, L.D., O.V. McHugh, M.T. Walter, T.S. Steenhuis, M.S. Akhtar, and M.F.

30. Gonyou, H. W., M. C. Brumm, E. Bush, J. Deen, S. A. Edwards, T. Fangman, J. J.

31. Grout, A. S. Veira, D. M., Weary, D. M., von Keyserlingk, M. A. G. and. Fraser D. 2006. Differential effects of sodium and magnesium sulfate on water consumption by beef cattle. J. Anim. Sci. 84:1252-258.

32. Hahn, G.L. 1999. Dynamic responses of cattle to thermal heat loads. J. Anim. Sci. 77 :(Suppl. 2):10-20.

33. Hyun, Y., M. Ellis, and R. W. Johnson. 1998. Effects of feeder type, space allowance, and mixing on the growth performance and feed intake pattern of growing pigs. J. Anim. Sci. 76:2771-2778.

34. Jhonson HD. 1965. Environmental temperature and lactation(with special reference to cattle). International Journal of Biometerology 9: 103-116.

35. Jhonson HD and Vanjonack WJ. 1976. Effects of environmental and other stressors on blood hormone patterns in lactating animals. Jour. Dairy Sci. 59: 1603-1617.

36. Jhonson HD. 1987. Bioclimate effects on growth, reproduction and milk production. In: Bioclimatology and the adaptation of livestock, Johnson HD(Ed.). Elsevier Sci. Publ., Amsterdam, Netherlands, pp. 35-57.

37. Johnson, J., and D. Eckert. 1995. Best management practices: Land application of animal manure. Ohio State University Extension Publication AGF-208-95 Available online at http://ohioline.osu.edu/agf-fact/0208.html (Verified 8 September 2004).

38. Kerr, B. J., J. T. Yen, J. A. Nienaber, and R. A. Easter. 2003. Influences of dietary protein level, amino acid supplementation and environmental temperature on performance, body composition, organ weights and total heat production of growing pigs. J. Anim. Sci. 81:1998-2007.

39. Khansari, D. N., A. J. Murgo, and R. E. Faith. 1990. Effects of stress on the immune system. Immunol. Today 11: 170-175.

40. Kornegay, E. T., and D. R. Notter. 1984. Effect of floor space and number of pigs per pen on performance. Pig News Info. 5:23-33.

41. Kornegay, E. T., J. B. Meldrum, and W. R. Chickering. 1993b. Influence of floor space allowance and dietary selenium and zinc on growth performance, clinical pathology measurements and liver enzymes, and adrenal weights of weanling pigs. J. Anim. Sci. 71:3185-3198.

42. Kornegay, E. T., M. D. Lindemann, and V. Ravindran. 1993a. Effects of dietary lysine levels on performance and immune response of weanling pigs housed at two floor space allowances. J. Anim. Sci. 71:552-556.

43. Larry E. Chase. Cornell University. Climate Change and Agriculture: Promoting Practical and Profitable Responses Climate Change Impacts on Dairy Cattle

44. Livestock Edition - V2 - April 2009. Climate Change Connection - A Guide to Creating Climate - Friendly Farms in Manitoba - Livestock Edition

45. Loneragan, G.H., Wagner, J.J., Gould, D.H. Garry, F.B. and Thorens., M. A. 2001. Effects of water sulfate concentration on performance, water intake and carcass characteristics of feedlot steers. J. Anim. Sci. 79:2941.

46. Maenz, D.D., Patience, J.P. and Wolynetz, M.S. 1994. The Influence of the Mineral Level in Drinking Water and the Thermal Environment on the Performance and Intestinal Fluid Flux of Newly-Weaned Pigs. J. Anim. Sci. 72: 300-308.

47. Manitoba Science, Technology, Energy and Mines, Climate Change Branch (2001), Climate Change: How Will It Affect Us? National Inventory Report, 1990～2006 - Greenhouse Gas Sources and Sinks in Canada

48. Martin, R.G. McMeniman, N.P. & Dowsett. K.F. 1992. Milk and water intakes of foals suckling grazing mares Equine Vet. J. 24, 295-299.

49. McBride GE and Christopherson R.J. and Sauer W.C. 1985. Metabolic rate and plasma thyroid hormone concentrations of mature horses in response to changes in ambient temperature. Can. J. Anim. Sci. 65:375-382.

50. McGlone,. J.J., W. F. Stansbury and L. F. Tribble (1988). Management of lactating sows during heat stress: effects of water drip, snout coolers, floor type and a high energy-density diet. J. Anim. Sci. 66:885.

51. McGlone, M. Meunier-Salaun, R. B. Morrison, H. Spoolder, P. L. Sundberg, and A. K. Johnson. 2006. Application of broken-line analysis to assess floor space requirements of nursery and grower-finisher pigs expressed on an allometric basis. J. Anim. Sci. 84:229-235.

52. Merkley, J.W. and Sexton, T.J. 1982. Reproductive performance of White Leghorns provided fluoride. Poultry Sci. 61: 52-56

53. Mitsunori Kurihara and Shigeru Shioya. 2005. National Institute of Livestock and Grassland Science, Tsukuba, Ibaraki 305-0901, Japan. DAIRY CATTLE MANAGEMENT IN A HOT ENVIRONMENT

54. Mount, L. E. 1968. The climatic physiology of the pig. Edward Arnold. London, England.

55. Mroz, Z., A. W. Jongbloed, N. P. Lenis, and K. Verman. 1995. Water in pig nutrition: Physiology, allowances and environmental implications. Nutr. Res. Rev. 8:137-64.

56. Myer, R.O., R.A. Bucklin and F.B. Fialho. 1998. Effects of increased dietary lysine (protein) level on performance and carcass characteristics of growing-finishing pigs reared in a hot, humid environment. Transactions of the ASAE 41(2) 447-452

57. Nichols, D.A., D. R. Ames and R. H. Hines. 1980. Effect of temperature on performance of finishing swine. Kansas State Univ., Swine Day Rep. of Prog. No. 388. Dept. of Animal Science, Manhattan. p 14-16.

58. Northeast Regional Agricultural Engineering Service. 1992. On-Farm Composting Handbook. NRASE-54.

59. Nova Scotia Agriculture. 2006. Manure Management Guidelines. L. Jacobson, J. Lorimor, J. Bicudo, and D. Schmidt. 2000. Lesson 43.

60. NRC. 1998. Nutrient Requirements of Swine. 10th ed. Natl. Acad. Press, Washington, DC.

61. OMAFRA. 2000. NMAN2000-Nutrient Management design computer software. Ontario Ministry of Agriculture, Food and Rural Affairs.

62. On-Farm Compositing Handbook. 1992. NRAES-54, Natural Resource, Agriculture, and Engineering Service, Cooperative Extension, Cornell University.

63. Pfeiffer, A., H. Henkel, M. W. A. Verstegen, and I. Philipczyk. 1995.

The influence of protein intake on water balance, flow rate and apparent digestibility of nutrients at the distal ileum in growing pigs. Livest. Prod. Sci. 44:179-187.

64. Pourreza, J., Nili, N. and Edriss, M.A. 1994. Relationship of plasma calcium and phosphorus to the shell quality of laying hens receiving saline drinking water. Br. Poultry Sci. 35:755-762.

65. Powers, W.J., R.E. Montoya, H.H. Van Horn, R.A. Nordstedt, and R.A. Bucklin. 1995. Separation of manure solids from simulated flushed manures by screening or solid separation. ASAE Applied Engineering in Agriculture 11, no. 3:431-436.

66. Puschner, B., Galey, F.D., Johnson, B., Dickie, C.W., Vondy, M., Francis, T., Holstege, D.M. 1998. Blue-reen algae toxicosis in cattle. Journal of the American Veterinary Medical Association 213, 1605-1607.

67. Quiniou, N., S. Dubois, and J. Noblet. 2000. Voluntary feed intake and feeding behaviour of group-housed growing pigs are affected by ambient temperature and body weight. Livest. Prod. Sci. 63:245-253.

68. Renaudeau, D., N. Quiniou, and J. Noblet. 2001. Effects of exposure to high ambient temperature and dietary protein level on performance of multiparous lactating sows. J. Anim. Sci. 79:1240-1249.

69. Robert Myer and Ray Bucklin(2009). Influence of Hot-Humid Environment on Growth Performance and Reproduction of Swine

70. Rynk, R.(editor). 1992. On-Farm Composting Handbook. NRAS-54. Northeast Regional Agricultural Engineering Service. 152

71. Saito T., T. Tomabechi, Y. Ishida, K. Hagiwara, Y. Negishi and K. Kabasawa. 1989. Effect of cool air to lactating dairy cows by an air conditioner in summer. Gunma J. Agric. Res. Series C. 6:1-7.

72. Sargeant, J.M., Sanderson, M.J., Griffin, D.D. and Smith, R.A. 2004. Factors associated with the presence of Escherichia coli O157 in feedlot-attle water and feed in the Midwestern USA. Prev. Vet. Med. 66: 207-237.

73. Saskatchewan Mistry of Agriculture. 2008. Fact Sheet. Production. Composting Solid Manure

74. Schenck, B. C., T. S. Stahly, and G. L. Cromwell. 1992. Interactive effects of thermal environment and dietary amino acid and fat levels on rate and efficiency of growth of pigs housed in a conventional nursery. J. Anim. Sci. 70:3803-3811.

75. Serres, H. 1992. Influence of tropical climate on pig behavior. In: H. Serres (Ed.) Manuel of Pig Production in the Tropics. P 26-34, CAB International, Oxon, United Kingdom.

76. Shere, J.A., Kaspar, C.W., Bartlett, K.J., Linden, .SE., Norell, B., Francey, S. and Schaefer, D.M. 2002. Shedding of *Escherichia coli* O157:H7 in dairy cattle housed in a confined environment following waterborne inoculation. Appl. Environ. Microb. 68: 1947-1954.

77. Shinde S, Matsushige T, Mastumura H. 1994. Kakibunnbenngyu deno syonetsusutoresu hannou kaishiyosoku to bousyotaisaku no kouka. Bull. Hiroshima Livestock Tech. Res. Cent. 10:5-15. (In Japanese).

78. Shibata M. 1996. Factors Affecting Thermal Balance and Production of Ruminants in a Hot Emvironment - A Review. Memories of National Institute of Animal Industry No. 10. 60 pp.

79. Shioya S, F. Terada and Y. Iwama. 1997. Physiological responses of lactating dairy cows under hot environments. Eiyoseirikenkyukaiho 41, 2:61-68. (In Japanese).

80. Smith. R.L. and T.M. Smith. 2000. Elements of Ecology(4고), Addison Wesley Longman. USA.

81. Soil Conservation Council of Canada(2003) Global Warming and Agri-culture: Cow/Calf Best Management Practices

82. Stahly, T. S., and G. L. Cromwell. 1979. Effect of environmental temperature and dietary fat supplementation on the performance and carcass characteristics of growing and finishing swine. J. Anim. Sci. 49:1478-1488.

83. Stansbury, W. F., J. J. McGlone and L. F. Tribble. 1987. Effects of season, floor type, air temperature and snout coolers on sow and litter performance. J. Anim. Sci. 65: 1507-1513.

84. Suzuki, K., X. C. Cheng, H. Kano, T. Shimizu, and Y. Sato. 1998. Influence of low protein diets on water intake and urine and nitrogen excretion in growing pigs. Anim. Sci. Technol. 69:267-270.

85. Syioya S. 2002. Kazibunbengyu no eiyoukanri. Livestock Technology 565:12-15. (In Japanese).

86. Terada F. 1996. Milk production in hot and humid environments. In: Proceedings of the 8th AAAP Animal Science Congress, Vol. 1, pp. 414 -421.

87. Thacker, P.A. 2001. Water in Swine Nutrition. pp. 381-398. In: Swine

Nutrition, 2nd Edition. Eds: Lewis, A.J. Southern. L.L. CRC Press.

88. Toda K, K. Fuzioka and H. Ieki. 1998. Effects of hot environment on milk production and physiological functions of lactating cows (1). Bull. Ehime Animal Husbandry Experimens Station 16: 7-16. (In Japanese).

89. Toda K, K. Fuzioka and H. Ieki. 1999. Effects of hot environment on milk production and physiological functions of lactating cows (2). Bull. Ehime Animal Husbandry Experiment Station 17: 27-36. (In Japanese).

90. Toda K, F. Nakai, H. Ieki, K. Fuzioka, H. Watanabe, T. Iuchi and F. Terada. 2002. Effect of "Effective temperature" on milk yield of Holstein cows in hot and humid environments. Nihon Chikusan Gakkaiho 73, 1: 63-100. (In Japanese).

91. Turner, J. L., S. S. Dritz, J. J. Higgins, K. L. Herkelman, and J. E. Minton. 2002. Effects of a Quillaja saponaria extract on growth performance and immune function of weanling pigs challenged with *Salmonella typhimurium*. J. Anim. Sci. 80:1939-1946.

92. van Heugten, E., and J. W. Spears. 1997. Immune response and growth of stressed weanling pigs fed diets supplemented with organic or inorganic forms of chromium. J. Anim. Sci. 75:409-416.

93. Vodela, J.K, Lenz, S.D., Renden, J.A, McElhenney, W.H. and Kemp-painen, B.W. 1997a. Drinking water contaminants(arsenic, cadmium, lead, benzene, and trichloroethylene). 1. Interaction of contaminants with nutri-tional status on general performance and immune function in broiler chickens. Poultry Sci. 76:1474-1492.

94. Vodela, J.K, Lenz, S.D., Renden, J.A, McElhenney, W.H. and Kemp-painen, B.W. 1997b. Drinking water contaminants(arsenic, cadmium, lead, benzene, and trichloroethylene). 2. Effects on reproductive performance, egg quality, and embryo toxicity in broiler breeders. Poultry Sci. 76:1493-1500.

95. Warriss, P. D., and S. N. Brown. 1985. The physiological responses to fighting in pigs and the consequences for meat quality. J. Sci. Food Agric. 36:87-92.

96. Weeth, H.J. and Capps, D.L. 1972. Tolerance of growing cattle for sulfate -water. J. Anim. Sci. 34: 256-260.

97. Williams, N. H., T. S. Stahly, and D. R. Zimmerman. 1997. Effect of level of chronic immune system activation on the growth and dietary lysine needs of pigs fed from 6 to 112 kg. J. Anim. Sci. 75:2481-2496.

98. Wittenberg, K. (2007), Associate Dean, Research, Faculty of Agricultural

and Food Sciences, University of Manitoba, personal communication

99. Yamamoto S. 1983. The assessmetn of thermal environment for farm animals. In: New strategies for improving animal produciton for human welfare. Proceedings of the 5th World Association for Animal Production (WCAP), Japan. Soceity Zootech. Sci., Tokyo, Japan. pp. 197-204.

100. Yi, G. F., J. A. Carroll, G. L. Allee, A. M. Gaines, D. C. Kendall, J. L. Usry, Y. Toride, and S. Izuru. 2005. Effect of glutamine and spray-dried plasma on growth performance, small intestinal morphology, and immune responses of *Escherichia coli* K88+-challenged weaned pigs. J. Anim. Sci. 83:634-643.

101. Yoselewitz, I., Balnave, D. and Dixon, R.J. 1988. Factors influencing the production of defective egg shells by laying hens receiving sodium chloride in the drinking water. Nutr. Rep. Int. 38:697-703.

102. Yoselewitz, I., and Balnave, D. 1989. The influence of saline drinking water on the activity of carbonic anhydrase in the shell gland of laying hens. Australian J. Agric. Res. 40 : 1111-1115.

103. Zhang, D., R. E. Moreng, and D. Balnave, 1991. Reproductive performance of artificially inseminated hens receiving saline drinking water. Poultry Sci. 70 : 776-779

# 찾아보기

# Index

## 윤 창

• 전북대학교 농업생명과학대학 동물생명공학과 교수
• 가축분뇨 공동자원화사업 평가위원
• 목초 및 사료작물 수입적응성시험 심의위원

**동물산업환경학**

2013년 3월 10일 초판 인쇄
2013년 3월 15일 초판 발행

저 자 : 윤 창
펴낸이 : 천 승 배
펴낸곳 : 도서출판 유한문화사

주소 : (157-801) 서울시 강서구 강서로76길 21(가양동)
전화 : 2668-2055~6
팩스 : 2668-2565
http://www.yuhansa.com
E-mail : yuhansa@hanmail.net
등록 : 제 5-31호. 1979. 3. 6.

**값 20,000원**

ISBN : 978-89-7722-633-3 93530